"十三五"普通高等教育本科部委级规划教材

服装材料学

FUZHUANG
CAILIAOXUE

（第3版）

王革辉　主编

中国纺织出版社有限公司

内 容 提 要

本书从服装的设计、加工、使用、维护和储存等多角度出发，系统介绍了决定服装材料有关性能的纤维原料、纱线结构、织物结构、后整理的种类和特点、服装用织物的服用和成衣加工性能；还介绍了常用服装面料的品种及其特点和适用性、毛皮与皮革的种类及性能特点、服装辅料的种类与性能及选用方法；又介绍了一些有代表性的服装新材料以及有关服装的维护和保养的知识。

本书既可作为高等院校服装专业的教材，也可供从事服装专业的技术人员阅读和参考。

图书在版编目(CIP)数据

服装材料学/王革辉主编 . --3 版 . --北京：中国纺织出版社有限公司,2020.8（2024.12重印）

"十三五"普通高等教育本科部委级规划教材

ISBN 978-7-5180-7420-4

Ⅰ. 服… Ⅱ.①王… Ⅲ.①服装—材料—高等学校—教材 Ⅳ.①TS941.15

中国版本图书馆 CIP 数据核字（2020）第 079342 号

策划编辑：孙成成　　责任编辑：杨　勇
责任校对：寇晨晨　　责任印制：王艳丽

中国纺织出版社有限公司出版发行
地址：北京市朝阳区百子湾东里 A407 号楼　邮政编码：100124
销售电话：010—67004422　传真：010—87155801
http://www.c-textilep.com
中国纺织出版社天猫旗舰店
官方微博 http://weibo.com/2119887771
三河市宏盛印务有限公司印刷　各地新华书店经销
2006 年 5 月第 1 版　2010 年 2 月第 2 版
2020 年 8 月第 3 版　2024 年 12 月第 7 次印刷
开本：787×1092　1/16　印张：13
字数：286 千字　定价：39.80 元

第3版序

　　《服装材料学》(第3版)是在第2版基础上进行修订的。由于"服装材料学"是服装设计与工程专业的专业基础课,以基本理论、基础知识为主,所以在结构上没有大的调整。随着人们生活方式的转变,针织面料在服装中所占的比例有了明显提高,在修订中重新编写并丰富了常用针织面料这节的内容,并对原书中表述不够准确的地方进行了修改。

　　《服装材料学》(第3版)从服装的设计、加工、使用、维护和储存等角度出发,系统介绍了决定服装材料有关性能的纤维原料、纱线结构、织物结构和织物后整理;介绍了织物服用性能和成衣加工性能的有关概念、测试方法及评价方法;介绍了常用服装面料的品种及其特点和适用性;介绍了毛皮和皮革的种类和性能特点;介绍了服装衬料、里料、絮料、垫料和扣紧材料等服装辅料的种类、性能和选用方法;介绍了一些有代表性的服装新材料;介绍了有关服装的维护和保养的知识。

　　全书共分十章,具体内容编写分工为:绪论、第五章、第九章由王革辉(东华大学)编写;第一章由李俊(东华大学)编写;第二章由陈雁(苏州大学)、王革辉编写;第三章由丁国强(武汉纺织大学)编写;第四章由赵涛(东华大学)编写;第六章第一节~第六节由万艳敏(东华大学)、陈艳(东华大学)编写,第七节由王永荣(东华大学)编写;第七章由戴玮(东华大学)编写;第八章由李东平(东华大学)编写;第十章由陈东生(闽江学院)编写。全书由王革辉统稿。

　　本书在编写过程中得到了东华大学教务处和服装学院领导、服装设计与工程系领导和同事们的关心和鼓励,在此表示衷心的感谢。

　　由于编者水平所限,书中难免有不足和错误之处,欢迎读者批评指正。

编　者

2020 年 1 月

目 录
CONTENTS

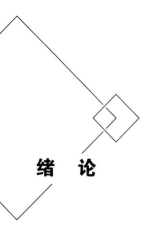

绪 论

衣、食、住、行是人们生活的四大要素。衣位于四大生活要素之首,足见服装对人类生存和生活的重大意义。服装不仅具有保护人体的功能,而且在不同的场合中表现着人的不同心情和个性,有着很强的社会性。服装有不同的品类、用途和目标市场,而不同用途、不同品类和不同的消费者对服装的要求也不同。随着科学的发展和人类的进步,人们对服装的舒适性、个性化、安全性、防护性有了更高的要求,要满足这些要求,离不开对服装材料的了解和正确的选择。

服装材料学将从服装生产者、服装设计师和服装消费者实用的角度来阐述各种服装面料和辅料的性能特点、影响因素、评价方法和适用性,希望学生通过本课程的学习,对一些经典品种的服装材料的性能和应用有很好的把握,不仅知其然并且知其所以然,进而能够根据这些基本知识去认识不断出现的新服装材料的性能特点,根据特定服装的具体要求合理选用材料或提出自己对材料的要求,甚至开发所需的新型服装材料。

一、服装材料的基本概念

服装材料是指构成服装所用的所有材料,包括面料和辅料。

(一) 面料

面料指的是服装表面的主体材料。常用的服装面料有纺织服装面料(机织物、针织物、非织造布、编织物)和非纺织服装面料(毛皮和皮革等)。服装面料的成本占整件服装原料成本的大部分,而且显露在外,是体现服装设计意图的重要部分。

1. 机织物

用两组纱线(经纱和纬纱)在织机上按照一定规律相互垂直交织成的片状纺织品。它又可按纤维原料、纱线类型、织物结构、颜色花型和后整理的不同区分为许多种类。

2. 针织物

用一组或多组纱线通过线圈相互串套的方法勾连成片的织物。它可以生产一定幅宽的坯布,也可以生产一定形状的成品件。按生产方式不同又可分为纬编针织物和经编针织物两类。

3. 非织造布

以纺织纤维为原料,经过黏合、熔合或其他化学、机械方法加工而成的薄片或毛毡状制品。

4. 编织物

编织物是指纱线用结节互相连接或钩编、绞编等手法制成的制品,如网、花边、绳带等。

5. 毛皮

又称裘皮,是经过鞣制的动物毛皮,由皮板

和毛被组成。

6. 皮革

经过加工处理的光面或绒面动物皮板。

(二) 辅料

服装辅料是除面料之外的其他所有的服装材料,包括里料、衬料、絮填料、垫肩、缝纫线、花边、纽扣、拉链、绳、带、钩、襻等。服装辅料是构成服装的辅助材料,但对于实现服装设计意图也有重要的作用,不能忽视。

1. 里料

里料是服装最里层,用来部分或全部覆盖服装反面的材料,使服装的反面光滑、美观、穿脱方便、增加保暖性的材料。

2. 衬料

衬料是介于面料与里料之间起支撑作用的服装材料。

3. 絮填料

絮填料是介于面料与里料之间起隔热作用的服装材料。

二、服装材料的重要性

服装是包括覆盖人体躯干和四肢的衣服、鞋帽和手套等的总称,也指人着装后的状态。对服装设计师和服装制造商而言,设计和制造的服装必须能够产生利润才能算是成功。要产生利润,服装必须能销售出去,同时还必须保证服装的平均售价高于服装制造成本和销售成本之和。服装设计师和服装制造商要设计和制造出适销对路的服装,重要的一环就是服装材料的合理选择,既要考虑服装材料的表面色泽、纹理和图案效果,又要考虑服装材料的造型能力,还要考虑服装材料的成衣加工性能、服用性能和舒适性及功能,最后必须满足预定的性能成本比。

对服装消费者而言,买一件衣服总要物有所值,要有良好的性价比,还要适用才行,否则就会造成浪费。而能否做到这一点,与服装消费者的审美能力和对服装材料的了解程度密切相关。

由于人们所处的自然环境和社会环境不同、出席的场合和从事的活动不同,年龄、性别和品位不同,因此服装有多种类别和风格。而不同类别和风格的服装对服装材料的性能除了一些共同的基本要求之外,还有能满足适合特定条件穿用的特殊的要求。因此,很难说某种服装材料绝对比另一种服装材料优越,正所谓合适的才是最好的。

要正确地选择所需的服装材料,既要明确对具体服装类别的性能和美学的要求,又要了解各种服装材料的性能特点,在此基础上,才能正确选择可以满足这些要求的服装材料。

三、服装材料的发展趋势

随着人们生活方式的转变、空调的普遍使用和气候变暖、人们对健康和生活品质要求的提高、对环保意识的日益增强等,使人们对服装材料的要求与过去相比有了较大的变化。

近几年,服装材料的发展趋势主要是:对牢度特性的要求有所降低,对美学特性的要求提高;强调舒适性、易护理性、保健性、安全性和环保性;突出轻薄化、功能性;要求面辅料配套化。

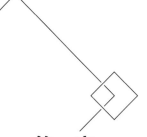

第一章
服装材料用纤维

服装材料由各种各样的原料构成,其中用量最多的是纤维。纤维是决定服装材料最终服用性能的关键要素。了解与掌握纤维的种类、性能及对服装外观和品质的影响,可以更充分利用和发挥纤维材料的特性,使服装设计、生产、使用和保养更加科学、合理。

第一节　纤维分类及基本特征

自然界中细长的物体很多,通常把长度比直径(直径在几微米或几十微米)大千倍以上且具有一定柔韧性和强力的纤细物质统称为纤维。纺织用纤维通常又细又长,而且具有一定强度、韧性和可纺性,在机械性能、细度和长度、弹性和可塑性、隔热性、吸湿性、化学稳定性等方面均具有一些共同的特征。纤维的性能和特征是影响织物及服装的外观审美性能、生理舒适性能、穿用耐久性能及保养照料性能的关键因素。

一、纤维分类

服装材料用纤维按来源可分为天然纤维和化学纤维两大类。纤维的主要类别见表1-1。

天然纤维是来自自然界,可直接用于纺织

表1-1　服装材料常用纤维分类及名称

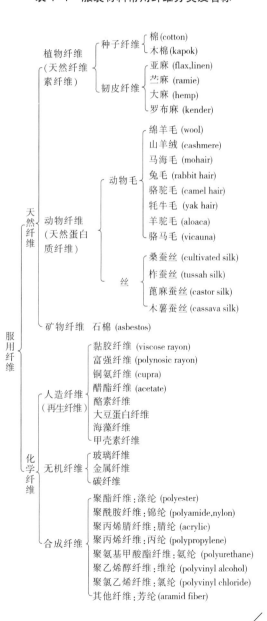

的纤维。根据来源可分为植物纤维、动物纤维和矿物纤维。从纤维的化学组成而言,植物纤维多是纤维素纤维,动物纤维多是蛋白质纤维,矿物纤维多是无机纤维。

化学纤维是以天然或人工合成的高聚物为原料,经特定的加工制成的纤维。根据高聚物的来源分为人造纤维和合成纤维。人造纤维是以天然高聚物(如木材、棉短绒、牛奶、花生、大豆等)为原料,经纺丝加工制成的纤维。合成纤维是以石油、煤和天然气等材料中的小分子物质为原料,经人工合成得到高聚物,再经纺丝制成的纤维。

此外,按纤维长度常把各种天然纤维和化学纤维分为长丝和短纤维两大类。长度超过几十米或上百米的纤维称为长丝,分天然蚕丝和化纤长丝两种。

二、纤维特征

影响各种纤维的外观特征、性能以及品质的因素,主要是纤维的形态结构和化学结构。

(一) 纤维的构成特征

服用纤维多由高聚物(高分子化合物)组成,不同的高聚物成分及排列形成了不同纤维,即纤维具有不同的结构特征,它是影响纤维的物理性质和化学性质的主要因素。

服用纤维的高聚物一般是线型长链大分子,其链节可以是完全相同的(如纤维素、聚乙烯等),也可以是基本相同的(如蛋白质等)。这种链节称为"单基"。纤维素的单基是葡萄糖剩基;蛋白质的单基是 α-氨基酸剩基;涤纶的单基是对苯二甲酸乙二酯。分子中含有单基的数目称为聚合度。纤维分子的聚合度越大,纤维的强度也越大。天然生长的纤维的聚合度,决定于纤维的生长条件和纤维的品种;

化学纤维的聚合度,可以通过生产工艺进行调节。

服用纤维中大分子的排列,在某些部位排列较为整齐,形成结晶结构(晶区);另一些排列不整齐的部位称为非晶区(无定形区),如图1-1所示。结晶结构部分的体积占纤维体积的百分比称为结晶度。纤维中大分子按纤维轴向排列的一致程度称为取向度。纤维的结晶度和取向度对纤维性能影响较大,结晶度高,取向度好的纤维强度也较大,但变形能力较差。化学纤维在加工成型过程中,原来排列不整齐的纤维分子在拉伸作用下,可使趋向于拉伸力的方向整齐地排列起来,提高了纤维的结晶度和取向度。

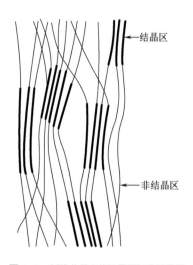

图1-1 纤维分子中的结晶区与非结晶区

常用纺织纤维结构上的共同特征为:分子链具有一定的长度,即具有一定的聚合度,使纤维具有必要的强度;分子为线型长链分子,支链短,侧基小,保证分子具有一定的柔性和运动自由度,使纤维柔软;液晶高分子有刚性链段,以保证液态有序和成型;分子间具有相互作用,使纤维形态稳定并具有吸附性;分子排列有一定取向度和结晶度,但又有一定空隙或空间使纤维保持基本的物理性能，又具有吸湿、可染的特性。一些特殊功能要求的纤维，如阻燃、耐高温、导电、抗菌、高强等纤维，同时具备其他特征。

(二)纤维的形态特征

影响纤维服用性能的形态结构特征，主要指纤维的长度、细度和在显微镜下可观察到的横断面和纵向形状、外观以及纤维内部存在的各种缝隙和孔洞等。

1. 纤维的长度

纤维的长度对纱线和织物的外观、强度和手感等都有影响。长丝纤维组成的织物表面光滑、轻薄和光洁；短纤维织物的外观比较丰满和有毛羽，有温暖感。

棉花、羊毛和亚麻等天然纤维，在同样纤维细度下，纤维长度越长，长度均匀度越好，品质也越好。纤维长度过短，会导致纺纱困难。棉纤维长度一般在 40mm 以下；毛纤维平均长度为 50~75mm，最长不超过 300mm；苎麻纤维较长，为 120~250mm；亚麻纤维的长度较短，在 25~30mm。化学纤维的长度因用途而定，可加工成长度接近天然短纤维的三种短纤维类型：棉型纤维的长度在 51mm 以下，接近于棉纤维长度，制成的织物外观特征接近于棉织物；毛型纤维长度在 64~114mm，类似于羊毛纤维长度，制成的织物外观特征类似毛织物；中长纤维的长度介于 51~76mm，在棉纤维和毛纤维的长度之间，用来织制仿毛织物。

2. 纤维的细度

纤维细度是衡量纤维品质的重要指标，也是影响贴身衣物触感舒适性的重要因素。纤维越细，手感越柔软。在同等纱线粗细的情况下，纤维越细纱线断面内的纤维根数就越多，纱线强力等品质越好。外观粗犷的织物所用的纤维通常长而粗，精细轻薄的织物中所用的纤维就比较细长。

羊毛纤维的粗细可用直径 d 来衡量，常以微米（$1\mu m = 1/1000mm$）为单位。羊毛纤维的粗细也可以用品质支数来表示，品质支数的高低代表纤维的粗细。我国规定，70 支羊毛的直径为 18.1~20.5μm，66 支羊毛的直径为 20.6~21.5μm 等。羊毛的品质支数越高，羊毛越细，质量越好，价格越高。这种纤维用于高档精纺织物。

常见纤维的细度和长度如表 1-2 所示。

表 1-2　常见纤维的细度和长度

纤　维	线密度（dtex）	直径（μm）	长度（mm）
海岛棉	1.6~2	11.5~13	28~36
美国棉	2.2~3.4	13.5~17	16~30
亚　麻	2.7~6.8	15~25	25~30
苎　麻	4.7~7.5	20~45	120~250
美利奴羊毛	3.4~7.6	18~27	55~75
蚕　丝	1.1~9.8	10~30	$5\times10^5 \sim 10\times10^5$
马海毛	9.3~25.9	30~50	160~240
化学纤维	由设计与工艺定	由设计与工艺定	由设计与工艺定

注　1tex = 10dtex。

3. 纤维断面形态

在显微镜下观察纤维的纵向和横向断面可以发现，不同的纤维差异明显，如图 1-2 和表 1-3 所示。纤维的表面结构主要有如下几种类型：

(1)转曲或横节结构：表面粗细不匀，有转曲，或有横节，或有各类细小突起，如天然纤维素纤维。这种结构使纤维互相啮合，利于纺纱加工。

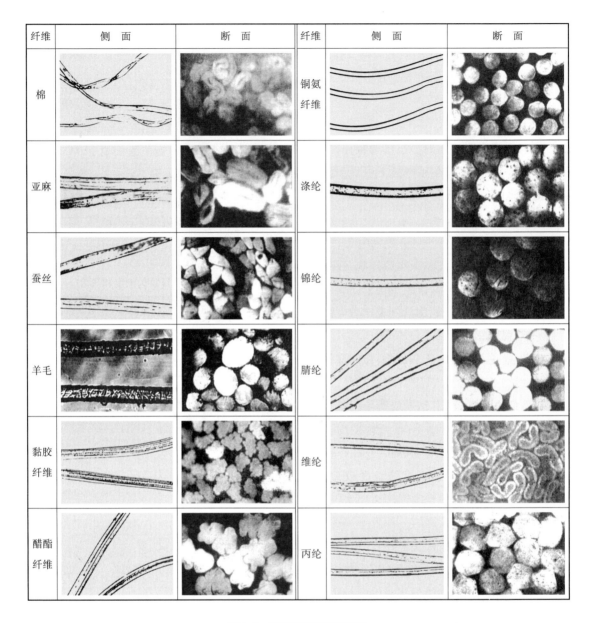

纤维	侧　面	断　面	纤维	侧　面	断　面
棉			铜氨纤维		
亚麻			涤纶		
蚕丝			锦纶		
羊毛			腈纶		
黏胶纤维			维纶		
醋酯纤维			丙纶		

图1-2　各类纤维的纵横向形态

（2）鳞片状结构：出现在大部分的动物毛发中，如羊毛纤维。这种结构有利于纺纱加工，纤维易在加工中毡合而形成特有的毛呢表面风格。

（3）沟槽结构：纤维的表面呈现纵向的细沟槽，使纤维具有较好的可纺性，最典型的是普通黏胶纤维的表面细沟槽。

（4）平滑结构：熔融纺丝制成的合成纤维（如锦纶），表面平滑，织成的织物手感不够丰满。

（5）表面多孔结构：多见于涤纶和腈纶织物经改性处理后的纤维表面，有利于改善吸水、吸湿、染色性能和手感。

纤维的表面状态与其可加工性、光泽以及手感都有较密切的关系。改变纤维表面结构是材料改性的有效途径，可改善吸水性、吸湿性和

表1-3　常见纤维的纵横向形态

纤　维	纵向形态特征	断面形态特征
棉	扁平带状,有天然转曲	腰圆形,有中腔
苎　麻	有横节、竖纹	腰圆形,有中腔及裂缝
亚　麻	有横节、竖纹	多角形,中腔较小
羊　毛	表面有鳞片	圆形或接近圆形,有些有毛髓
兔　毛	表面有鳞片	哑铃形
桑蚕丝	表面如树干状,粗细不匀	不规则的三角形或半椭圆形
柞蚕丝	表面如树干状,粗细不匀	相当扁平的三角形或半椭圆形
黏胶纤维	纵向有细沟槽	锯齿形,有皮芯结构
富强纤维	平　滑	较少齿形或接近于圆形
醋酯纤维	有1~2根沟槽	不规则的带状
维　纶	有1~2根沟槽	腰圆形
腈　纶	平滑或有1~2根沟槽	圆形或哑铃形
氯　纶	平滑或有1~2根沟槽	接近圆形
涤纶、锦纶、丙纶	平　滑	圆　形

外观风格等。例如,化学纤维尤其是合成纤维表面较光滑、常有蜡状感或挺而不柔等,进行卷曲加工就可在纤维纵向产生明显的卷曲,改善手感、弹性和蓬松性等。异形截面形状的合成纤维,在光泽、耐污性、蓬松性、透气性和抗起球等方面均有所改善。对涤纶等合成纤维进行化学处理以改变表面状态可模仿真丝。羊毛的凉爽或防缩免烫整理也是通过破坏或改变表面的鳞片而实现。

第二节　纤维服用性能分析

纤维的种类及结构形态不同,其性能也不同。这些性能直接影响着服装材料的生产加工、成衣缝制性能、服装的服用性能、外观和保养照料性能。其中影响织物和服装等纤维制品外观审美性能的主要是纤维的细度、长度和形态结构等;影响生理舒适性能的主要是纤维的吸湿性能、热学性能及电学性能等;影响穿用耐久性能和保养照料性能的主要是纤维的力学性能、耐气候性能、耐化学品性能以及纤维的保养性能等。纤维的力学性能在不同程度上还影响着织物及服装的外观审美性能、生理舒适性能。

一、纤维的密度

纤维的密度是指单位体积纤维的质量,常用 g/cm^3 或 mg/mm^3 来表示。它决定于纤维本身的结构,如纤维长链分子的分子量和结晶度等特征。

纤维的密度影响织物的覆盖性,体积质量小的纤维具有较大的覆盖性,制成的服装轻便舒适;反之,覆盖性就小,服装较重。密度小的纤维更适于制作质轻、保暖、便于折叠携带和活动的服装。表1-4列出了常用的各类纤维的密度。合成纤维比其他纤维的密度小,尤其是丙纶,比水还轻。

表1-4　各类常用纤维的密度

纤维	密度 (g/cm³)	纤维	密度 (g/cm³)
棉 花	1.54	涤 纶	1.38
麻	1.50	锦 纶	1.14
羊 毛	1.32	腈 纶	1.17
蚕 丝	1.33	维 纶	1.26~1.30
黏胶纤维	1.50	氯 纶	1.39
铜氨纤维	1.50	丙 纶	0.91
醋酯纤维	1.32	乙 纶	0.94~0.96
三醋酯纤维	1.30	氨 纶	1.0~1.3

二、纤维的力学性能

纤维在拉伸、弯曲、扭转、摩擦、压缩、剪切等各种外力的作用下,产生各种变形的性能称为力学性能。在服装加工和使用中,纤维主要受到沿着轴向(即长度方向)的外力(称拉伸力)作用,在拉伸外力作用下,纤维的伸长称为拉伸变形。以下着重讨论拉伸作用下纤维的变形。

(一)拉伸指标

1. 纤维强度

纤维受拉伸而断裂所需的力称为绝对强力。单位为牛顿(N)或厘牛顿(cN)。为了比较粗细不同的纤维的强度,也采用相对强度来表示纤维强度的大小。相对强度是指每分特克斯纤维能承受的最大拉力,单位为厘牛/分特(cN/dtex)。纤维强度的大小还可用断裂长度[单位为千米(km)]来表示,即将这种长度的纤维悬空挂起,纤维自身的重量刚好使其断裂。纺织品和服装的耐用程度,很大程度上取决于纤维本身的强度。

2. 断裂伸长 ΔL 和断裂伸长率 $\varepsilon(\%)$

纤维(原长以 L 表示)被拉伸到断裂时,所产生的伸长值称为断裂伸长,常用 ΔL 表示,也称绝对伸长。绝对伸长占原长的百分比即为断裂伸长率 $\varepsilon(\%)$。

$$\varepsilon = \frac{\Delta L}{L} \times 100\%$$

纤维长度不同,绝对伸长也不同。断裂伸长率可以客观地反映纤维的变形能力。各种纤维的强度和断裂伸长率如表1-5所示。

表1-5　各种纤维的强度和断裂伸长率

纤 维 名 称			干强(cN/dtex)	湿强(cN/dtex)	干断裂伸长率(%)	湿断裂伸长率(%)
锦纶6	短纤维		3.8~6	3.2~5.5	25~60	27~63
	长丝	普 通	4.2~5.6	3.7~5.2	28~45	36~52
		强 力	5.6~8.3	5.2~7.0	15~25	20~30
锦纶66	短纤维		3.0~6.3	2.6~5.4	16~66	18~68
	长丝	普 通	2.6~5.3	2.3~4.6	25~65	30~70
		强 力	5.2~8.4	4.9~7.0	16~28	18~32
涤 纶	短纤维		4.2~5.7	4.2~5.7	35~50	35~50
	长丝	普 通	3.8~5.3	3.8~5.3	20~22	20~22
		强 力	5.5~7.9	5.5~7.9	7~17	7~17

续表

纤 维 名 称			干强（cN/dtex）	湿强（cN/dtex）	干断裂伸长率（%）	湿断裂伸长率（%）
腈 纶		短纤维	2.5~4.0	1.9~4.0	25~50	25~60
维 纶	短纤维	普 通	4.1~5.7	2.8~4.8	12~26	12~26
		强 力	6.0~7.5	4.7~6.0	11~17	11~17
	长丝	普 通	2.6~3.5	1.9~2.8	17~22	17~25
		强 力	5.3~7.9	4.4~7.0	9~22	10~26
丙 纶		短纤维	2.6~5.7	2.6~5.7	20~80	20~80
		长 丝	2.6~7.0	2.6~7.0	20~80	20~80
氯 纶	短纤维	普 通	1.7~2.5	1.7~2.5	70~90	70~90
		强 力	2.9~3.5	2.9~3.5	15~23	15~23
		长 丝	2.4~3.3	2.4~3.3	20~25	20~25
氨 纶		长 丝	0.4~0.9	0.4~0.9	450~800	—
黏胶纤维	短纤维	普 通	2.2~2.7	1.2~1.8	16~22	21~29
		强 力	3.2~3.9	2.4~2.9	19~24	21~29
	长丝	普 通	1.5~2.0	0.7~1.1	10~24	24~35
		强 力	3.0~4.6	2.2~3.6	7~15	20~30
	高湿模量	短纤维	3.1~4.6	2.3~3.7	7~14	8~15
		长 丝	1.9~2.6	1.1~1.7	8~12	9~15
醋酯纤维		短纤维	1.1~1.4	0.7~0.9	25~35	35~50
		长 丝	1.1~1.2	0.6~0.8	25~35	30~45
棉纤维			2.6~4.3	2.9~5.6	3~7	—
羊 毛			0.9~1.5	0.7~1.4	25~35	25~50
丝			3.0~3.5	1.9~2.5	15~25	27~33
苎 麻			4.9~5.7	5.1~6.8	1.2~2.3	2.0~2.4

3. 纤维的弹性模量

纤维在拉伸力的作用下会产生变形，随着作用力的增大，伸长变形也逐渐增加。记录纤维在拉伸过程中拉伸力与伸长变形之间关系的曲线，称为拉伸曲线，如图1-3所示（纵坐标为拉伸应力，横坐标为伸长率）。

纤维拉伸曲线的终点 a 称为断裂点，该点的纵坐标为断裂强度，横坐标为断裂伸长率。拉伸曲线的起始部分近似为直线，拉伸到一定程度，曲线有一转折，其转折点 b 为屈服点。屈服点

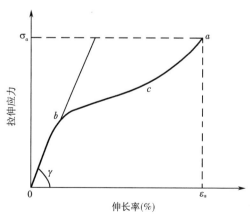

图 1-3　纤维拉伸曲线

之前的直线部分和横坐标轴的夹角越小,说明纤维越易变形,即纤维在较小的作用力下也能产生较大的变形。纤维的这一性能常用弹性模量 E（也称初始模量）来衡量。从拉伸曲线原点向该曲线作切线,此切线的斜率即为该纤维的弹性模量, E 值越大,纤维越不容易变形,对应的织物手感越硬。

（二）纤维的弹性

纤维在一个大小不变的拉伸外力作用下,变形随时间的延长而逐渐增加的现象称为蠕变。在纤维受到外力作用一段时间后去除外力,纤维产生的部分伸长变形（称为急弹性变形）会立即回复,随着去除外力后时间的延续,又有部分伸长变形（称为缓弹性变形）继续回复,但最终仍有部分伸长变形（称为塑性变形）不能回复。在所有伸长变形中（急弹性变形、缓弹性变形、塑性变形）可回复部分（急弹性变形和缓弹性变形）所占的比例,称为弹性回复率。弹性回复率可以衡量纤维的变形回复程度,衡量纤维的弹性好坏。弹性回复率数值越大,纤维的弹性越好,变形回复能力越强;反之则越差。弹性好的纤维通常较为耐磨,也耐疲劳,服装制品也较为耐穿且抗皱。表1-6为几种常见纤维的弹性回复率。

表1-6　常见纤维的弹性回复率

项　目	去除外力后,立即回复率(%)				去除外力后,2min时的回复率(%)			
总伸长率(%)	2	3	5	10	2	3	5	10
羊　毛	100	100	100	69	—	—	—	—
蚕　丝	90	72	52	35	93	78	62	44
黏胶纤维	63	46	35	26	—	—	—	—
醋酯纤维	94	85	58	26	100	98	80	37
锦纶长丝	100	95	89	75	—	—	—	—
锦纶短丝	100	100	100	90	100	100	100	97
涤　纶	100	85	69	40	100	75	75	50
维　纶	60~70	50~60	40~45	30~35	85~95	70~80	50~60	45~50
腈　纶	90~100	75~80	55~64	33~37	100	100	70~83	51~56

（三）纤维的疲劳

纤维因蠕变也会逐渐损伤,以致断裂,这种现象称为"疲劳"。即使是很小的拉伸力,如果长期或反复作用,纤维内部的大分子也会伸直,逐渐被抽拔、滑移,而最终解体。

服装等纤维制品在实际使用中,会承受各种强度不大、但反复多次的作用力。若能创造不受力或受力之间停顿间隔的条件,就能延长使用寿命。衣服勤换,创造了不受力停顿条件;而洗涤又加速了缓弹性变形的回复,因此勤换勤洗服装更耐穿。

三、纤维的热学性能

纤维及其制品在加工和使用过程中,经常处于不同温度条件。煮练、染色、烘干、上浆、染整处理、服装的洗涤和熨烫等,都会使纤维受到不同程度的热的作用。

纤维的热学性质与纤维分子的结构形状的热运动状态有关。纤维的热学性能,在服用卫生的角度主要考虑热传递性能,如纤维的保暖性和隔热防暑的功能;在加工和使用方面,主要考虑纤维的耐热性、热塑性和阻燃性等;也可以利用纤维的热学性能,改善或提高纱线、织物和服装等纤维制品的加工品质和使用性能。

(一)比热容

质量为1g的材料温度变化1℃所吸收或放出的热量,称为该材料的比热容,度量单位是J/(g·℃)。环境温度对材料的比热容有一定影响,不同温度下材料的比热容有一定的差异。表1-7是室温20℃时,测得的干纤维的比热容,此时静止空气的比热容为1.01J/(g·℃)。

表1-7 干纤维(20℃时)的比热容

纤　维	比热容 [J/(g·℃)]	纤　维	比热容 [J/(g·℃)]
棉	1.21~1.34	锦纶66	2.05
亚　麻	1.34	芳香聚酰胺纤维	1.21
大　麻	1.35		
黄　麻	1.36	涤　纶	1.34
羊　毛	1.36	腈　纶	1.51
桑蚕丝	1.38~1.39	丙　纶	1.80
黏胶纤维	1.26~1.36	玻璃纤维	0.67
锦纶6	1.84	石　棉	1.05

由于水的比热容为一般纤维的2~3倍,纤维的比热容随吸湿的增加相应增大,因此潮湿的服装由于比热容上升,在接触到热源时,温度升高的速度没有干燥的衣服快。另外,相同

温差下,吸湿量大的纤维吸收或放出的热量多。

(二)导热

热量从高温物体向低温物体传递的一种接触散热方式称为传导散热,简称导热。不同物体传导散热能力的大小与本身结构和性能相关。通常用导热系数λ来描述这种属性。导热系数λ是指厚度为1m的材料上下两表面间温度差为1℃(温度梯度为1℃/m)时,1s内通过1m²表面积所传导的热量瓦数,单位是W/(m·℃)。λ值越小,表示材料的导热性越差,保暖性越好。常见物质材料的导热系数如表1-8所示。

表1-8 环境温度20℃时各种材料的导热系数
单位:W/(m·℃)

材　料	导热系数	材　料	导热系数
棉	0.071~0.073	涤　纶	0.084
羊　毛	0.052~0.055	腈　纶	0.051
蚕　丝	0.05~0.055	丙　纶	0.221~0.302
黏胶纤维	0.055~0.071	氯　纶	0.042
醋酯纤维	0.05	静止空气	0.027
锦　纶	0.244~0.337	水	0.697

静止空气的导热系数最小,是理想的热绝缘体,因此纺织材料尽可能富含静止空气,如纺制中空合成纤维,是提高保暖性能的有效措施。水的导热系数最大,为纤维的10倍左右,因此服装受潮湿润时会使纤维导热系数增大,导致隔热保暖性能下降。

(三)热对纤维材料的影响

纤维在受热过程中内部结构和性质会发生

相应的变化。温度升高会使分子运动加剧，纤维分子链之间的作用力减小，物理机械状态改变，纤维最终熔融或分解。在加热速率相同的情况下，纤维升温的速率与其比热容有关。比热容越小，升温越快。

大多数合成纤维，在热的作用下，会经过几个不同的物理机械状态（玻璃态、高弹态、粘流态），直到最后熔融。天然纤维素纤维和蛋白质纤维的熔点比分解点还要高，在高温作用下，不经过熔融就直接分解或炭化。常用纤维的热学性质可参见表1-9。

表1-9　常用纤维的热学性质

纤维	温度（℃）			
	玻璃化温度	熔点	分解点	软化点
棉	—	—	150	—
羊毛	—	—	135	—
蚕丝	—	—	150	—
锦纶6	47、65	210~224	—	180
锦纶66	82	250~258	—	225
涤纶	80、67、90	255~260	—	235~240
腈纶	90	不明显	280~300	190~240
维纶	85	225~239	—	干220~230 湿110
丙纶	−35	163~175	—	145~150
氯纶	90~100	202~204	—	82

1. 热收缩与热定形

纤维的热收缩是指在温度增加时，由于纤维内大分子间的作用力减弱而产生的纤维收缩现象。纤维的热收缩是不可逆的，不同于一般固体材料的"热胀冷缩"现象。通常只有合成纤维有热收缩现象，天然纤维和再生纤维的大分子间的作用力比较大，不会产生热收缩。

合成纤维受热达到一定温度，纤维内部在生产成型中残留的应力会引起热收缩，其热收缩率随热处理的条件不同而异。

合成纤维的热收缩不利于成品的服用性能，纤维的热收缩大时，织物的尺寸稳定性差。纤维的热收缩不匀时，还会使织物起皱不平。

合成纤维或其织物受热到玻璃化温度以上时，纤维内部大分子间的作用力减小，纤维的变形能力将增大。如果再加一定张力，强迫纤维变形，在冷却并解除外力作用后，合成纤维织物的形状就会在新的分子排列状态下稳定下来。使用中的温度只要不超过定形温度，纤维或织物的形状就不会有大的变化，合成纤维的这种性能称为热塑性。利用纤维的热塑性进行的加工处理，称为热定形。服装熨烫就是热定形的一种形式。热定形也可以在一定温度且无张力的状态下进行，纤维迅速松弛蠕变而消除内应力，冷却后纤维的尺寸与形状的稳定性增加，这种加工方法称为松弛热定形。

影响热定形效果的主要因素是温度和时间。热定形处理得当，会显著改善织物的尺寸稳定性、弹性和抗皱性等。热定形加工时，合成纤维或其织物在高温处理后急速冷却，纤维内部分子间的相互位置很快冻结而固定，形成较多的无定形区，使纤维或织物的手感较为柔软，富有弹性。服装经熨烫加工后，尽可能快地冷却，可得到良好的定形效果。如果高温处理后长时间缓慢冷却，纤维内部分子的相互位置不能很快固定，除了纤维和织物的变形会消失外，还会引起纤维内部结构的显著结晶化，使织物弹性下降，手感变硬。

锦纶等吸水性较大的合成纤维，所含水分

可能降低纤维的大分子间的结合力,加速分子间结合点的断开,有利于热定形效果,因此用蒸汽或水煮方法的定形效果比干热定形的效果要好。

2. 耐热性

纤维材料抵抗因热而引起的破坏的性能,称为耐热性。表1-10比较了各种纤维的耐热性能。

表1-10 各种纤维的耐热性

纤维	剩余强度(%)				
	20℃未加热	100℃		130℃	
		20天	80天	20天	80天
棉	100	92	68	38	10
亚麻	100	70	41	24	12
苎麻	100	62	26	12	6
蚕丝	100	73	39		
黏胶纤维	100	90	62	44	32
锦纶	100	82	43	21	13
涤纶	100	100	96	95	75
腈纶	100	100	100	91	55
玻璃纤维	100	100	100	100	100

3. 燃烧性能

纺织纤维是否易于燃烧及在燃烧过程中表现出的燃烧速度、熔融、收缩等现象称为纤维的燃烧性能。纤维素纤维与腈纶易燃,接触火焰时迅速燃烧,即使离开火焰,仍能继续燃烧。羊毛、蚕丝、锦纶、涤纶、维纶等也是可燃的,接触火焰后容易燃烧,但燃烧速度较慢,离开火焰后能继续燃烧。氯纶等含卤素的纤维是难燃的,接触火焰时燃烧,离开火焰后,自行熄灭。石棉、玻璃纤维是不燃的,即使接触火焰,也不燃烧。

各种纤维的燃烧温度如表1-11所示。

表1-11 各种纤维的燃烧温度

纤维	点燃温度(℃)	火焰最高温度(℃)	纤维	点燃温度(℃)	火焰最高温度(℃)
棉	400	860	锦纶6	530	875
黏胶纤维	420	850	锦纶66	532	—
醋酯纤维	475	960	涤纶	450	697
三醋酯纤维	540	885	腈纶	560	855
羊毛	600	941	丙纶	570	839

表示纤维及其制品燃烧性能的指标分为两类:一类是表征纤维可燃性的指标,如纤维的点燃温度(燃烧开始的温度)和发火点(开始冒烟的温度),用来衡量纤维是否容易燃烧;另一类是表征纤维阻燃性的指标,如极限氧指数,衡量纤维是否容易维持燃烧。极限氧指数LOI(Limited Oxygen Index)是材料点燃后在大气里维持燃烧所需要的最低含氧量的体积百分数。表1-12为纤维的发火点,表1-13为纤维制成织物后的极限氧指数。

表1-12 纤维的发火点

纤维	发火点(℃)	纤维	发火点(℃)
生丝	185	黏胶纤维	165
精练丝	180	羊毛	165
柞蚕丝	190	棉	160

表1-13 织物的极限氧指数

纤维	织物重量(g/m²)	极限氧指数(%)
黏胶纤维	220	19.7
羊毛	237	25.2
锦纶	220	20.1
涤纶	220	20.6
腈纶	220	18.2
维纶	220	19.7
丙纶	220	18.6
棉	220	20.1
棉	153	16~17
棉(防火整理)	153	26~30

点燃温度和发火点越低,纤维制品就越易燃烧;极限氧指数越低,表示材料越容易在点燃后继续燃烧。要达到离开火焰后立即自灭,纤维的极限氧指数应大于27%。

消防服、工作服和军服等都要求有良好的阻燃性能,儿童和老年人的服装也有防火要求。

提高纺织品的阻燃性能的途径通常有两个:一是制造难燃纤维,可以通过在纺丝原液中加入防火剂来生产难燃黏胶纤维、腈纶、涤纶等,也可以由合成的难燃聚合物纺制诺梅克斯(Nomex)、库诺尔(Kynol)和杜勒特(Dunette)等高性能纤维;二是对现有纺织品进行阻燃整理,尤其是常用的棉织物和涤纶织物。

4. 熔孔性

在穿着过程中,织物某个局部受到或接触到温度超过熔点的火花或热体时,接触部位会形成熔孔,这种性能称为熔孔性,抵抗熔孔现象的性能称为抗熔孔性。火花熄灭或与热体脱离后,孔洞周围的纤维便会凝固并黏结,孔洞不再扩大。天然纤维和黏胶纤维受热作用时不软化、熔融,而是在温度过高时分解或燃烧。表1-14是从50℃开始,天然纤维分解和合成纤维熔融所吸收的热量。

表1-14　几种纤维分解或熔融时吸收的热量

纤　维	温度范围(℃)	吸收热量(J/g)
棉	50~280	293.1
羊　毛	50~250	397.8
涤　纶	50~250	117.2
锦　纶	50~250	146.5

从表1-14可见,涤纶和锦纶容易产生熔孔,而天然纤维含水分多,升温吸收的热量多,所以抗熔孔性好。

四、纤维的电学性能

纤维的电学性能,主要包括纤维的导电性能与静电性能等。

(一)电阻

电阻是表示物体导电性能的物理量。纤维的电阻一般以比电阻表示,纺织纤维常用的是质量比电阻。电流通过单位质量的物体且其长度为单位长度时的电阻称为质量比电阻。纺织材料是不良导体,因此质量比电阻都很大。

影响纤维材料电阻大小的最主要因素是纤维的吸湿性和空气的相对湿度,纤维吸湿性好、空气相对湿度又大时,纤维吸湿量大而电阻小。因此棉、麻、黏胶纤维的电阻比涤纶、锦纶、腈纶等合成纤维的电阻小。羊毛纤维表面因有鳞片覆盖而表面的吸湿性很差,也表现出较高的电阻。纤维内含水率增加时,质量比电阻就会降低,服装在潮湿的气候下就不易产生静电积累。纤维电阻过高易产生静电而影响舒适性能。

(二)静电

纤维材料在加工和穿用过程中,会与人体及各种物体发生摩擦而产生静电。如果纤维或物体的导电性不好,电荷不易逸去,常会影响生产加工,降低织物品质。服装在产生静电时易沾污,并发生缠附现象,致使人体活动不方便,穿着不舒服、不雅观,甚至引起火灾。

材料所带静电的强度,可以用电荷半衰期来表示,即纤维材料上的静电电压或电荷衰减到原始数值的一半所需的时间;也可以用纤维的比电阻来间接表示。各种纤维的最大带电量大致相等,但静电衰减速度却差异很大。材料的表面比电阻降到一定程度,可以防止静电现象发生。

两个绝缘体相互摩擦并分开时,得到电子的物体带负电荷,失去电子的物体带正电荷。表1-15为30℃和33%相对湿度下的纤维静电电位序列。

表1-15　纤维静电电位序列

正														负
羊毛	锦纶	黏胶纤维	棉	蚕丝	醋酯纤维	维纶	涤纶	腈纶	氯纶	腈氯纶	偏氯纶	乙纶	丙纶	氟纶

纤维素纤维的静电现象不明显,羊毛或蚕丝有一定的静电干扰,而合成纤维和醋酯纤维制品的静电现象较严重。合成纤维及其织物常采用耐久性抗静电处理方法。如在合成纤维聚合或纺丝时,加入亲水性聚合物或导电性的高分子化合物;采用复合纺丝法,制成外层有亲水性的复合纤维。也可以在混纺纱中混入吸湿性强的纤维,或按电位序列把带正电荷的纤维和带负电荷的纤维进行混纺;或混入少量的永久性抗静电纤维或导电纤维(金属纤维等)。对合成纤维织物还可以进行耐久性的亲水性树脂整理来避免静电现象。另一方面,纤维制品也可以采用暂时性抗静电处理方法。例如,通过利用表面抗静电剂在纤维表面形成一层薄膜;或者增强吸湿性,以降低纤维的表面比电阻,使产生的静电易于逸散。

五、纤维的吸湿性能

纺织纤维能吸收水分,不同结构的纺织纤维,吸收水分的能力不同。天然纤维和再生纤维具有较高的吸湿能力,称为亲水性纤维。大多数合成纤维吸湿能力较低,是疏水性纤维。纤维既能吸收空气中气相水分,也有从水溶液中吸收液相水分的能力,统称为纤维的吸湿性。有时把前者称为吸湿性,后者称为吸水性。纺织纤维的吸湿性是关系到纤维性能、纺织工艺加工以及纺织品服用舒适性的一项重要特性。

常用回潮率 W 和含水率 M 表征纤维的吸湿程度,定义式如下:

$$W = \frac{G - G_0}{G_0} \times 100\%$$

$$M = \frac{G - G_0}{G} \times 100\%$$

式中:G——纤维湿重;

　　　G_0——纤维干重。

纤维的回潮率随着纤维所处环境的温湿度变化而变化。为了测试、计重和核价方便合理,需要对各种纤维及其制品的回潮率规定一个标准,这个标准称为公定回潮率。常见纤维的公定回潮率见表1-16。

表1-16　常见纤维的公定回潮率

纤　　维	公定回潮率(%)	纤　　维	公定回潮率(%)
棉　花	8.5	黏胶纤维	13.0
棉纱线	8.5	聚酯纤维	0.4
羊　毛	15.0	锦纶6,锦纶66,锦纶11	4.5
分梳山羊绒	17.0	聚丙烯腈系纤维	2.0
兔　毛	15.0	聚乙烯醇系纤维	5.0
桑蚕丝	11.0	氯　纶	0
柞蚕丝	11.0	丙　纶	0
亚　麻	12.0	醋酯纤维	7.0
苎　麻	12.0	铜氨纤维	13.0

几种纤维的混合物的公定回潮率可按混合比例的加权平均计算。混合后的公定回潮率 W 可按下式计算：

$$W = P_1W_1 + P_2W_2 + \cdots + P_nW_n$$

式中： W——混合物的公定回潮率；

W_1、W_2、W_n——分别为第一种、第二种、第 n 种纤维的公定回潮率；

P_1、P_2、P_n——分别为第一种、第二种、第 n 种纤维的干燥重量百分比。

不同纤维的吸湿量各不相同，纤维结构是纤维吸湿的内部决定因素。在外部条件相同时，纤维的分子结构、聚集态结构、形态结构等有关因素决定了纤维吸湿性的大小。

纤维大分子中亲水基团的多少和作用强弱对纤维的吸湿性能有很大影响。天然纤维的长链分子中亲水性基团数量较多，因此天然纤维的吸湿能力较强。

一般情况下，结晶度低的纤维吸湿性好。例如，黏胶纤维在化学组成上与棉纤维相同，同为纤维素，但黏胶纤维的吸湿能力比棉纤维强得多。主要原因在于棉纤维的结晶度约为70%，而黏胶纤维的结晶度仅30%左右。

纤维的吸湿能力还与其比表面积和内部空隙有关。单位质量的纤维所具有的表面积，称为纤维的比表面积。暴露在大气中的纤维表面会吸附一定量的水汽和其他气体。因此纤维越细，纤维中缝隙孔洞越多，比表面积越大，吸湿量就越多。在同样条件下，较细的棉型黏胶纤维比较粗的毛型黏胶纤维吸湿性好。纤维内部大分子排列越不规则，大分子间的孔隙便越多越大，纤维的吸湿能力也就越强。另外，纤维的各种伴生物和杂质对吸湿能力也有影响。

纤维吸湿后，由于水分子进入纤维内部，纤维的性能会发生变化。而这些变化对纤维制品和服装的服用性能产生重要影响，吸湿后纤维性能有以下几方面的变化：

（1）纤维吸湿后，纤维的重量增加，同时体积发生膨胀，其中横截面方向的膨胀较大，长度方向的膨胀很小，有各向异性特点。织物在浸水后，纤维的吸湿膨胀会使纱线直径变粗，织物中经纬线互相挤紧，导致织物收缩并变厚变硬。即使织物干燥后也无法回复到原来的状态，长度方向的减小称为织物缩水，缩水程度可用缩水率来度量。水龙带、雨衣、雨伞等织物的吸湿膨胀会使其防水性能更好，因此有水分存在的情况下它们能更好地发挥防水作用。

（2）纤维吸湿开始时，纤维的体积质量随着回潮率的增大而上升，随后逐渐下降。回潮率对纤维的密度有影响。

（3）纤维吸湿后，强力、断裂伸长率、弹性、刚性等方面的力学性能都有较大改变，这对纤维的纺织工艺、纤维制品及服装的洗涤条件和方法均有很大影响。除棉、麻等天然纤维素纤维的强力随回潮率上升而增大外，绝大多数纤维的强力随回潮率的上升而降低，其中黏胶纤维尤为突出。涤纶因吸湿性很差，在吸湿前后强力几乎不变。除涤纶吸湿后断裂伸长率没有变化外，绝大多数纤维吸湿后的断裂伸长率都有所提高（图1-4）。纤维吸湿后，内部分子间作用减弱，不能回复的变形增加，弹性降低。同时湿润的纤维较为柔软、易变形，因受力而改变后的形状不易回复。因此吸湿后服装的抗皱能力和保形能力变差。

（4）纤维吸湿后会放热。纤维大分子上的极性基团能吸引并结合空气中的水分子，降低水分子的动能，其能量便转换成热量放出。纤维在一定回潮率时吸着1g水所放出的热量，称为"吸湿微分热"，单位为J/g（水），各种纤

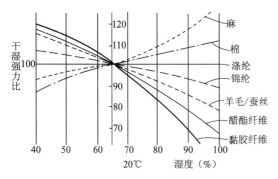

图 1-4 相对湿度和纤维的干湿强力比

维的吸湿微分热大致接近,为 830～1260J/g(水)。1g 干燥纤维从吸湿至达到某一回潮率时所放出的总热量称为"吸湿积分热",单位为 J/g(干纤维)。通常采用 1g 纤维吸湿至完全润湿时的积分热来比较各种纤维的吸湿积分热,称为"润湿热"。常见几种纤维的润湿热见表 1-17。

表 1-17　几种常见纤维的润湿热

纤　维	润湿热 [J/g(干纤维)]	纤　维	润湿热 [J/g(干纤维)]
棉　花	46.1	黏胶纤维	104.7
羊　毛	112.6	锦　纶	31.4
蚕　丝	69.1	涤　纶	5.4
苎　麻	46.5	维　纶	35.2
黄　麻	83.3	腈　纶	7.1
亚　麻	54.4	—	—

纤维吸湿放热,有助于人体适应环境温湿度的突然变化。例如,从 20℃、40% 相对湿度的室内条件进入 10℃、90% 相对湿度的室外条件时,1kg 羊毛服装约放出 350kJ 的热量,相当于人体静坐状态时释放的代谢热量,使人体体温在短时间内不至于明显下降。

在纤维及纤维制品(包括服装在内)的存储保管中,必须保持干燥、通风,否则会因吸湿放热而霉变,甚至引起自燃。

(5)纤维吸湿后导电性增大,电荷积聚会减少或消失,服装的静电现象可大为减少。

(6)随着回潮率的上升,纤维的折射率会下降,光泽会变差。

六、纤维的表面性能

纤维的表面性能取决于其表面和表层的结构特征。从广义的角度,纤维的表面性能包括:表面摩擦、磨损和变形;表面光学特性,如色泽特征;表面传导特性,如对热、湿、声、电的传递;表面能、表面吸附和黏结等。

纤维的表面性能与织物和服装的性能关系密切。棉纤维的天然转曲,羊毛纤维的卷曲和鳞片,麻纤维的横节、竖纹等,对织物的覆盖性、蓬松性及纤维之间的纠缠、粘贴、钩挂都有明显的影响。化学纤维特别是合成纤维表面较光滑,纺织加工较困难,制成的织物手感不好,如锦纶织物有蜡状感,涤纶织物挺而不柔等。

表面较为光滑的纤维由于相互啮合力小,制成的衣料在穿用过程中纤维较易拉出。若拉出的纤维强力较大,不易断裂,会在服装表面相互扭结成球,使服装表面起毛、起球,影响外观。

七、纤维的耐气候性

户外穿的服装除了受日光照射外,还会不同程度受到风雪、雨露、霉菌、昆虫、大气中各种气体和微粒的作用。纤维抵抗这类破坏作用的性能,称为耐气候性。纤维的耐气候性主要涉及纤维的耐日光性、机械性能和生物性能。这里主要讨论纤维的耐日光性。

日光中紫外线对纤维长链分子的破坏较厉害。室内穿用的服装及织物,由于日光不直接照射,或者被玻璃滤去了紫外线,因此受日光的影响不大。但户外穿用的服装及使用的其他纤维制品，会受到日光不同程度的破坏。除强度下降外，还会影响颜色和光泽。服装洗涤后的晾晒方法也要适当。各种纤维耐光性的优劣次序大致是：

矿物纤维 >腈纶 >麻 >棉 >毛 >醋酯纤维> 涤纶 >氯纶 >富纤 >有光黏胶纤维 >维纶 >无光黏胶纤维 >铜氨纤维 >氨纶 >锦纶 >蚕丝 >丙纶。

不难看出，多数化学纤维的耐光性比棉差而优于蚕丝。化学纤维中有光纤维可以反射一部分日光，因此耐光性优于无光纤维。

八、纤维的耐化学品性能

纤维的耐化学品性能是指纤维抵抗各种化学药剂破坏的能力。

纤维素纤维对碱的抵抗能力较强，而对酸的抵抗能力很弱。纤维素纤维染色性能较好，可用直接染料、还原染料、碱性染料及硫化染料等多种染料染色。

蛋白质纤维的化学性能与纤维素纤维不同，对酸的抵抗力较对碱的抵抗力强。碱会对蛋白质纤维造成不同程度的损伤，甚至导致分解。除热硫酸外，蛋白质纤维对其他强酸均有一定的抵抗能力，其中蚕丝稍逊于羊毛。氧化剂对蛋白质也有较大的破坏性。羊毛可用酸性染料、耐缩绒染料、酸性媒染染料、还原染料和活性染料染色；蚕丝用直接染料、酸性染料、碱性染料及酸性媒染染料染色。

合成纤维的耐化学品性能各有特点，耐酸碱的能力要比天然纤维强，详见表1-18。表1-19为各种纤维的染色性能。

表1-18　常用合成纤维的耐化学品性能

纤维	耐酸性	耐碱性	耐溶剂性	染色性
锦纶6	16%以上的浓盐酸以及浓硫酸、浓硝酸可使其部分分解而溶解	在50%苛性钠溶液或28%氨水内强度几乎不下降	不溶于一般溶剂，但溶于酚类（酚、间甲酚）、浓蚁酸；在冰醋酸内膨润、加热，可使其溶解	可用分散染料、酸性染料染色，其他染料也可以用
锦纶66	耐弱酸，溶于并部分分解于浓盐酸、硝酸和硫酸中	在室温下耐碱性良好，但高于60℃时，碱对纤维有破坏作用	不溶于一般溶剂，但溶于某些酸类化合物和90%甲酸中	可用分散染料、酸性染料、金属络合染料及其他染料染色
涤纶	35%盐酸、75%硫酸、60%硝酸对其强度无影响，在96%硫酸中会分解	10%苛性钠溶液、28%氨水中强度几乎不下降；但遇强碱时会分解	不溶于一般溶剂，能溶于热间甲酚、热二甲基甲酰胺及40℃的苯酚—四氯乙烷的混合溶剂中	可用分散染料、不溶性偶氮染料、还原染料、可溶性染料进行载体染色，或用高温高压染色
腈纶	35%盐酸、65%硫酸、45%硝酸对其强度无影响	在50%苛性钠溶液、28%氨水中强度几乎不下降	不溶于一般溶剂，能溶于二甲基甲酰胺、热饱和氯化锌、65%热硫氰酸钾溶液中	可用分散染料、阳离子染料、碱性及酸性染料，其他染料也可染色

续表

纤 维	耐 酸 性	耐 碱 性	耐 溶 剂 性	染 色 性
维 纶	10%盐酸、30%硫酸对纤维强度无影响。浓盐酸、浓硫酸、浓硝酸能使其膨润或分解	在50%苛性钠溶液中强度几乎不下降	不溶于一般溶剂,在酚、热吡啶、甲酚、浓蚁酸里膨润或溶解	可用一般染料染色,如直接染料、酸性染料、硫化染料、还原染料、可溶性还原染料、不溶性偶氮染料、分散染料等
丙 纶	耐酸性优良,一氯磺酸、浓硝酸和某些氧化剂除外	优良	不溶于脂肪醇,甘油、乙醚、二硫化碳和丙酮中,在氯化烃中于室温下膨润,在72~80℃溶解	可用分散染料、酸性染料,某些还原染料,硫化染料和不溶性偶氮染料染色

注　一般溶剂为乙醇、乙醚、丙酮、汽油、四氯化碳等。

表1-19　各种纤维的染色性能

纤 维	棉、黏胶纤维	蚕丝、羊毛	醋酯纤维	锦纶	涤纶	腈纶	维纶
直接染料	○	△	×	△	×	×	△
盐基染料	△	○	△	△	×	○	△
酸性染料	×	○	△	○	×	○	△
酸性媒染染料	×	○	△	○	×	△	△
还原染料	○	△	△	△	△	△	○
硫化染料	○	×	×	△	×	×	○
不溶性偶氮染料	○	○	○	○	△	△	○
活性染料	○	×	×	△	×	×	△
分散染料	×	○	○	○	○	○	○

注　○—可以染色;△—用特殊方法可以染色,但不常用;×—不能染色或染色很困难。

实际使用中常常利用各种纤维的化学性能来作为鉴别纤维的理论依据,并基于这些性能可开发风格独特的新产品,如丝光棉、烂花织物等。

九、纤维的保养性能

纤维的保养性能主要体现在服装制品保管和照料的难易。

(一)存放

服装是否容易存放,需看它是否容易霉变和虫蛀。天然纤维素纤维和蛋白质纤维都易受霉菌作用,特别在高温高湿条件下。若服装沾有油污,就会成为霉菌的营养,导致霉菌生长,可能使服装霉烂变质。

蛋白质是蠹虫、衣蛾、蛀虫等的食物,特别是沾有污物的蛋白质纤维制品更易被虫蛀。因此,含蛋白质纤维的服装在存放保管时要保持清洁和干燥。

合成纤维制品对霉菌和昆虫的抵抗能力较强,所以存放较为方便,但不宜使用精萘丸,以免使服装强力下降。各种纤维对虫蛀和微生物的抵抗能力如表1-20所示。

表1-20　各种纤维对虫蛀和微生物的抵抗性

纤　维	抗虫蛀	抗微生物	纤　维	抗虫蛀	抗微生物
棉	较弱	弱	锦　纶	强	很强
蚕　丝	很弱	弱	偏氯纶	很强	强
羊　毛	很弱	较弱	氯　纶	很强	强
黏胶纤维	强	弱	腈　纶	强	强
醋酯纤维	强	稍有变色	涤　纶	强	很强
维　纶	强	很强	—	—	—

(二)洗涤

纤维原料不同,服装的洗涤、晾晒以及洗后整烫的要求和方法随之不同。通常天然纤维织物的洗涤、晾晒和熨烫要求较高,晾晒时要避免日光直射。合成纤维织物,特别是涤纶织物,易洗快干,也可免烫。

第三节　常用天然纤维的性能特征

一、棉纤维

棉纤维是棉花种子上覆盖的纤维,成熟的棉纤维是长在棉籽上的种子毛,经采集轧制加工而成。一根棉纤维是一个植物单细胞,由胚珠的表皮细胞伸长、加厚而成。棉纤维是服装材料的主要原料,适用于各类服装。

(一)产地及种类

中国、美国、埃及、巴基斯坦、印度等为世界主要产棉国。由于品种和产地的气温和土壤等种植条件不同,棉花品质有很大差异。根据纤维的粗细、长短和强度通常分为长绒棉、细绒棉和粗绒棉三种。长绒棉又称海岛棉,主要产于尼罗河流域,其中最著名的是埃及长绒棉。长绒棉细长、富有光泽、强力较高,纤维长度可达60~70mm,是最高级的棉纤维品种,在我国新疆等地也有种植,常用来纺制精梳棉纱,织制高级棉织物。细绒棉亦称陆地棉或高原棉,纤维较细,正常成熟的纤维色泽洁白或带有光泽,长度在25~31mm,是产量最大的棉花品种。亚洲棉和非洲棉常被统称为粗绒棉,纤维短粗,手感硬,产量低,适宜做起绒纱、织制绒布类织物或用作絮棉等。

(二)结构及形态

棉纤维细胞壁的主要组成物质是纤维素,表层含蜡类物质和少量糖类物质,内壁面含有蛋白质、糖类等。纤维素是天然高分子聚合物,由碳、氢、氧三元素组成,分子式为$(C_6H_{10}O_5)_n$。分子中含有大量的羟基,结晶区和无定形区交错存在。干燥的成熟棉纤维中,纤维素的含量在95%以上,是自然界中纯度极高的纤维素资源之一。

棉纤维的成熟度指棉纤维细胞壁加厚程度,胞壁越厚,成熟度越好。成熟度较好的棉纤维,结晶区较大,纤维素的化学稳定性相应较高,强度较大。棉纤维为一端开口的管状体,正常成熟干燥后瘪缩成空心带状,具有转曲,方向随机分布,横截面呈扁平或腰圆形(图1-2),强度高,弹性好,有光泽,且有较好的吸色性,所制成的织物染色均匀。不成熟或过成熟的棉纤维,上述性能较差。

1. 长度

棉纤维的长度是决定棉纤维品级和价格的主要依据。一般棉花的长度在23~38mm,比羊毛短。棉纤维长度与棉纤维品质有密切关系,在其他条件相同的情况下,较长的棉纤维纺成的纱线强度较大、弹性较好,可纺得纱支较细、条干较均匀的棉纱。

2. 细度

棉纤维较细且柔软,对皮肤的触感较舒适。线密度一般在1.3~1.7dtex,比羊毛、蚕丝纤维细。棉纤维的细度与品种和成熟度有关。棉纤维细度可影响成纱的细度、强度和均匀度。较细的棉纤维手感较柔软,可纺纱支较细的棉纱;较粗的棉纤维手感较硬挺,弹性稍好。

(三)性能

棉纤维的色泽通常为白色、乳白色或淡黄色,光泽较差。棉织物可通过漂白或荧光增白处理增加白度,丝光和轧光等后整理有助于提高光泽度。棉纤维染色性能良好,可以染成各种颜色。

棉纤维的强度较高,干态强度为2.6~4.9cN/dtex,湿态强度为2.9~5.6cN/dtex,吸湿后强度稍有上升(10%~20%)。棉纤维断裂伸长率较低,为3%~7%,弹性模量较高,变形能力较差。棉纤维弹性较差,耐磨性不突出,棉织品不太耐穿。

棉纤维具有较强的吸湿能力。棉制服装吸湿、透气,无闷热感,也无静电现象。棉纤维在水中浸润后,能吸收接近其本身重量1/4的水分。脱脂棉纤维吸着液态水最多可达干纤维本身质量的8倍以上,利用这一性能可以制成药棉。

棉纤维是热的不良导体,纤维内腔充满了静止的空气,因此棉纤维是一种保暖性较好的材料。棉纤维耐热性较好,但不如涤纶、腈纶,却优于羊毛、蚕丝,接近于黏胶纤维。

棉纤维耐光性一般,如长时间与日光接触,纤维强度会降低,并发硬变脆。棉纤维与其他天然纤维素纤维一样,耐无机酸的能力较弱,在浓硫酸或盐酸中,即使在常温下也能引起纤维素的迅速破坏,纤维素长时间在稀酸溶液中也会水解,强度降低。汗液中的酸性物质也会损坏棉制品。棉纤维耐碱性较好,在常温或低温下浸入浓度为18%~25%的氢氧化钠溶液中,纤维的直径膨胀、长度缩短,此时若施加外力,限制其收缩,则可提高棉纤维的光泽度,同时强度增加,吸色能力提高,易于染色印花,这种加工过程称为丝光。若棉织物在烧碱溶液中,并不施加张力,任其收缩,织物会变得紧密、丰厚,富有弹性,保形性好,这一过程称为碱缩,主要用于针织物。氧化剂能使棉纤维生成氧化纤维素,强力下降,甚至发脆。棉纤维可溶于铜氨溶液,从而制得铜氨纤维。

棉纤维细而短,手感柔软,弹性差,穿着时和洗后容易起皱。为改善棉纤维的皱缩、尺寸不稳定的性能,常对棉织物进行免烫整理。例如,市场上常见有DP(Durable Press)或PP(Permanent Press)标记的衬衫,即具有"耐久熨烫"或"永久熨烫"性能,能长时间保持优良的外形。对棉纤维的某些树脂整理也会产生类似作用,提高织物抗皱等性能。另外,与不易变形的涤纶等合成纤维混纺或进行针织加工也是常用的提高抗皱性的措施。

棉纤维吸湿后强度增加,因此棉织物耐水洗,可用热水浸泡和高温烘干。在一定的温湿度条件下,棉纤维易受霉菌等微生物的侵害,纤维素大分子水解,纤维表面会产生黑斑。

(四) 用途

棉纤维细度细,吸湿性好,强度较好,耐水洗。既适合加工贴身穿着的服装面料,又适合加工外衣面料。

棉纤维可以制成纯棉织物,也可以与其他纤维制成混纺织物或交织物。平纹类有平布、府绸、麻纱和巴厘纱等织物;斜纹类有卡其、华达呢等织物;缎纹类有直贡呢、横贡缎等织物;起绒类有灯芯绒、平绒等织物;起绉类有绉布、泡泡纱等织物;色织布有牛津纺、劳动布、牛仔布等。针织类有汗布和棉毛布等。棉织物通过不同的加工工艺,可以形成风格迥异的外观:或硬挺粗犷,或细腻光滑如丝绸,或在织物表面起绒毛、凸条或泡泡花纹等。此外,还可制成弹力织物、烂花布、涂层织物等具有特殊外观和性能的织物。总之,棉纤维广泛用于各类内衣、外衣、袜子和装饰用布等。

二、麻纤维

麻纤维来自于各种麻类植物,包括韧皮纤维和叶纤维,它是世界上最早被人类使用的纺织纤维原料。麻纤维属于纤维素纤维,许多性能与棉纤维相似,因产量较少和风格独特,又被誉为凉爽和高贵的纤维。麻纤维的品种很多,经常用于纺织原料的有苎麻、亚麻、黄麻、洋麻、大麻、罗布麻、剑麻等。服装面料用麻主要是苎麻和亚麻。

(一) 苎麻

苎麻起源于中国,被称为"中国草"(China Grass),中国、菲律宾、巴西是主要产地。我国苎麻主要产于湖南、湖北、广东、广西和四川等地。

1. 结构及形态

苎麻的纤维构成中纤维素占65%~75%,其余为伴生的胶质等。苎麻纤维的品质与脱胶的质量关系密切,脱胶后的纤维洁白、光泽好。苎麻纤维是单细胞,两端封闭,中部粗、两头细,内有中腔,呈长带状。纤维无扭曲,粗细不匀、横截面不规则,呈椭圆形或扁圆形。纵向有横节竖纹(图1-5)。由于纤维细度变化大,苎麻纱线有粗细节,因而苎麻织物表面条影明显不光滑。

(a) 纵向形态

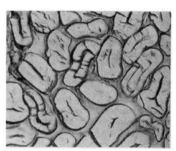

(b) 横断面形态

图1-5 苎麻纤维的纵向和横断面形态

苎麻纤维是初生韧皮纤维,存在于麻茎的初生韧皮部内,苎麻纤维束长为200~400mm,单纤维长度为60~250mm,最长可达550mm。苎麻纤维比较粗,宽为20~45μm。

2. 性能

苎麻是麻纤维中品质最好的纤维,色白且具有真丝般的光泽,在日本,苎麻织物又被称为绢麻织物。染色性能优于亚麻,可以印染更多的色彩;经整理也可使粗糙的手感变得柔软和光滑。

苎麻纤维的纤维强度很高,刚性很大,断

裂伸长率小,为 1.2% ~ 2.3%;弹性回复率低,弹性差。因此,苎麻织物手感硬挺,不贴身,但折皱回复性差,耐磨性差,实用价值受到影响。苎麻纤维面料有易起皱且折皱不易消失的缺点,可以通过与涤纶混纺或经防皱整理后得到改善。

苎麻纤维吸湿、放湿性能很好,在饱和蒸汽中平均每小时吸湿率为 9.91%(棉为 9.63%),将苎麻织物浸水吸湿后经 3.5h 即可阴干(棉织物需要 6h),公定回潮率为 12%。苎麻的耐热性一般,耐碱不耐酸,但耐水洗涤,并耐海水侵蚀,抗霉和防蛀性能较好。

3. 用途

苎麻因纤维较粗,成纱毛羽较多,制成的织物手感硬挺。苎麻纤维可纯纺也可混纺,与涤纶混纺的高支纱织成的麻涤布制作夏季服装,具有质轻、凉爽、挺括、不贴身、透气性好、便于洗涤等特点。苎麻与涤纶混纺的"麻的确良"具有挺爽的风格,适宜织制夏季衣料。

(二)亚麻

亚麻主要产于俄罗斯、法国、比利时和爱尔兰等地。我国的亚麻主要产区为黑龙江省和吉林省。

1. 结构及形态

亚麻纤维纵向和横断面形态如图 1-6 所示。亚麻纤维较平直,无捻转,末端纤维尖细。亚麻单纤维是细长、有中腔、两端封闭呈尖状的细胞,表面有裂节。纤维纵向表面有细纹路,称为竖纹,还有横节,横截面呈多角形,以五角形或六角形为多,有明显的中腔,细胞壁较厚,中腔较小。经过脱胶的亚麻纤维中纤维素占 70% ~ 80%,其他为伴生物。

亚麻纤维较苎麻纤维长度短,细度细。平

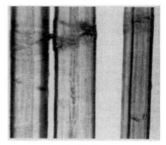

(a) 纵向形态

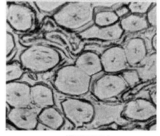

(b) 横断面形态

图 1-6 亚麻纤维的纵向和横断面形态

均长度为 17 ~ 25mm,最大长度为 130mm;平均宽度为 12 ~ 17μm。

2. 性能

亚麻和苎麻的性能较为接近。优良的亚麻纤维为淡黄色,光泽较好,因有较高的结晶度而使染色性能较差。亚麻纤维手感比棉纤维粗硬,但比苎麻纤维柔软。

亚麻纤维的强度和刚性都远大于棉纤维,但小于苎麻。伸长率很低,断裂伸长率约为 3%,接近苎麻纤维,弹性模量很高。因此,亚麻织物具有挺括、滑爽、弹性差、悬垂性较差、易折皱的特点。由于抗弯刚度很大,亚麻纤维很刚硬,与相同平方米克重的棉织物相比,亚麻织物的透气率高。

亚麻纤维表面有许多细孔与中腔相连。这些细孔能很快吸收水分,并使水分发散,同时也能快速传递皮肤的热量,会使着装者有清凉的感觉。亚麻织物的吸水速度次于苎麻织物,但高于棉织物。亚麻浸水吸湿后,经 4.5h 即可阴干,比苎麻纤维慢,但比棉纤维快。

亚麻纤维制品导热性较好,通气性好,具有独特的"爽""清凉感",适于夏季穿用。亚麻织物耐洗、易洗、缩水少,同时耐污染,并有一定的耐光性,日光照射下不变色,对紫外线的透过率也较大,有利于人体皮肤的卫生保健。亚麻对酸的抵抗力差,对碱的抵抗力稍强。

3. 用途

优良的亚麻纤维织物是高档的纺织品,是优良的服装用料和抽绣或绣花服装的面料。还可用作渔网线和用于一些耐水要求高的场合,如消防管等。

(三)其他麻纤维

用于服装材料的麻纤维除了广泛使用的苎麻和亚麻纤维之外,还有罗布麻、黄麻、洋麻、大麻等。罗布麻纤维较柔软,而且有保健价值;黄麻、洋麻等纤维较粗,但吸湿、透气性好,宜做包装材料;大麻除了与黄麻混纺做包装材料外,近年也开发用于服装面料。

总之,麻纤维大都比较短,而且长短不一,纱线条干不匀,织出的面料外观粗犷、豪放,具有立体感。麻纤维较其他纤维粗,强度也较棉、毛、丝、黏胶纤维高。吸湿后纤维强度大于干态强度,麻织品较耐水洗。由于延伸性差,弹性较差,较脆硬,容易折皱,在折叠处容易断裂,因此保存时麻制品不宜重压,褶裥处也不宜反复熨烫。

麻纤维吸湿性好,放湿也快,不易产生静电。在常规温、湿度条件下,麻纤维的吸湿性高于棉纤维,公定回潮率为12%~13%;热传导率大,导热性比其他纤维强,所以穿着凉爽,出汗后不贴身,适于做夏季服装用料。

麻纤维具有良好的绝缘性能,耐热性好,能承受的温度高达170~190℃,熨烫温度可达200℃,一般需加湿熨烫。不耐酸但较耐碱,不受漂白剂的损伤。宜保存在通风干燥处,以防霉变。

三、动物毛纤维

动物毛纤维为天然蛋白质纤维,包括绵羊毛、山羊绒（开司米）、骆驼毛（绒）、牦牛毛（绒）、马海毛等。天然毛纤维服装面料中用得最多的是绵羊毛,其次为山羊绒。羊毛狭义上专指绵羊毛。

(一)羊毛

1. 产地与种类

羊毛产地遍布世界各国,澳大利亚、新西兰、阿根廷、南非和中国都是世界上的主要产毛国。新疆、内蒙古、青海等地是我国羊毛的主要产区。其中澳大利亚的美利奴羊是世界上品质最优良、产毛量最高的羊种。新西兰羊毛是绒线和针织物的主要原料。

羊毛按细度和长度分成细羊毛、半细羊毛、长羊毛、杂交种毛、粗羊毛等类型,其中以细羊毛——澳洲的美利奴羊毛最细（直径小于25μm）,质量最好。细羊毛毛质均匀,手感柔软而有弹性,光泽柔和,毛丛长度50~120mm,卷曲密而均匀,纺纱性能优良。

2. 结构与形态

羊毛纤维是天然蛋白质纤维,由多种α-氨基酸缩聚而成。羊毛分子排列较稀疏,结晶度较小,取向度不高,因此强度不高,但延伸性较好,羊毛优良的弹性也与其分子中含有硫元素有关,硫元素含量的多少决定了羊毛的硬度、弹性、稳定性等性能。一般含硫多的羊毛,弹性、耐晒性、硬度等较好。

羊毛是由许多细胞聚集构成,结构复杂,

在显微镜下从径向观察,可分成三个组成部分:包覆在毛干外部的鳞片层;组成羊毛实体主要部分的皮质层;由毛干中心不透明的毛髓组成的髓质层。髓质层只存在于较粗的纤维中,细羊毛无髓质层。图1-7为细羊毛结构示意图。

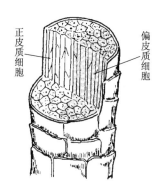

图1-7　细羊毛结构图

(1)鳞片层:羊毛纤维的最外层是由许多扁平透明角质化的细胞组成,它们像鱼鳞片一样覆盖在纤维表面,根部附着于毛干(图1-8),梢部伸出毛干表面,并指向毛尖。鳞片层保护羊毛纤维内层免受外界影响,同时由于表面不光滑,增加了纤维之间的抱合力,增强了毛纱的坚韧性,使羊毛具有柔和的光泽。

(2)皮质层:皮质层位于鳞片层内,是羊毛纤维的主要组成部分,也是决定羊毛物理、化学性质的基本物质。皮质层由许多细长、类似纺

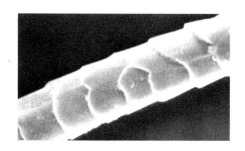

图1-8　羊毛纤维的鳞片

锤形的排列紧密的细胞组成,而其无定形区的大分子间的空隙比其他纤维多,贮藏较多不流动的空气,保暖性也好。皮质层可分为正皮质细胞和偏皮质细胞两类,它们的染色性、力学性能都不一样。由于这两种皮质细胞的分侧分布,使羊毛呈现卷曲的外形,如图1-9所示。

图1-9　羊毛的卷曲

(3)髓质层:髓质层位于羊毛纤维的最里层,是一种多孔性组织,由结构松散和充满空气的细胞组成。它与羊毛的柔软性及强度有关。含髓质层多的羊毛卷曲较少,脆而易断,不易染色。髓质层越少,羊毛越软,卷曲越多,越易缩绒,手感也越好。

在形态方面,羊毛根部粗、梢部细,表面覆盖着鳞片,沿纤维长度方向呈现卷曲;截面接近圆形,中部有毛髓(细绒毛没有毛髓)。

细度是决定羊毛品质好坏的重要指标,对成纱性质和加工工艺也有很大影响。表征羊毛的细度常用品质支数、平均直径或线密度。羊毛线密度一般为3.3~5.6dtex。羊毛越细,通常细度离散越小,相对强度高,卷曲度大,鳞片密,光泽柔和,脂汗含量高,但长度偏短。

羊毛长度一般为60~120mm。由于天然卷曲的存在,羊毛纤维长度可分为自然长度和伸直长度。

羊毛沿长度方向有自然的周期性卷曲。一般以每厘米的卷曲数来表示羊毛卷曲程度,称为卷曲度。羊毛卷曲排列越整齐,卷曲度越高,品质越好。

3. 性能

羊毛的天然色泽从奶油色到棕色，多为白色或乳白色，偶尔也有黑色。羊毛质轻。表面光泽随表面的鳞片多少而异，粗羊毛鳞片较稀，表面平滑，反光强；而细羊毛反光弱，光泽柔和。羊毛表面顺鳞片或逆鳞片方向的摩擦系数截然不同，称为定向摩擦效应。

羊毛纤维强度低，弹性模量小，但断裂伸长率可达25%~40%，因此拉伸变形能力很大，耐用性也优于其他天然纤维。潮湿状态下羊毛纤维强度会下降。在温度40~50℃的水中，羊毛纤维便会吸水膨胀，强度明显下降；随着水温持续升高，羊毛纤维最终会溶解。由于羊毛具有拉伸、弯曲、压缩弹性均很好的特点，致使羊毛织物能长期保持不皱、挺括。

羊毛纤维的吸湿性在常用纺织纤维中最为突出，公定回潮率可达15%左右。在湿润的空气中，羊毛吸湿超过30%而不感觉潮湿，细羊毛最大吸湿能力可达40%以上。其原因在于羊毛分子含有较多亲水性基团，纤维内部的微隙可容纳较多的水分子以及具有疏水性的鳞片表层等。羊毛分子在染色时能与染料分子结合，染色牢固，色泽鲜艳。羊毛纤维的润湿热为112.6J/g（干纤维），在常用纤维中最大，羊毛织物的调节体温的能力较大。另外毛料服装在淋湿后，不像其他织物很快有湿冷感。用羊毛纤维织物制成的服装穿着舒适，较长时间穿着后也不易沾污，卫生性能好。

羊毛纤维具有独特的缩绒性。缩绒性是指羊毛纤维集合体在湿热条件和化学试剂的作用下，受到机械外力的挤压揉搓而黏合成毡绒的性质。羊毛鳞片的方向性、羊毛纤维的波状卷曲和柔软性及弹性是产生缩绒现象的原因。粗纺毛织物通常利用羊毛纤维的这一特性进行缩绒处理，使绒面紧密、丰厚，提高保暖效果。在使用时毛织物应避免产生缩绒现象，否则纤维纱线互相嵌合使纹路模糊影响外观，并使尺寸缩小而影响穿着性能。毛织物不宜机洗，应该干洗，或在水温较低情况下轻柔地手洗。市场上标有"机可洗"的羊毛内衣或外衣，通常经过破坏鳞片或填平鳞片的特殊加工处理，使羊毛不再具有缩绒性，因此可用洗衣机水洗。

羊毛纤维导热系数小，纤维又因卷曲而束缚静止空气，因此隔热保暖性好，尤其经过缩绒和起毛整理的粗纺毛织物是冬季服装的理想面料。羊毛也是理想的内衣材料，舒适而又保暖。由于不易传导热量，采用高捻度高支纱所织造的被称为"凉爽羊毛"的轻薄精纺毛织物也是夏季的高档服装用料。

羊毛耐热性不如棉纤维，较一般纤维差。在100~105℃的干热中，纤维内水分蒸干后，便开始泛黄、发硬；当温度升高到120~130℃时，羊毛纤维开始分解，并放出刺激性的气味，强度明显下降。在整烫羊毛织物时不能干烫，应喷水湿烫或垫上湿布进行熨烫。熨烫温度一般在160~180℃。

羊毛纤维的可塑性能较好。羊毛纤维在一定温度、湿度、外力作用下，经过一定时间，形状会稳定下来，称为羊毛的热定形。定形的形状在特定温、湿度条件下，也可能改变。羊毛具有优良的弹性，服装的保形性好，经过热定形处理易形成所需要的服装造型。

羊毛耐酸而不耐碱，对氧化剂也很敏感。羊毛的耐酸性比丝、棉强，酸对羊毛一般不起作用或作用很小，羊毛纤维可以吸收有机酸或无机酸并与内部的蛋白质相结合而质量不受影响，因此羊毛染色往往采用酸性染料。羊毛纤维对碱的抵抗力较差，碱对羊毛有腐蚀作用。毛料服装在洗涤时选择中性洗涤剂。

羊毛纤维与棉纤维一样不耐日晒,日照时间长,纤维会发黄,强力会下降,因此晾晒毛织物服装应在阴凉通风处。羊毛纤维的基本成分是蛋白质,又具有良好的吸湿性,因此羊毛易受虫蛀,也易霉变、发黄而被破坏。在保管时应注意衣物干净,预先高温熨烫,并保持一定的干燥度,同时注意通风和防蛀。

4. 用途

毛纤维织造的织物、绒线和各种针织物,适于制作各种内衣和外衣以及围巾、手套等服饰。

(二)其他毛纤维

1. 山羊绒

山羊绒是紧贴山羊皮生长的浓密细软的绒毛。以开司米山羊所产的绒毛质量最好,又称开司米(Cashmere)。开司米山羊原生长在我国西藏及印度克什米尔地区一带的高原地区,为适应严寒气候,全身有粗长的外层毛被和细软的绒毛。绒毛纤维由鳞片层和皮质层组成,没有髓质层,平均长度为 35~45mm,平均直径在 14.5~16μm,比细羊毛还细。山羊绒的强伸度、弹性比羊毛好,具有细、轻、软、暖、滑等优良特性。由于一只山羊年产绒量只有 100~200g,所以有"软黄金"之称。可用作粗纺或精纺高级服装原料,制成的羊绒衫、羊绒大衣呢、羊绒花呢等都是高档贵重的纺织品。

2. 马海毛

马海毛原产于土耳其安哥拉地区,又称安哥拉山羊毛。图 1-10 所示为安哥拉山羊。美国、南非、土耳其是其主要产地,我国宁夏也有少量生产。马海毛毛纤维粗长,卷曲少,为 200~250mm 长,直径为 10~90μm,马海毛鳞片平阔,紧贴于毛干,很少重叠,使纤维表面光滑,光泽强。纤维卷曲少,纤维强度及回弹性较高,

不易收缩、毡缩,易于洗涤。马海毛常与羊毛等纤维混纺用于大衣、羊毛衫、围巾、帽子等高档服饰。

图 1-10 安哥拉山羊

3. 兔毛

有普通兔毛和安哥拉兔毛两种,不同品种中以安哥拉长毛兔兔毛品质最好。兔毛由绒毛和粗毛所组成,绒毛平均直径一般在 12~14μm,粗毛在 48μm 左右,长度多在 25~45mm。具有轻、软、暖、吸湿性和保暖性好的特点,但强度低。由于鳞片少而光滑,抱合力差,织物容易掉毛。兔毛常与羊毛或其他纤维混纺制作羊毛衫等。

4. 骆驼毛

骆驼毛由粗毛和绒毛组成,具有独特的驼色光泽,粗毛纤维构成外层保护毛被,称驼毛。细短纤维构成内层保暖毛被,称驼绒。我国的内蒙古、新疆、宁夏、青海等地是主要产区。驼毛多用作衬垫;驼绒的强度大,光泽好,御寒保温性能很好,适宜织制高档粗纺毛织物和针织物,用于制作高档服装。

5. 牦牛毛

牦牛毛由绒毛和粗毛组成，绒毛细而柔软，平均直径约为 20μm，长约 30mm。光泽柔和，手感柔软、滑腻，弹性好，保暖性好，常与羊毛等纤维混纺织成针织物和大衣呢。粗毛略有毛髓，平均直径约 70μm，长约 110mm，外形平直，表面光滑，刚韧而有光泽。我国牦牛毛主要产于西藏和青海等地，可用作衬垫织物、帐篷及毛毡等。用粗毛制成的黑炭衬是高档服装的辅料。

6. 羊驼毛

羊驼毛粗细毛混杂，平均直径 22~30μm，细毛长约 50mm，粗毛长达 200mm。羊驼毛属于骆驼类毛纤维，色泽为白色、棕色、淡黄褐色或黑色，比马海毛更细、更柔软，富有光泽，手感特别滑糯。强度和保暖性均远优于羊毛。羊驼属骆驼科，主要产于秘鲁、阿根廷等地，羊驼毛可用作大衣和羊毛衫等的原料。

四、蚕丝

蚕丝纤维又称真丝，为天然蛋白质纤维。桑蚕、柞蚕、蓖麻蚕及木薯蚕丝等都可用于纺织产业，以桑蚕丝质量最好。蚕丝是唯一的天然长丝纤维，长度一般在 800~1100m，光滑柔软，富有光泽，穿着舒适，是高级的纺织原料，被誉为"纤维皇后"。

（一）产地及种类

蚕丝最早产于中国，目前我国蚕丝产量仍居世界第一。日本和意大利等国也产蚕丝。蚕丝分为家蚕丝和野蚕丝两种，家蚕丝即桑蚕丝，在我国主要产于浙江、江苏、广东和四川等地；野蚕丝主要是柞蚕丝，主要产于辽宁和山东等地。

（二）结构与形态

蚕丝与羊毛一样由 α-氨基酸组成的蛋白质构成。多根链状的蛋白质分子聚集成一根单丝，两根基本平行的单丝组成一根茧丝，中心是丝素，外围是丝胶（图 1-11）。丝胶能溶于热水，丝素却不溶于水。由几个茧丝一起抽得的未经精练过的丝称为生丝，生丝经过精练脱胶以后称熟丝。生丝硬，熟丝软。

图 1-11　蚕丝的横截面

桑蚕丝纵向平直、光滑，横断面近似三角形。柞蚕丝的截面近似桑蚕丝，但更扁平，纵向表面有条纹，内部有许多毛细孔。

（三）桑蚕丝的性能

桑蚕丝大都为白色，有的也呈淡黄色。质轻、细软、光滑而富有弹性。桑蚕丝纤维外表光滑，无卷曲，所以抱合力较差，难与其他纤维混纺。

蚕丝具有多层丝胶、丝素的层状结构。光线入射后，经过多层反射，反射光互相干涉，因而产生柔和优雅的光泽。光泽特征与蚕丝的截面形状、表面形态等有关。

生丝强度较高，为 3.0~3.5cN/dtex，断裂伸长率可达 15%~25%，吸湿后强度有下降趋势，伸长增加。生丝强度高于羊毛，延伸性优于棉和麻纤维，耐用性一般。生丝强度决定于丝素及丝胶的含量。摩擦时会产生独有的"丝鸣"现象。

桑蚕丝吸湿性好,公定回潮率为11%,吸湿饱和率可高达30%,在很潮湿的环境中,感觉仍是干燥的。由于丝素外面有一层丝胶,因此蚕丝的透水性差。组成丝素的蛋白质基本不溶解于水,水对桑蚕丝纤维强度的影响不大。

丝纤维的保暖性仅次于羊毛,也是冬季较好的服装面料和填充材料。桑蚕丝的耐热性比棉纤维、亚麻纤维差,但比羊毛纤维好。熨烫温度为165~185℃,宜用蒸汽熨斗,一般要垫布,以防烫黄和水渍。

蚕丝的耐光性很差。因为蚕丝中的氨基酸吸收日光中的紫外线会降低分子间的结合力,所以日光可导致蚕丝脆化、泛黄,强度下降。因此,真丝织物应尽量避免在日光下直晒。

由于同属蛋白质纤维,蚕丝纤维的化学性能与羊毛纤维类似。蚕丝纤维的分子呈两性性质,其中酸性氨基酸含量大于碱性氨基酸含量,因此,蚕丝纤维的酸性大于碱性,是一种弱酸性物质,因而耐酸而不耐碱。用有机酸处理丝织物,可增加光泽,改善手感(强伸度稍有降低)。洗涤丝绸服装时,加入少量白醋,可使丝织物更加柔软滑润,富有光泽,并改善外观和手感。蚕丝纤维不耐盐水侵蚀,人体的汗水里含盐成分,夏季丝绸服装被汗水浸湿后,应冲洗干净,不宜浸泡,应勤洗勤换,同时蚕丝织物也不宜用含氯漂白剂或洗涤剂处理。丝织物容易起皱,洗后需熨烫。

(四)桑蚕丝的用途

桑蚕丝具有柔软舒适的触感,夏季穿着凉爽,冬季温暖。桑蚕丝可染成各种鲜艳的色彩,并可加工成各种厚度和风格的织物,或薄如蝉翼、厚如毛呢,或挺爽、柔软。

(五)柞蚕丝的性能

柞蚕茧为黄褐色,这种褐色色素不易除去,使柞蚕丝具有天然的淡黄色,且难以染色。柞蚕丝光泽不如桑蚕丝光亮,手感不如桑蚕丝光滑,也不如桑蚕丝柔软、细腻。

柞蚕丝的坚牢度、吸湿性、耐热性等优于桑蚕丝。柞蚕丝的耐水性和强度也比桑蚕丝好,湿强度比干强度大4%左右。

柞蚕丝具有良好的吸湿透气性能,它比桑蚕丝粗,内部有许多毛细孔,靠近纤维中心的毛细孔较粗,靠近边缘的毛细孔较细,且通空气,因而具有较好的保暖性。柞蚕丝吸湿后再干燥会产生收缩,常温下稍有卷曲(约4%)。化学性能也较桑蚕丝稳定。对强酸、强碱和盐类的抵抗力较强。柞蚕丝的耐光性、耐酸性、耐碱性比桑蚕丝好。

柞蚕丝织物遇水时,丝纤维会吸水膨胀,产生扁平状突起,改变光的反射形成水渍,水渍在服装重新下水后才会消失。

(六)柞蚕丝的用途

柞蚕丝可织造各种组织的厚、中、薄型柞丝绸织物,可制作男女西装、套装、衬衫、裙装等,织制贴墙布、窗帘、头纱、台布、床罩等装饰品;还可用于制作耐酸工作服、带电作业的均压服等。

(七)绢丝与䌷丝

绢丝是以蚕丝的废丝、废茧、茧衣等为原料,先加工成短纤维,然后再经过纺纱捻合而成。绢丝光泽优良,粗细均匀,强力与伸长度都较好。由于是短纤维纺纱制成,丝条内空气多,保暖性好,吸湿性也好,适宜制作睡衣等。绢丝面料多次洗涤后易发毛。常见的绢丝面料有雪花呢、竹节绸等。

绅丝以绢丝纺剩下的下脚丝、蛹衬为原料纺纱而成,外观光泽、品质质量、强度都比绢丝差。绅丝成纱粗细不均匀,但风格粗犷,手感柔软。常用于织制绵绸。

第四节 常用化学纤维的性能特征

一、人造纤维素纤维

用天然纤维素为原料的人造纤维,化学组成和天然纤维素纤维相同,但物理结构已经改变,所以称为人造纤维素纤维。目前生产的人造纤维素纤维主要有黏胶纤维、醋酯纤维和铜氨纤维等。

(一)黏胶纤维

1. 制造和分类

黏胶纤维以木材、棉短绒和芦苇等含天然纤维素的材料经化学加工而成,按性能分为普通黏胶纤维和高强高湿模量黏胶纤维等不同品种;从形态分有短纤维和长丝两种形式。黏胶短纤维常称人造棉;黏胶长丝又称人造丝,分有光、无光和半无光三种。

2. 成分和结构

黏胶纤维的基本成分是纤维素。普通黏胶纤维的结晶度和取向度较低,横截面呈锯齿形,有皮芯结构,纵向有沟槽。

3. 性能

黏胶纤维具有天然纤维素纤维的基本性能。

黏胶纤维染色性能好,可染得色谱全、色泽鲜艳、牢度好的颜色。织物相对密度大,悬垂性好,但弹性差,容易起皱且不易回复,因此服装

的保形性差。黏胶纤维比棉纤维更柔软,由黏胶短纤维加工的面料具有比棉织物更柔软的手感,光滑、舒适;由有光黏胶长丝加工的面料光泽强。

黏胶纤维吸湿性好,公定回潮率为13%,穿着凉爽舒适,不易产生静电。普通黏胶纤维的强度较低,且湿强仅为干强的40%~60%;断裂伸长率为10%~30%,湿态时伸长更大,湿模量很低。黏胶纤维吸水后直径变粗、长度收缩,因此普通黏胶纤维织物不耐水洗,尺寸稳定性差。

黏胶纤维耐碱和耐酸性能较棉纤维差,在高温、高湿下容易发霉。熨烫温度也低于棉纤维,一般为120~160℃。

高湿模量的黏胶纤维称为富强纤维或虎木棉,强度(特别是湿强度)和弹性都优于普通黏胶纤维,在服用性能方面有较大改善。

黏胶纤维广泛用于裙装、衬衫和里料中,与合成纤维混纺的织物比纯合成纤维织物在吸湿性和舒适感方面都有明显的改善。经改性的强力黏胶纤维大多用作工业用织物,如轮胎帘子线、传送带、三角皮带和绳索等。

(二)醋酯纤维

醋酯纤维由含纤维素的天然材料经化学加工而成。主要成分是纤维素醋酸酯,在性质上与纤维素纤维相差较大,有二醋酯纤维和三醋酯纤维之分。醋酯纤维一般是指二醋酯纤维。

醋酯纤维织物大多具有丝绸风格,多制成光滑、柔软的绸缎或挺爽的塔夫绸,但耐高温性差,难以通过热定形形成永久保持的褶裥。醋酯纤维强度低于黏胶纤维,湿态强度也较低,耐用性较差。为避免缩水变形,宜采用干洗。醋酯纤维体积质量小于纤维素纤维,其织物穿着轻便舒适。

三醋酯纤维常用于经编针织物中,酷似尼龙,具有良好的弹性。由于采用原液染色,色牢度较好。醋酯纤维耐热性差,高温容易熔化,尤其是二醋酯纤维,熨烫温度应控制在 110～130℃。

醋酯纤维主要用于裙装、女衬衫、内衣、领带和里料等。

(三)铜氨纤维

铜氨纤维由纤维素溶解于铜氨溶液中纺丝而成。铜氨纤维的聚合度比黏胶纤维高。铜氨纤维截面为圆形,无皮芯结构,单纤维线密度可达 0.4～1.3dtex,所以铜氨丝织物手感柔软,光泽柔和有真丝感。铜氨纤维的强度为 2.6～3.0cN/dtex,湿强为干强的65%～70%,耐磨性和耐疲劳性比黏胶纤维好。标准大气条件下,回潮率为 12%～13%,与黏胶纤维接近。铜氨纤维没有皮层,吸水量比黏胶纤维高 20%左右,染色性也较好,上染率高,上色也较快。

铜氨纤维织物广泛用作高级套装的里料。

二、合成纤维

合成纤维由合成的高分子化合物制成,具有强度大、弹性好、不霉不蛀、吸湿性差、摩擦易产生静电、易沾污、抗熔孔性差等共同特点。常用的合成纤维有涤纶、锦纶、腈纶、氯纶、维纶、氨纶和丙纶等。

(一)涤纶

涤纶的学名称为聚对苯二甲酸乙二酯,简称聚酯纤维。它有许多商品名称,如特利纶(Terylene)、大可纶(Dacron)、帝特纶(Tetoron)等。涤纶于 1953 年开始工业化生产,是当前合成纤维中发展最快、产量最大的一类纤维。涤纶有长丝和短纤维之分。为改善外观和性能,还可加工成弹性或蓬松性能优异的变形纱。

普通涤纶的纵向平滑光洁、均匀无条痕,横截面一般为圆形。为改善纤维的吸湿性能、染色性能、表观性能,也可加工成其他形状,如三角形、Y 形、中空形和五叶形等。纤维的粗细与天然纤维接近,也有直径小于1μm 的超细纤维。当前的差别化纤维主要由涤纶制成,是差别化涤纶纤维,在外观和性能上模仿毛、麻、丝等天然纤维,已达到以假乱真的程度。

由于结晶度较高,分子间作用力较大,因此涤纶的强度及模量较高,弹性回复率较大,织物经久耐穿,但短纤维织物容易起球且不易脱落。吸湿后,强度和伸长变化很小。涤纶具有优良的弹性,面料挺括、不起皱,保形性好,尺寸稳定性好。

涤纶表面光滑,内部分子排列紧密,分子间缺少亲水结构,因此回潮率很小,吸湿性能差,涤纶服装贴身穿着有闷热感,秋冬季易产生静电使织物易起毛、起球和吸灰。涤纶染色性差,多在高温高压下染色。

涤纶具有优良的耐光性能,由于玻璃可以吸收对涤纶有害的紫外线,在玻璃后面的涤纶织物耐日光性接近腈纶。涤纶对一般化学试剂性能较稳定,耐酸,但不耐浓碱的高温处理。利用浓碱腐蚀涤纶表面,涤纶重量减轻,细度变细,可产生真丝风格,称为碱减量处理。涤纶织物易洗、快干、免烫,洗可穿性能良好。采用热定形工艺可使涤纶服装形成永久性褶裥和造型,提高服装的形态稳定性,并减少热收缩变形。

涤纶用途广泛,可以制成仿毛、仿棉、仿丝、仿麻织物。涤纶织物适用于男女衬衫、外衣、儿童服饰、室内装饰织物和地毯等,不宜做内衣。由于涤纶具有良好的弹性和蓬松性,也可用涤纶制作絮棉。用涤纶制作的非织造布可用于室内装饰物、地毯底布、医药工业用布等。高强度涤纶可用作轮胎帘子线、运输带、消防水管、缆绳、渔网等，也可用作电绝缘材料、造纸毛毯等。

（二）锦纶

锦纶为聚酰胺纤维，1938 年美国杜邦（Du Pout）公司将聚酰胺纤维命名为"尼龙"（Nylon），后又出现了许多商品名称，如卡普鲁纶（Caprolan）、阿尼特（Anid）、奈伊纶（Nailon）等。在我国，这类纤维最早由辽宁省锦州化工厂试制成功而得名锦纶。有普通长丝、变形纱和短纤维之分。根据化学成分和聚合情况不同，常用的有锦纶6、锦纶66，我国以前者为主。

锦纶纵向平直光滑，横截面为圆形或其他形状，相应具有不同的光泽和手感等性能。染色性在合成纤维中较好，锦纶6优于锦纶66。

锦纶体积质量小于涤纶等纤维，适于做登山服、降落伞和风雨衣等。服装制品穿着轻便。

锦纶最突出的特点是耐磨性优于其他常用纤维，强度、弹性也很好，耐疲劳能力强，有优良的耐用性。锦纶的弹性模量较低，在小负荷下容易变形，急弹性不如涤纶，制成的服装容易变形，保形性不如涤纶，外观不够挺括。锦纶长丝织物容易钩丝，短纤维混纺织物易起毛、起球。

在合成纤维中锦纶的回潮率属于较大者，但在常用纤维中其回潮率属于小的，吸湿性差，易起静电和沾污，锦纶织物贴身穿着闷热、不舒适，但锦纶织物易洗快干。

锦纶的耐热性及耐光性较差，阳光下易泛黄并导致强力下降。锦纶耐碱不耐酸，可溶于浓硫酸和盐酸中。

锦纶用途广泛，长丝可以制作袜子、内衣、运动衫、滑雪衫、雨衣等；短纤维与棉、毛及黏胶纤维混纺后，织物具有良好的耐磨性和强度。锦纶还可用作尼龙搭扣、地毯、装饰布等；工业上主要用于制造帘子布、传送带和渔网等原料。

（三）腈纶

腈纶为聚丙烯腈纤维，商品名称有奥纶（Orlon）、依克丝纶（Exlon）、阿克利纶（Acrilan）等，以短纤维为主。由于特有的热延伸性，腈纶适用于制作膨体纱、毛线、针织物和人造毛皮等制品。

腈纶的纵向呈平滑柱状，有少许沟槽，横截面呈哑铃形、圆形和其他形状。

腈纶的外观呈白色，卷曲、蓬松、手感柔软，酷似羊毛，多用来和羊毛混纺或作为羊毛的代用品，因此又被称为"合成羊毛"。腈纶的体积质量小，质地轻而牢固。腈纶织物手感柔软丰满，易于染色，色泽鲜艳、稳定。

腈纶强度和耐磨性不如其他合成纤维，耐磨性在合成纤维中较差，腈纶衣服的褶裥处易磨损、断裂。弹性不如羊毛、涤纶等纤维，反复拉伸后弹性下降更多，尤其在领口、袖口和下摆处，称为"三口松弛"现象。阻燃改性腈纶具有普通腈纶的柔软、蓬松和保暖性能，同时具有防火阻燃性。采用不同长度、线密度和卷曲度的改性腈纶加工制作人造毛皮，与真毛皮十分相似，并且可以轧出各种花纹，形态稳定，弹性也有所改善。

腈纶的吸湿性低于锦纶，易产生静电、起毛起球。由于导热系数低，质地轻，所以保暖性好，服装穿着轻便。

腈纶优于其他纤维的最突出的特性是耐日光性和耐气候性。腈纶耐弱酸碱，织物可以机洗，易洗快干，防虫蛀和霉菌。

腈纶广泛用于制作针织服装、仿裘皮制品、起绒织物、女装、童装和毛毯等。

（四）丙纶

丙纶是合成纤维中较晚开发的一种纤维，常见的商品名称有赫库纶（Herculan）和霍斯塔纶（Hostalen）等。分长丝和短纤维两种。长丝常用来制作仿丝绸织物和针织物；短纤维多为棉型，用于地毯或非织造织物。

丙纶纵向光滑平直，横截面为圆形和其他形状。

丙纶有蜡状手感和光泽，染色困难，一般为原液染色。丙纶的最大特点是轻，它的体积质量在常用纺织纤维中最小，比水还轻，是棉纤维的 3/5，适于制作水上运动的服装。

丙纶的强度、弹性和耐磨性都比较好，织物不易起皱，因此经久耐用，服装尺寸较稳定。

丙纶吸湿性差，在使用过程中容易起静电和起球。细旦丙纶具有较强的芯吸作用，汗水可以通过纤维中的毛细管来排除。制成服装后，服装的舒适性较好，尤其是超细丙纶纤维，由于表面积增大，能更快地传递汗水，使皮肤保持舒适感。由于纤维不吸湿且缩水率小，丙纶织物具有易洗快干的特点。

丙纶耐热性差，100℃以上开始收缩，在水洗、干洗时温度都不能过高，否则会引起收缩、变形，甚至熔融。熨烫温度为 90～100℃，需要垫一层湿布或进行蒸汽熨烫。

丙纶有优良的抗化学品、虫蛀和霉菌的能力，但耐光性和耐气候性差。可纯纺或混纺成各种纺织品，主要用于制作毛衫、运动衫、袜子、比赛服、内衣，还可用作絮填料和室内外地毯等。

（五）氨纶

氨纶具有优良的延伸性和弹性，又称为弹力纤维。最著名的商品名称是美国杜邦公司生产的"莱卡"（Lycra），此外，还有埃斯坦（Estane）和奥佩纶（Opelon）等。氨纶常以单丝、复丝或包芯纱、包缠纱形式与其他纤维混合，在织物中含量很少就可极大地改善织物的延伸性和弹性，使服装具有良好的尺寸稳定性，紧贴人体又

能伸缩自如，便于活动。

氨纶的弹性高于其他纤维，伸长率达 600%，仍可恢复原状。氨纶吸湿小、手感平滑，可染成各种色彩；强度低于一般纤维，但有良好的耐气候和耐化学品性能；织物需经常清洗，以防止人体油脂和汗液使纤维变黄。氨纶织物耐热性差，水洗和熨烫温度不宜过高，一般采用 90～110℃快速熨烫。

氨纶的耐酸碱性、耐汗、耐海水性、耐干洗性、耐磨性均较好，制作的服装重量轻，质地柔软，舒适合身。

氨纶与其他纤维合股或制成包芯纱，用于织制弹力织物，如用棉包覆氨纶的牛仔裤，有氨纶包芯纱的内衣、游泳衣、时装等。氨纶在袜口、手套、针织服装的领口、袖口，运动服、滑雪裤及宇航服中的紧身部分等都有应用。

（六）维纶

维纶的商品名称有维尼纶（Vinylon）和仓敷纶（Kuralon）等。目前维纶在服装上应用较少。维纶洁白如雪，柔软似棉，因而常被用作天然棉花的代用品，又称"合成棉花"。

维纶为皮芯结构（类似铅笔的木芯层），横截面为腰子形。织物的外观和手感类似棉布，由于存在着皮芯层结构，产品往往染色不鲜艳。

维纶强度和耐磨性能较好，结实耐穿；吸湿性能优于其他合成纤维，体积质量和导热系数较小，服装穿着轻便保暖。弹性不如涤纶和锦纶等合成纤维，织物容易起皱。有优良的耐化学品、耐日光和耐海水等性能。维纶耐干热性强，耐湿热性差。湿热缩率大，熨烫温度为 120～140℃。熨烫时不能垫湿布或喷水，否则会产生水渍或皱褶。

维纶多与其他纤维混纺，在日常服装中应用较少，如用于制作外衣、汗衫、棉毛衫裤、运动衫

等针织物。在工业上应用较多，用维纶做的帆布和缆绳强度高、质轻、耐摩擦、耐日光。维纶耐冲击以及耐海水腐蚀性好，适宜制作各种类型的渔网。由于维纶的化学性能较为稳定，也用来制作工作服，或作为包装材料和过滤材料。

第五节　纤维鉴别

纤维是组成纺织品最基本的物质，纺织品的各项性能与其纤维种类和构成比例密切相关。鉴别纤维的方法很多，有手感目测法、燃烧法、显微镜观察法、化学溶解法、药品着色法、熔点法和红外吸收光谱鉴别法等。各种方法各有特点，在纤维的鉴别工作中，往往需要综合运用多种方法，才能得出准确的结论。

一、手感目测法

手感目测法最简便，不需要任何仪器。根据纤维的外观形态、色泽、手感、伸长、强度等特征来判断天然纤维（棉、麻、毛、丝）或化学纤维。天然纤维中棉、麻、毛均属于短纤维，长度整齐度较差。棉纤维细、短而手感柔软，并附有各种杂质和疵点；麻纤维手感粗硬，常因胶质而聚成小束；羊毛纤维柔软，具有天然卷曲而富有弹性；丝纤维细而长，具有特殊的光泽；化学纤维的长度一般较整齐，光泽不如蚕丝柔和。

手感目测法虽然简便，但是需要丰富的实践经验，另一方面难以鉴别化学纤维中的具体品种，因而有一定局限性。

二、燃烧法

燃烧法是简单而常用的一种鉴别方法。基本原理是利用由于各种纤维的化学组成不同引起的燃烧特征的不同来粗略地鉴别纤维种类。鉴别方法是用镊子夹住一小束纤维，慢慢移近火焰。仔细观察纤维接近火焰时、在火焰中以及离开火焰时，烟的颜色、燃烧的速度、燃烧后灰烬的特征以及燃烧时的气味，并加以记录，对照表1-21来进行判别。

表1-21　几种纤维的燃烧特征

纤维名称	接近火焰	在火焰中	离开火焰后	燃烧后残渣形态	燃烧时气味
棉、麻、黏胶纤维、富强纤维	不熔不缩	迅速燃烧	继续燃烧	少量灰白色的灰	烧纸味
羊毛、蚕丝	收缩	渐渐燃烧	不易延烧	松脆黑色块状物	烧毛发臭味
涤纶	收缩、熔融	先熔后燃烧，且有溶液滴下	能延烧	玻璃状黑褐色硬球	特殊芳香味
锦纶	收缩、熔融	先熔后燃烧，且有溶液滴下	能延烧	玻璃状黑褐色硬球	氨臭味
腈纶	收缩、微熔发焦	熔融燃烧，有发光小火花	继续燃烧	松脆黑色硬块	有辣味
维纶	收缩、熔融	燃烧	继续燃烧	松脆黑色硬块	特殊甜味
丙纶	缓慢收缩	熔融燃烧	继续燃烧	硬黄褐色球	轻微沥青味
氯纶	收缩	熔融燃烧，有大量黑烟	不能延烧	松脆黑色硬块	有氯化氢臭味

燃烧法只适用于单一成分的纤维、纱线和织物的鉴别。对经过防火、阻燃整理后的产品不适用。

三、显微镜观察法

借助显微镜观察纤维的纵向外形和截面形态特征,对照纤维的标准显微照片和资料(表1-3,图1-2)可以正确地区分天然纤维和化学纤维。这种方法适用于纯纺、混纺和交织产品。

四、化学溶解法

化学溶解法是利用各种纤维在不同的化学溶剂中的溶解性能来鉴别纤维的方法。这种方法适用于各种纺织材料,包括染色的和混合成分的纤维、纱线和织物。化学溶解法除了可定性分析纤维品种外,还可对各种混纺纱线、混纺织物和双组分纤维进行混纺比的定量分析。

鉴别时,对于纯纺织物,只要把一定浓度的溶剂注入盛有待鉴别纤维的试管中,然后观察纤维在溶液中的溶解情况,如溶解、微溶解、部分溶解和不溶解等,并仔细记录溶解温度(常温溶解、加热溶解、煮沸溶解)。对于混纺织物,则需先把织物分解为纤维,然后放在凹面载玻片中,一边用溶液溶解,一边在显微镜下观察,从中观察两种纤维的溶解情况,以确定纤维种类。

溶剂的浓度和温度对纤维溶解性能有较明显的影响,因此,在用化学溶解法鉴别纤维时,应严格控制溶剂的浓度和溶解时的温度。各种纤维的溶解性能见表1-22。

表1-22　各种纤维的溶解性能

纤维种类	37%盐酸 24℃	75%硫酸 24℃	5%氢氧化钠 煮沸	85%甲酸 24℃	冰醋酸 24℃	间甲酚 24℃	二甲基甲酰胺 24℃	二甲苯 24℃
棉	I	S	I	I	I	I	I	I
羊毛	I	I	S	I	I	I	I	I
蚕丝	S	S	S	I	I	I	I	I
麻	I	S	I	I	I	I	I	I
黏胶纤维	S	S	I	I	I	I	I	I
醋酯纤维	S	S	P	S	S	S	S	I
涤纶	I	I	I	I	I	S(93℃)	I	I
锦纶	S	S	I	S	I	S	I	I
腈纶	I	SS	I	I	I	I	S(93℃)	I
维纶	S	S	I	S	I	S	I	I
丙纶	I	I	I	I	I	I	I	S
氯纶	I	I	I	I	I	I	S(93℃)	I

注　S—溶解；　SS—微溶；　P—部分溶解；　I—不溶解。

五、药品着色法

药品着色法是根据各种纤维对不同化学药品的着色性能的差别来迅速鉴别纤维的一种方法,此法只适用于未染色产品。有通用和专用两类着色剂。通用着色剂是由各种染料混合而成,可对各种纤维着色,再根据所着颜色来鉴别纤维;专用着色剂是用来鉴别某一类特定纤维的。通常采用的着色剂为碘—碘化钾溶液,还有1号、4号和HI等若干种着色剂。各着色剂和着色反应参看表1-23、表1-24所示。

表1-23　几种纤维的着色反应

纤维种类	着色剂1号	着色剂4号	杜邦4号	日本纺检1号
纤维素纤维	蓝色	红青莲色	蓝灰色	蓝色
蛋白质纤维	棕色	灰棕色	棕色	灰棕色
涤纶	黄色	红玉色	红玉色	灰色
锦纶	绿色	棕色	红棕色	咸菜绿色
腈纶	红色	蓝色	粉玉色	红莲色
醋酯纤维	橘色	绿色	橘色	橘色

注　1. 杜邦4号为美国杜邦公司的着色剂。
　　2. 日本纺检1号是日本纺织检验协会的纺检着色剂。
　　3. 着色剂1号和着色剂4号是纺织纤维鉴别试验方法标准草案所推荐的两种着色剂。

表1-24　常见纤维的着色反应

纤维种类	HI着色剂着色	碘—碘化钾溶液着色
棉	灰	不染色
麻(苎麻)	青莲	不染色
蚕丝	深紫	浅黄
羊毛	红莲	浅黄
黏胶纤维	绿	黑蓝青
铜氨纤维	—	黑蓝青
醋酯纤维	橘红	黄褐
维纶	玫红	蓝灰
锦纶	酱红	黑褐
腈纶	桃红	褐色
涤纶	红玉	不染色
氯纶	—	不染色
丙纶	鹅黄	不染色
氨纶	姜黄	—

注　1. 碘—碘化钾溶液是将碘20g,溶解于100mL的碘化钾饱和溶液。
　　2. HI着色剂是东华大学和上海印染公司共同研制的一种着色剂。

使用着色剂鉴别纤维时,要注意着色前先除去待测试样上的染料和助剂,以免影响鉴别结果。

六、熔点法

熔点法是根据合成纤维的不同熔融特性,在化纤熔点仪上或在附有加热台和测温装置的偏振光显微镜下观察纤维消光时的温度来测定纤维的熔点。这种方法不适用于不发生熔融的纤维素纤维和蛋白质纤维。由于大多数合成纤维的熔点是一个温度范围,无确切的数值,因此熔点法一般不单独应用,而是作为证实某种合成纤维的辅助方法。各种合成纤维的熔点可参看表1-9。

七、红外吸收光谱鉴别法

各种材料由于结构基团不同,对入射光的吸收率亦不相同,对可见的入射光会显示出不同的颜色。利用仪器测定各种纤维对红外波段各种波长入射光的吸收率,可以得到各自的红外吸收光谱图,如表1-25。

红外吸收图谱中的峰值位置,与纤维中的各种成分一一对应,纤维的化学成分不同,吸收图谱也不同。即使纤维内只含有少量的不同单体,红外吸收图谱也会出现相应的差异。可

表 1-25　各种纤维红外吸收谱册及其特征频率

纤维种类	制样方法	主要吸收谱册及其特征频率（cm^{-1}）
纤维素纤维	K	3450~3200,1640,1160,1064~980,893,671~667,610
动物毛纤维	K	3450~3300,1658,1534,1163,1124,926
丝	K	3450~3300,1650,1534,1220,1163~1149,1064,993,970,550
黏胶纤维	K	3450~3250,1650,1430~1370,1060~970,890
醋酯纤维	F	1745,1376,1237,1075~1042,900,602
聚酯纤维	F	3040,2358,2208,2079,1957,1724,1242,1124,1099,870,725
聚丙烯腈纤维	K	2242,1449,1250,1075,1408,1075~1064,1042,885,752,599
锦纶 6	F	3300,3050,1639,1540,1475,1263,1200,687
锦纶 66	F	3300,1634,1527,1473,1276,1198,933,689
聚乙烯醇纤维	F	3300,1449,1242,1149,1099,1020,848
聚氯乙烯纤维	F	1333,1250,1099,971~962,690,614~606
聚偏氯乙烯纤维	F	1408,1075~1064,1042,885,752,599
聚氨基甲酸乙酯纤维	F	3300,1730,1590,1538,1410,1300,1220,769,510
聚乙烯纤维	F	2925,2868,1471,1460,730,719
聚丙烯纤维	F	1451,1375,1357,1166,997,972
维氯纶	K	3300,1430,1329,1241,1177,1143,1092,1020,690,614
腈氯纶	K	2324,1255,690,624
不锈钢金属纤维	K	无吸收
碳素纤维	K	无吸收

注　K—溴化钾压片法；F—薄膜法。

以借助已知纤维的红外吸收图谱对照，确定特征基团的吸收谱带是否相同，从而鉴定未知纤维。

这种鉴别方法比较可靠，但要求有精密的仪器，因此应用不普遍。

此外，鉴别纤维的方法还有双折射法、密度法、X 射线衍射法、含氯含氮呈色反应法、对照法等。

思考题

1. 根据着装经验，列出不同类型服装所用的纤维成分，并评述使用这些纤维成分的原因及优缺点。

2. 参加纺织品博览会和面料展销会，列出新型纤维材料，预测其服用性能如何。

3. 列出纤维主要服用性能的优劣顺序，并简述原因。

4. 具备哪些性能的纤维才能成为服装原料？为什么？

5. 纺织纤维如何分类？各有哪些主要的性能特点？

6. 在零售商店纺织服装部，你可以辨识出多少种不同的纤维类型？

7. 目前，居合成纤维产量之首的是什么纤维？它的主要性能特点以及最大的不足是什么？

8. 被称为"合成羊毛"的是什么纤维？为什么称为"合成羊毛"？

第二章
服装材料用纱线

服装材料的外观、手感、风格、性能与所用纱线的结构和性能有着密切的关系。随着现代纺纱技术的发展,可以加工各种各样不同特征和特性的纱线,为服装材料的开发和应用提供了大量的素材。

第一节　纱线的分类及其特征

一、纱线的分类

纱线的种类很多,对纱线进行分类有利于从某个特定的角度对纱线的性能和特征进行区分,从而合理地根据用途需要进行纱线的选择和应用。常见的分类方法有以下几种:

(一)按纱线的纤维原料分

1. 纯纺纱线

纯纺纱线是由一种纤维原料构成的纱线。包括纯棉纱线、纯毛纱线、纯麻纱线、纯黏胶纤维纱线等。

2. 混纺纱线

混纺纱线是由两种或两种以上的纤维混合纺成的纱线。如涤纶与棉混纺而成的涤/棉纱线,羊毛、涤纶和黏胶纤维混纺而成的毛/涤/黏纱线。

3. 混纤纱线

混纤纱线是将两种或两种以上性能或外观有差别的长丝纤维结合在一起形成的纱线。

(二)按纱线中的纤维状态分

1. 短纤维纱线

短纤维纱线是用一定长度的短纤维经过各种纺纱系统把纤维捻合纺制而成的纱线,简称短纤纱。棉纱、毛纱、亚麻纱、绢纺纱等都是短纤纱。此类纱线表面都有毛羽,手感丰满、光泽柔和,可广泛用于机织物、针织物和缝纫线中。除蚕丝以外的天然纤维纱线都是短纤维纱线。

2. 长丝纱线

长丝纱线是由单根或多根长丝组成的纱线。由单根长丝组成的长丝纱线称为单丝纱,主要用于制织轻薄、透明的织物,用于制作袜子、头巾等。由多根长丝组成的长丝纱线称为复丝纱,广泛用于机织物和针织物中。

图2-1(a)、图2-1(b)分别为短纤维纱线和长丝纱线的结构示意图。

(三)按纺纱工艺分

1. 普通棉纱和精梳棉纱

在纺纱过程中,精梳棉纱比普通棉纱增加了精梳工序,使纤维得到进一步的梳理,并去除

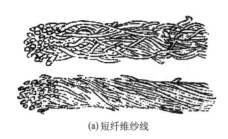

(a) 短纤维纱线

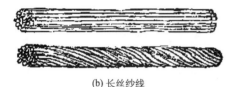

(b) 长丝纱线

图 2-1　短纤维纱线与长丝纱线的结构示意图

了短纤维,纱中纤维更加平行顺直,条干均匀,纱线光洁,纱线细度细。

2. 精纺毛纱和粗纺毛纱

精纺毛纱是以较细、较长的优质羊毛为原料,经工序复杂的精梳纺纱系统纺制而成,纱内纤维平行顺直,纱线条干均匀、光洁,纱线细度细,用于加工精纺毛织物。粗纺毛纱是用精纺落毛和较粗短的羊毛为原料,用毛网直接拉条纺成纱,纱内纤维长短不匀,纤维排列不够平行顺直,结构疏松,捻度小,表面毛羽多,纱线细度粗,用于加工粗纺毛织物。

(四) 按纱线结构分

1. 简单纱线

(1) 单纱:由单股纤维束捻合而成的纱线。

(2) 股线:由两根或两根以上单纱捻合而成的纱线。

(3) 复捻多股线:由两根或两根以上股线捻合而成的纱线。

2. 复杂纱线

复杂纱线具有较复杂的结构和独特的外观,如花式纱线、包芯纱和包缠纱等。

(五) 按纱线的后加工分

1. 丝光纱

经过丝光处理的棉纱线。在一定张力条件下用浓烧碱溶液处理棉纺织品,使其光泽和强力都有所改善,这样的处理过程称为丝光。

2. 烧毛纱

经过烧毛加工的纱线。用燃烧的气体或电热烧掉纱线表面的毛羽,使纱线变得光洁的加工过程称为烧毛。

3. 本色纱

又称原色纱,是未经练漂或染色加工的纱线。

4. 染色纱

经过煮练和染色加工制成的纱线。

5. 漂白纱

经过煮练和漂白加工制成的纱线。

二、纱线的捻度、捻向和细度

(一) 捻度和捻向

在纺纱过程中,短纤维经过捻合形成具有一定的强度、弹性、手感和光泽的纱线。纱线单位长度上的捻回数称为捻度。棉纱通常以10cm 内的捻回数来表示捻度,而精纺毛纱通常以 1m 内的捻回数表示。纱线加捻的方向称为捻向。有 S 捻和 Z 捻两种捻向,如图 2-2 所示。加捻后纤维自左上方向右下方倾斜的,称为 S捻;自右上方向左下方倾斜的,称为 Z 捻。股线捻向的表示方法是,第一个字母表示单纱捻向,第二个字母表示股线捻向。经过两次加捻的股

图 2-2　纱线的捻向示意图

线,第三个字母表示复捻捻向。例如,单纱捻向为 Z 捻、初捻(股线加捻)为 S 捻、复捻为 Z 捻,这样加捻后的股线捻向以 ZSZ 表示。

(二)细度

细度是纱线最重要的指标,纱线的粗细影响织物的结构、外观和服用性能,如织物的厚度、硬挺度、覆盖性和耐磨性等。表示纱线粗细的指标常采用线密度,即单位长度纱线的重量。通常表示纱线粗细的方法有定长制和定重制两种,前者数值越大,表示纱线越粗,如线密度和旦数;后者数值越大,表示纱线越细,如公制支数和英制支数。它们的定义和计算公式如下:

1. 线密度(Tt)

线密度或称特数,旧称号数。线密度指 1000m 长的纱线,在公定回潮率时的质量克数。若纱线试样的长度为 $L(m)$,在公定回潮率时质量为 $G(g)$,则该纱线的线密度(Tt)为:

$$Tt = \frac{G}{L} \times 1000$$

线密度的单位名称为特克斯,符号为 tex。

例如,长度为 1000m 的纱线在公定回潮率时的质量为 12g,则该纱线的线密度为 12tex,显然,特数越大,纱线越粗。分特(dtex)为特的 1/10。股线的特数,以组成股线的单纱特数乘以股数来表示,如单纱为 12 特的二合股股线,则股线特数为 12tex×2,当股线中有两根单纱的特数不同时,则以单纱的特数相加来表示。

2. 旦数(N_{den})

旦数或称纤度,指 9000m 长的纱线在公定回潮率时的质量克数。通常用来表示化学纤维和长丝纱线的细度。若纤维长度为 $L(m)$,在公定回潮率时质量为 $G(g)$,则旦数(N_{den})为:

$$N_{den} = \frac{G}{L} \times 9000$$

例如,复丝纱由 n 根旦数为 M 旦的单丝组成,则复丝纱的旦数为 nM 旦。股线的细度表示方法常把股数写在前面,如 2×75 旦,表示二股 75 旦的长丝线。

3. 公制支数(N_m)

公制支数指在公定回潮率时,1g 的纱线所具有的长度米数。若纱线长度为 $L(m)$,公定回潮率时的质量为 $G(g)$,则公制支数为:

$$N_m = \frac{L}{G}$$

股线的公制支数以组成股线的单纱支数除以股数,如 $50N_m/2$ 表示单纱为 50 公支的二合股股线。如果组成股线的单纱支数不同,则将单纱支数用斜线分开,如 $21N_m/30N_m$ 表示 21 公支和 30 公支的单纱组成的股线。

4. 英制支数(N_e)

英制支数指公定回潮率时,1 磅(b)的纱线所具有的某标准长度的倍数,该标准长度视纱线种类而不同。棉和棉型混纺纱为 840 码,精梳毛纱为 560 码,粗梳毛纱为 256 码,麻纱线为 300 码。例如,1 磅的棉纱长 8400 码,则该棉纱的细度为 10 英支。在采用国际单位制单位之前,习惯上,棉纱细度用英制支数表示。股线英制支数的表示方法与股线公制支数的表示方法相同。

5. 细度指标的换算(表 2-1、表 2-2)

纤维或纱线的各种细度指标可换算如下:

(1)特数与公制支数的换算:

$$Tt = \frac{1000}{N_m}$$

(2)特数与旦数的换算:

$$Tt = \frac{N_{den}}{9}$$

(3)公制支数与旦数的换算:

$$N_m = \frac{9000}{N_{den}}$$

（4）英制支数与特数的换算：棉型纱线英制支数与线密度（特数）、公制支数换算时，还需注意公、英制公定回潮率的不同。棉型纱线英制支数与特数的换算式为：

$$N_e = \frac{C}{Tt}$$

式中，C 为换算常数，随纱线的公定回潮率而异，其数值见表2-1所示。

表2-1 换算常数 C

纱线种类	干量混比	英制公定回潮率（%）	公制公定回潮率（%）	换算常数 C
棉	100	9.89	8.50	583
纯化纤	100	公/英制公定回潮率相同	—	590.5
涤/棉	65/35	3.70	3.20	588
维/棉	50/50	7.45	6.80	587
腈/棉	50/50	5.95	5.25	587
丙/棉	50/50	4.95	4.30	587

表2-2 细度指标比较

线密度（tex）	旦数（旦）	棉纱英制支数（英支）	精梳毛纱英制支数（英支）	公制支数（公支）
1	9	—	—	1000
5	45	—	—	200
7	63	84	—	143
10	90	59	89	100
15	135	39	59	67
20	180	30	44	50
40	360	15	22	25
80	720	7.5	11	13
100	900	6	9	10
200	1800	3	4.4	5
500	4500	1.2	1.8	2

第二节 复杂纱线

一、花式纱线

花式纱线是指通过各种加工方法而获得的具有特殊外观、手感、结构和质地的纱线。由于制造成本较高和耐用性较差，未曾得到广泛的应用。随着花式捻线机的改进和化学纤维的不断创新，花式纱线的制造成本降低，花色品种增多。特别是近年来人们对服装面料的耐用性要求有所降低，而对其外观美感要求提高，使得花式纱线很为流行，广泛应用于各种服装用机织物和针织物、编结线、围巾、帽子等服饰配件以及装饰织物中。由于品种繁多，本节只介绍几种基本的类型,以便了解花式纱线对织物外观和性能的影响。

(一) 花式纱线的分类

花式纱线常按其结构特征和形成方法进行分类,一般可分为花色线、花式线和特殊花式线三类,如图2-3所示。

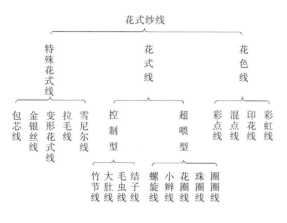

图2-3 花式纱线的分类

(二) 花式纱线基本结构

圈圈线和结子线等花式纱线,基本上由芯纱、饰纱和固纱三部分组成。

芯纱:位于纱的中心,是构成花式纱线强力的主要部分,一般采用强力好的涤纶、锦纶或丙纶长丝或短纤维纱。

饰纱:形成花式纱线的花式效果。

固纱:用来固定花型,通常采用强力好的细纱。

花式纱线的优点在于其独特的外观效果,但是,由花式纱线织制成的织物通常强力较低,耐磨性差,容易起球和钩丝。

(三) 花式纱线的品种

1. 圈圈线

这类纱线的主要特征就是在纱线表面有毛

圈。毛圈可以是由纤维形成的,也可以是由纱线构成的。由纤维形成的毛圈蓬松,使纱线具有丰满、柔软的手感,加工成的织物不仅具有特殊的外观,也有较好的保暖性,较多地用于冬季女装面料。由纱线构成的毛圈清晰,如纱线捻度较大时,毛圈发生扭绞形成辫子线,可以用于夏季服装面料。图2-4为几种具有不同圈圈效果的纱线。

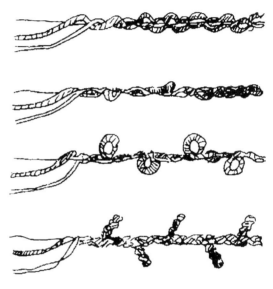

图2-4 具有不同圈圈效果的纱线

2. 竹节纱

竹节纱的特征是具有粗细分布不均匀的外观。从其外形分类有粗细节状竹节纱、疙瘩状竹节纱、蕾状竹节纱和热收缩竹节纱等;从原料分类有短纤维竹节纱和长丝竹节纱等。此外,还可按纺纱方法分为不同的竹节纱。

3. 结子线

结子线也称疙瘩线。结子线通常是由芯线和饰线两组纱线组成,结子由饰线形成。选择不同的饰线、改变加工时饰线的喂入量和结子纱线的卷取状态均可以使结子的长度、大小、颜色、间距发生变化。长结子也称为毛毛虫,短结子可单色或多色。图2-5为结子线的结构示意图。

图2-5 结子线的结构示意图

4. 大肚纱

大肚纱也称断丝线。在纱线加捻过程中,间隔性地加入一小束纤维,并使这束纤维被包覆在加捻纱线的中间,形成局部的突起。改变加入纤维束的大小和颜色,可以形成不同突起效果和具有隐约颜色效果的大肚纱。图2-6为大肚纱的结构示意图。

图2-6 大肚纱的结构示意图

5. 彩点线

彩点线其特征为纱上有单色点或彩色点,这些彩色点长度短,体积小。通常的加工方法是先把彩色纤维(细羊毛或棉花)搓成用来点缀的结子,再按一定的比例混入基纱的原料中,结子和基纱具有鲜明的对比色泽,从而形成有醒目彩色点的纱线。这种纱线可以用于女装和男式休闲服装的面料,如粗纺毛织物中的钢花呢。

6. 螺旋线

螺旋线是由不同色彩、纤维、粗细或光泽的纱线捻合而成。一般饰纱的捻度较小,饰纱较粗,它绕在较细且捻度较大的纱线上,加捻后,纱的松弛能加强螺旋效果,使纱线外观好似旋塞。这种纱弹性较好,织成的织物比较蓬松,有波纹图案。

7. 辫子线和花股线

辫子线也称多股线,先以两股细纱合捻,再把合股加捻的双股线两根或几根合并加捻,常用于毛线。

若采用两种不同色泽的细纱合股而成,则称花股线或AB线。若A色、B色互为补色,则合股后有闪光效应。

8. 金银丝线和夹丝线

这类纱线一般采用铝箔镀上聚酯薄膜后进行切割的方法获得,因此呈扁平状。在铝箔镀膜的过程中加入颜色,就可以获得彩色的金属线。在水洗时,铝特别容易氧化,而且由于与碱性物长时间附着,使其变质、脱落,从而造成金银丝线的变色与光泽变暗。所以必须使用中性洗涤剂,水洗用力要适当。这种纱线的耐热性很差,受热后极易收缩变形,因此在使用和保养时必须非常注意。

9. 拉毛线

拉毛线有长毛型和短毛型两种。前者是先纺制成花圈线,然后再把毛圈用拉毛机上的针布拉开,因此毛茸较长;后者是把普通毛纱在拉毛机上加工而成,所以毛茸较短。拉毛线多用于粗纺花呢、手编毛线、毛衣和围巾等,产品茸毛感强,手感丰满柔软。长毛型拉毛线的饰纱常用光泽好、直径粗的马海毛或较粗的有光化学纤维制成,以用来增进织物的美观。拉毛线由于有固纱加固,因此茸毛不易掉落,耐用性好。

10. 包芯纱线

这类纱线由芯纱和包覆纱组成。芯纱和包覆纱的选择取决于纱线的用途要求。包芯纱线的芯纱可以是长丝,也可以是短纤维。以短纤维作为芯纱的也称为包缠纱。一般以长丝作为芯纱时,目的是通过芯纱获得较高的强度、较好的弹性,通过包覆纱获得某种外观和表面特性。以短纤维作为芯纱时,目的是通过芯纱获得蓬松的手感,通过包覆线固结芯纱和获得特殊的外观。图2-7为两种不同包覆程度的包芯线结构示意图。表2-3为部分不同组成和结构的包芯线所具有的性能特点和用途。

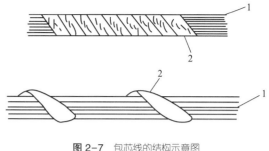

图2-7　包芯线的结构示意图
1—芯线　2—包覆线

表2-3　包芯线的性能特点和用途

芯　　线	包覆线	性　能　特　点	适　用　范　围
涤纶长丝、锦纶长丝	黏胶纤维、棉纤维	强度好、弹性高、抗皱、吸湿、有棉型触感与风格	夏季服装面料
		具有不同的化学耐酸碱性	烂花织物
	真　丝	强度好、弹性高、抗皱、吸湿、有丝型触感与风格	衬衫面料、休闲装面料
	羊　毛	强度好、弹性高、抗皱、吸湿、有毛型触感与风格	薄型西装面料、春秋服装面料
腈　纶	棉纤维	蓬松、吸湿、有棉型触感与风格	针织物
氨纶长丝	棉纤维	高弹、抗皱、吸湿、有棉型触感与风格	牛仔布、女式衬衫面料、针织物
棉纤维	真　丝	吸湿好、蓬松、有真丝外观	衬衫面料、女装面料
羊毛、腈纶	真　丝	吸湿好、蓬松、保暖、有真丝外观	冬季便装面料、内衣面料、衬衫面料
绢　丝	真　丝	厚实、垂感好、有弹性、蓬松	外衣面料、中厚型衬衫面料

包芯线中两组纱线的价格往往是不同的,因此适当的配置两组纱线的成分,可以在获得特殊的性能的基础上,进一步达到降低成本的目的。此外,如果两组纱线的吸色性不同,还可以通过调节纱线的包覆度而获得杂色效果的纱线。

包芯线可在传统的环锭纺纱机上纺制,作为外包纤维的粗纱从后罗拉喂入,与喂入前罗拉的芯纱在前罗拉输出口会合加捻,使外包纤维包缠在芯纱周围。

此外,包芯线还可采用气流纺、尘笼纺、喷气纺等新型纺纱方法纺制。

11. 雪尼尔线

雪尼尔线是一种特制的花式纱线,其特征是纤维被握持在合股的芯纱上,状如瓶刷,手感柔软,广泛用于手工毛衣,具有丝绒感。

二、变形纱

合成纤维长丝在热、机械或喷气作用下,使伸直状态的长丝变为卷曲状的长丝称为变形纱。处理前长丝呈挺直、光滑、无毛羽、不蓬松状,经处理后,不仅外观形成各种卷曲状态,而且因有利于在纱中形成空气层而增加了保暖性,同时使手感柔软,覆盖性好。由于加强了热交换和湿气蒸发,有助于穿着舒适性的改善。此外,表面的毛羽使光线在织物表面呈漫反射而使光泽柔和。变形纱通常由锦纶或涤纶长丝加工而成,因此织物的抗皱性、耐磨性和洗涤性能都很好。短纤维纱、长丝纱和变形纱的性能对比见表2-4所示。

表2-4 短纤维纱、变形纱和长丝纱的性能对比

性能特征	短纤维纱	变形纱	长丝纱
1. 组成			
(1) 长度	短纤维	变形长丝,蓬松或有弹力	光滑长丝
(2) 捻度	从低到高	中至低	低
2. 美感	仿毛、仿丝、仿棉	近似短纤维纱	仿丝
(1) 光泽	暗淡	暗淡	光泽或消光处理
(2) 质地、手感	较粗糙、柔软、蓬松	仿短纤维纱,较蓬松,起皱	光滑、不蓬松
(3) 悬垂性	柔软或硬挺	柔软或挺括	硬挺或流畅
3. 外观保持性			
(1) 弹性	中等捻度和支数的为一般	高	高至低,由纤维性能决定
(2) 回复性	中	高	高至低,由纤维性能决定
(3) 尺寸稳定性	低,通过加捻和改变结构,预缩可改善	中至高	最高
4. 舒适性	最好	中	较差
(1) 吸湿性	最好	中	最差
(2) 保暖	好	中	凉爽和湿冷感
5. 耐穿性	低	中	高
(1) 强力	弱	强	高,除非低支或短浮线
(2) 耐磨性	低,除非紧捻度和改善结构	好,除非钩丝	高,除非长浮线低支
(3) 弹性	不一定	根据弹力和蓬松程度	不一定
(4) 钩丝	不易	容易	比较容易
(5) 起球	易起球,除纤维素纤维	少于短纤维纱	最少
(6) 沾污	最容易	中	最少
(7) 覆盖性	中	中	最低

通过变形工艺的变化,可以把长丝加工成波状、卷曲状、膨体状或缠结状的各种变形纱,其性能可以仿毛或仿丝、仿棉、仿麻,以便织造类似各种天然纤维的机织物或针织物。但从总体而言,变形纱一般根据用途可分成以下三种类型:

1. 弹力纱

弹力纱具有优良的弹性变形和回复能力。膨体性能一般,主要用于弹力织物,以锦纶变形纱为主,常用于运动衣和弹力袜等。

2. 低弹纱

低弹纱具有一定程度的弹性,即弹性伸长

性能一般。较多的螺旋卷曲度,具有一定的蓬松性,由这类纱线织成的织物制作成服装后尺寸稳定性好,其长丝为涤纶、丙纶或锦纶。主要用于内衣和毛衣。

3. 膨体纱

膨体纱的主要特点是蓬松度高,而且具有一定弹性,主要用于蓬松性要求较高的服装,如要求保暖性好的毛衣、袜子以及装饰织物。大多采用腈纶加工而成,锦纶和涤纶也可加工成膨体型变形纱。

第三节 新型纺纱方法 纺制的纱线

通过各种新型纺纱方法纺制的纱线,也常用于各类衣着织物,这些纱线的外观和品质与传统的纱线有所不同,现简介如下。

一、气流纱

气流纱的纺制过程与传统的环锭纺纱有所不同,棉条通过分离装置先被分离成单纤维状,然后被气流送入纺纱杯加捻后形成的。气流纱比传统的环锭纱更加蓬松、条干的均匀性好,杂质和毛羽较少,染色性好,纱线的外观和手感都优于环锭纱。其主要缺点是强力较低。气流纱主要用于机织物中蓬松、厚实的平布,起毛均匀、手感良好的绒布,色泽鲜艳的纱罗,绒条圆滑的灯芯绒,还可用于制作针织品的棉毛衫、内衣、睡衣、衬衫、裙子和外衣等。

二、涡流纱

涡流纱是利用固定不动的涡流纺纱管,以代替高速回转的纺纱杯所纺制的纱。纱上弯曲纤维较多,染色性、透气性和耐磨性较好,但强度较弱,条干均匀度较差。多用于起绒织物,可用于制作绒衣和运动衣等。

三、包缠纱

包缠纱是利用空心锭子所纺制的纱。由于其纱芯纤维无捻,呈平行状,所以也称平行纱。包缠纱属于双组分纱线,即由长丝或短纤维组成纱芯,外缠单股或多股长丝线。其品种有:

1. 以棉纱为芯,外包 35%～50%真丝的包缠纱

纱线具有平滑和蓬松的表面。使用这种纱线织成的织物有极好的吸湿性能,穿着舒适,有真丝外观,适于在热带气候中穿用。这种织物可代替真丝织物,适于制作衬衫、女装等,并可用于廉价的衬里料。

2. 以羊毛为芯,外包真丝的包缠纱

这种纱线具有羊毛的保暖性和真丝的光泽和外观,可用于时新的冬季衣着服装,如冬季轻薄便装、冬天穿内衣、衬衣以及妇女礼服。

以腈纶为芯而外包真丝的包缠线也有类似的性能。

3. 以锦纶为芯,外包真丝的包缠纱

可用于重量轻、强力好的织物,适于制作轻薄服装、围巾等。

4. 以涤纶为芯,外包真丝的包缠纱

其织物具有优良的悬垂性、折皱回复性,耐用性也较好,适于制作高级套装、衬衫等。

四、其他新型纺纱纺制的纱线

用于服装的还有其他一些新型纺纱方法所纺制的纱线,由于纤维在成纱过程中排列状态不同,性能与品质各有特点。现简介以下几种:

(一)尘笼纱

尘笼纱是由尘笼纺纱(或称摩擦纺纱)所纺制的纱线。因成纱时纤维是逐渐添加到纱条上的,因而形成纱芯和外层的分层结构,因此纱芯坚硬,外层松软,纺制的纱较粗,而且还可以纺制花式纱线和多组分纱线,可用于织制工作服、外衣和装饰织物等。

(二)自捻纱

自捻纱的成纱过程形成了纱线线密度和捻

度的不匀,所以适宜于织制花式织物和绒面织物。

(三) 喷气纱

由喷气纺纱纺制的纱线强力较低,手感粗糙、蓬松,可织造机织物和针织物,适宜制作上衣、运动服和工作服。喷气包芯纱手感柔软,弹性和耐磨性较好,可织制府绸和烂花布等。

第四节 纱线对织物外观和性能的影响

由纱线结构所决定的纱线品质,影响织物外观和性能,并影响服装的外观美感和内在的舒适性、耐用性和保养性等。

一、纱线对织物外观的影响

织物的质地和光泽除了受纤维性质、织物组织和后整理加工的影响外,也与纱线的结构和外观特征密切相关。

(一) 长丝纱和短纤纱

长丝纱织物表面光滑、细致,光泽明亮。短纤纱有毛茸,其织物比较丰满,光泽不及长丝纱织物明亮。此外,短纤纱的可纺纱细度有较大的局限性,导致其织物不及长丝纱织物轻薄。

(二) 普梳纱线和精梳纱线

由于在精梳工艺中纤维得到进一步的梳理,并去除了短纤维,使得精梳棉纱与普通棉纱相比,精纺毛纱与粗纺毛纱相比,纱中纤维更加平行顺直,条干均匀,纱线光洁,纱线细度细,相应的织物表面更加细洁和平整。

(三) 纱线捻度

短纤纱在无捻时,因光线从各根纤维表面上反射,纱的表面显得较暗,无光泽。而当短纤纱捻度达到一定值时,光线从比较光滑的表面上反射,反射量达到了最大值。当捻度继续增加时,纱线会发生捻缩作用,光线将在纱线表面的凹凸之间被吸收,因此反射的光线随捻度的继续增加而减弱。

长丝纱不加捻时的光泽最亮,光泽随捻度的增加而减弱。

此外,由于捻缩作用,强捻的短纤纱和长丝纱织物表面都会呈现不规则的绉效应。而捻度小的纱线易使服装表面起毛起球。

(四) 纱线捻向

纱线捻向也影响织物外观的光泽。例如,在平纹织物中,由于经纬纱捻向不同,织物表面反光一致,光泽较好。斜纹织物如华达呢,当经纱采用 S 捻、纬纱采用 Z 捻时,则经纬纱捻向与斜纹方向相垂直,因而纹路清晰。又当若干根 S 捻、Z 捻纱线相间排列时,织物表面将产生隐条、隐格效应。当 S 捻和 Z 捻纱线捻合在一起时,或捻度大小不等的纱线捻合在一起构成织物时,表面会呈现波纹效应。

(五) 纱线细度

纱线细度对织物外观有明显影响。细支纱一般容易使织物外观产生精致感,粗支纱容易使织物产生粗犷感。

二、纱线对织物舒适性的影响
(一) 对织物保暖性的影响

纱线的结构特征与服装的保暖性有一定关系,这是因为纱线的结构决定了纤维之间能够容纳静止空气的多少。纱线的结构越是蓬松,能够容纳的静止空气也越多,在无风环境中的保暖性就越好。但是在有风环境中,结构蓬松的纱线又会使空气顺利地通过纤维间的孔隙,其中的静止空气成为流动空气,保暖性变差。

(二)对织物接触冷暖感的影响

纱线表面有茸毛或圈圈,可以降低贴身衣物织物与皮肤的接触面积,在寒冷的环境中能够减少身体的热量散失速度,有温暖感。相反,表面光滑的纱线织制的织物,冷感较强。

(三)对织物粘体感的影响

在炎热的环境中,由细而光滑的长丝纱织成的织物容易粘贴潮湿的皮肤,如果织物的质地又比较紧密,则更会紧贴皮肤,身上的湿气就很难散发。纱线表面有茸毛或圈圈的织物,可以减少织物与皮肤的接触,降低织物对皮肤表面的粘贴感,使衣着舒适。

三、纱线对织物耐用性的影响

纱线的拉伸强度、弹性和耐磨性能等与织物和服装的耐用性紧密相关。而纱线的这些品质除取决于组成纱线的纤维固有的强伸度、长度、线密度等品质外,也受纱线结构的影响。

(一)纱线结构对织物强度的影响

其他条件相同时,用强度大的纱线织制的织物,其强度相应也大。

通常长丝纱的强力和耐磨性优于短纤维纱。这是因为长丝纱中纤维受力均衡,所以强力较大。一般长丝纱的强度近似等于组成纱线的所有单丝的强度之和。而短纤维纱的强度除与纤维本身的性能有关外,还随纤维在纱中排列程度和捻度的强弱而变化,通常短纤维纱的强度仅是单纤维强度乘以断面纤维根数的

1/4~1/5。

简单纱线比复杂纱线的强度大。

膨体纱的拉伸断裂强度较小。膨体纱是利用两种热收缩性相差很大的纤维混纺后经过热湿处理,使纱中热收缩性大的纤维充分回缩,同时迫使热收缩性小的纤维沿轴向压缩皱曲而呈现膨体效应。因此,纱中担负外力的纤维根数较少,而且各根纤维的强力很不均匀,致使膨体纱的强度降低。

(二)混纺纱的强度

混纺纱的强度总比其组分中强度高的那种纤维的纯纺纱强度低。混纺原料中各组分的拉伸断裂伸长能力不同,必然是断裂伸长能力小的纤维分担较多的拉伸力,而断裂伸长能力大的纤维分担较少的拉伸力;在前一种组分的纤维被拉断后,后一种组分的纤维才主要承担外力的作用,因而使混纺纱强度降低。

(三)纱线结构对织物耐用性的影响

无捻或弱捻长丝纱织物比短纤维纱织物容易钩丝和起球,无捻或弱捻长丝纱织物比强捻纱织物容易钩丝和起球。无捻或弱捻的长丝纱,结构还不够紧密,与外来尖锐物体接触时,可使长丝中的单丝断裂,其松解的一端仍附着在纱上,由于其强伸度较高,纤维就自身卷曲或与其他纤维端纠缠成球,从而保留在织物表面,影响衣服的外观。

短纤维纱的捻度,明显地影响纱线在织物中的耐用性。捻度太低,纱很容易瓦解。捻度过大时,又因内应力增加而使纱的强力减弱。所以在采用中等捻度时,短纤维纱的耐用性最好。

花式纱线织物比普通短纤维纱织物强度低,容易起毛起球和钩丝。

思考题

1. 名词解释：纱线线密度、纱线旦数、纱线公制支数、纱线英制支数、纱线捻度与捻向。

2. 收集棉织物、毛织物、丝织物和涤纶织物各5块，分析其纱线结构。

3. 收集用圈圈线、大肚线、彩点线等花式纱线织成的织物，分析其外观、手感和服用性能上的特点。

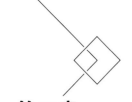

第三章
服装用织物结构

服装材料的质地、服用性能和加工性能在很大程度上受到织物结构的影响，织物的结构特征包括织物的结构类型、织物中纱线的粗细、织物中纱线或纤维堆积排列的紧密程度、织物的组织及织物的厚度等。

第一节　织物概述

织物，是由纺织纤维和纱线按照一定方法制成的柔软且有一定的力学性能的片状物。织物按其制成方法可分为机织物、针织物、编织物和非织造布四大类。服装用织物是组成服装面料、辅料的主要材料。

一、织物分类

（一）按组成织物的纱线原料分

1. 纯纺织物

由同一种纯纺纱线织成的织物称纯纺织物。如全棉织物、全毛织物、真丝绸、涤纶绸等。

2. 混纺和混纤织物

由混纺纱线织成的织物称混纺织物。如由涤棉混纺纱织成的织物称为涤/棉混纺织物，以此类推，还有毛涤混纺织物，丝毛混纺织物，涤黏毛三合一混纺织物，丝羊绒苎麻天丝四合一混纺织物等。由混纤纱线织成的织物称混纤织物。如锦纶和涤纶混纤织物。

3. 交并、交织织物

由不同纤维的单纱（长丝）经并合、加捻成线，再织造成的织物称交并织物。如棉毛交并织物、毛与涤丝交并织物等。

经纬纱用不同的短纤维纱或一组用短纤维纱、另一组用长丝交织而成的织物称交织织物，如经纱用棉纱、纬纱用黏胶长丝织成的"羽纱"，以涤/棉纱作经纱，涤纶长丝作纬纱的涤/棉纬长丝织物等。

由于交并、交织织物出现"线条、不匀、色差"的视觉效果，因此给织物外观带来活泼的装饰效果。

（二）按织物的风格分

由于纤维在细度、长度、刚性、弹性、光泽等性状方面存在的差异，构成的织物风格也因此产生较大的差异，现将织物按风格分类如下：

1. 棉型织物

全棉织物、棉型化纤纯纺织物和棉与棉型化纤的混纺织物统称为棉型织物。棉型化学纤维的长度、细度均与棉纤维相接近，一般线密度为 1.3~1.8dtex、长度为 33~38mm，织物具有棉型感。常用的棉型化学纤维有涤纶、维纶、丙纶、黏胶纤维、富强纤维、天丝等短纤维。

2. 毛型织物

全毛织物、毛型化纤纯纺织物和毛与毛型化纤的混纺织物统称为毛型织物。毛型化学纤维的长度、细度、卷曲度等方面均与毛纤维相接近，一般线密度为 3.3～5.5dtex，长度为 64～114mm，织物具有毛型感。常用的毛型化学纤维有涤纶、腈纶、黏胶纤维、天丝等短纤维。

3. 丝型织物

蚕丝织物、化纤仿丝绸织物和蚕丝与化纤丝的交织物统称为丝型织物。织物具有丝绸感。常用的化纤丝有涤纶、锦纶、黏胶纤维、富强纤维、天丝等长丝。

4. 麻型织物

纯麻织物、化纤与麻的混纺织物和化纤丝仿麻织物统称为麻型织物。织物具有粗犷、透爽的麻型感。麻型化学纤维在细度、细度不匀、截面形状等方面与天然麻相似，常用的化学纤维主要是涤纶。

5. 中长纤维织物

中长纤维织物指长度和细度界于棉型与毛型之间的中长化学纤维的混纺织物。其线密度一般为 2.2～3.3dtex，长度为 51～76mm。中长纤维织物为化纤织物，具有类似毛织物的风格，常见的品种如涤黏中长纤维织物、涤腈中长纤维织物等。

(三) 按印染加工和后整理方法分

1. 原色织物

指未经印染加工的本色布，如本色棉平布、本色涤/棉细布等。

2. 漂白织物

本色坯布经煮练、漂白加工后的织物。因为在加工中可以除去布面上部分杂质疵点和毛羽，因此，织物表面色白、洁净，如漂白棉布、漂白麻布、漂白针织汗布等。

3. 染色织物

经染色加工后的有色织物。

4. 印花织物

经印花加工后表面有花纹图案的织物。目前的印花方法除了传统的筛网印花、辊筒印花外，还有转移印花、多色淋染印花、数码喷射印花等新技术，使花型更加丰富、新颖。

5. 色织物

将纱线全部或部分染色，再织成各种不同色的条、格及小提花织物。这类织物的线条、图案清晰，色彩界面分明，并有一定的立体感。

6. 色纺织物

先将部分纤维染色，再将其与原色（或浅色）纤维按一定比例混纺，或两种不同色的纱混并，再织成织物。这样的织物具有混色效果，如像香烟灰样的烟灰色。常见织物品种如派力司、啥味呢、法兰绒等。

7. 其他后整理织物

印染后整理是织物获得特殊外观和手感风格的重要手段。传统的后整理方法很多，如起绒、割绒、起绉、起泡、烂花等。随着科学技术的进步，新型的后整理技术不断推出，如压花、烫花、发泡、涂层等技术，使织物的品种花式千姿百态，为服装设计提供了丰富的创意空间。

二、织物的结构参数

织物的结构参数是影响织物服用性能和风格特征的重要因素，织物结构参数也是设计织物的基本要素。通常织物的结构参数包括：织物组织、织物内纱线细度、密度以及织物幅宽、厚度、单位面积质量等。

织物组织是指织物中纱线的交织规律，是织物设计的重要内容。织物采用不同的加工方式和不同的织物组织,会产生不同的外观特征及内在特性。有关织物组织内容将在第二节中详细介绍。

(一)织物内纱线的细度

织物内纱线的细度对织物的外观、手感、服用性能均有明显的影响。通常在相同条件下,较细的纱线织成的织物较为轻薄、柔软、细腻,但坚牢度要差一些。在机织物中,织物中经、纬纱细度以经纱特数×纬纱特数来表示,如13×13 表示经纬纱均为 13tex 单纱;14×2/28 表示经纱采用 14tex 双股线,纬纱采用 28tex 单纱。

(二)织物的密度

1. 机织物的密度与紧度

织物沿纬向或经向单位长度内纱线排列的根数,称为机织物的经纱密度或纬纱密度。密度的单位为根/10cm,丝织物密度单位可用根/1cm 来表示。一般以经密×纬密表示织物的密度,如236×220,表示织物经密为 236 根/10cm,纬密为 220 根/10cm,织物密度大小是根据其用途、品种、原料、结构等因素决定的。

对于同样粗细的纱线和相同的组织,经、纬密度越大,则织物越紧密。而对不同粗细纱线的织物紧密程度作比较时,应采用织物的相对密度来表示,即织物紧度。

机织物的紧度是指织物中纱线的投影面积与织物的全部面积之比。数值越大表示织物紧密程度越大;织物紧度与织物中纱线细度和经、纬向密度有关。分为经向紧度、纬向紧度和总紧度。

2. 针织物的密度

在原料和纱线细度一定的条件下,针织物的密度可用针织物的纵、横向密度来表示。针织物密度是指在规定长度内的线圈数,纵向密度用 5cm 内线圈纵行方向的线圈横列数表示;横向密度用 5cm 内线圈横列方向的线圈纵行数表示。

针织物密度与线圈长度有关,线圈长度越长,则针织物的密度越小,所以线圈长短是决定针织物密度的重要参数。纱线细度一定时,密度大的针织物相对厚实,尺寸稳定性较好,保暖性也好些,同时,在弹性、强度、耐磨性、抗钩丝性等方面也较好。

(三)织物的物理量度

1. 长度

(1)机织物长度:一般用匹长(m)来度量,匹长是根据该织物的种类、用途、重量、厚度和卷装容量等因素决定的,棉织物一般在 30 ~ 50m;精纺毛织物一般为 60~70m,粗纺毛织物一般为 30~40m;丝织物一般为 25~50m。

(2)针织物长度:针织物的匹长根据原料、品种和染整加工要素而定。一种是定重方式,即制成每匹重量一定的坯布;另一种是定长方式,即每匹长度一定。经编针织物匹长常以定重为准;纬编针织物匹长多由匹重,再根据幅宽和每米重量而定。如汗布的匹重为 12kg ± 0.5kg,绒布的匹重为(13 ~ 15)kg±0.5kg,人造毛皮针织布匹长一般为 30~40m 等。

2. 幅宽

(1)机织物幅宽:织物沿其纬纱方向量取两侧布边间的距离称为幅宽,单位为厘米(cm)。它是指织物经自然收缩后的实际宽度。棉织物幅宽分中幅和宽幅,中幅为81.5~106.5cm,宽幅为 127~167.5cm。精纺毛织物幅宽为 144cm 或 149cm;粗纺毛织物幅宽为 143cm、145cm 和 150cm 三种。毛织物均为双幅。长毛绒幅宽为 124cm,驼绒幅宽为 137cm,丝织物幅宽范围为

73～140cm。化纤织物幅宽多为144cm左右。

近年来,随着服装工业化生产发展的要求,提高织物的利用率,便于服装裁剪,织物的幅宽向宽幅发展,而无梭织机的普及,使幅宽最宽可达300cm以上。

(2)针织物幅宽:经编针织物幅宽随产品品种和组织而定,一般为150～180cm;而纬编针织物幅宽主要与加工用的针织机的筒径规格、纱线细度和织物组织等因素有关,筒径为40～60cm。

3. 织物的厚度

在一定压力下,织物正反面间的距离称为织物厚度,单位为毫米(mm)。织物厚度与织物的保暖性、通透性、成型性、悬垂性、耐磨性及手感、外观风格有着密切的关系,但一般不作为贸易考核的指标。织物的厚度可分为薄型、中厚型和厚型三类,棉、毛、丝织物的厚度分类见表3-1。

表3-1 棉、毛、丝织物厚度分类

单位:mm

织物类别	棉织物	毛织物		丝织物
		精纺毛织物	粗纺毛织物	
轻薄型	0.25以下	0.40以下	1.10以下	0.14以下
中厚型	0.25～0.40	0.40～0.60	1.10～1.60	0.14～0.28
厚型	0.40以上	0.60以上	1.60以上	0.28以上

4. 织物的质量

织物的质量通常用来描述织物的厚实程度,织物的质量以每平方米质量克数(g/m²)或以每米质量克数(g/m)计量。织物的品种、用途、性能不同,对其质量的要求也不同,各类织物均可根据自身特点将其分为轻薄型、中厚型或厚重型。表3-2为毛织物的质量分类。一般轻薄型织物轻薄光洁、手感柔软滑爽、透气性好,常用于制作夏季服装或内衣。厚重型织物厚实保暖、坚牢、刚性较大,适于冬装面料。中厚型织物介于前述两者之间,适用于春秋季服装面料。

表3-2 毛织物的质量分类 单位:g/m²

织物类别	精纺毛织物	粗纺毛织物
轻薄型	180以下	300以下
中厚型	180～270	300～450
厚重型	270以上	450以上

第二节 织物组织

一、机织物的织物组织

研究各类织物的组织和结构,对我们了解和掌握织物的质地、纹理及服用性能,更好地指导服装设计与选料是十分重要的。

(一)织物组织基本概念

机织物中,经、纬纱相互交错、上下沉浮的规律称为织物组织。纵向排列(与布边平行)的纱线称为经纱(线);横向排列(与布边垂直)的纱线称为纬纱(线)。图3-1所示为织物的结构示意图和织物组织图。

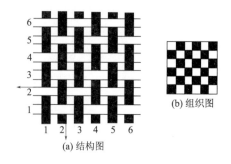

(b)组织图

(a)结构图

图3-1 织物结构示意图与组织图

经纱与纬纱交织的交叉点，称为组织点。凡经纱浮在纬纱上面的组织点称经组织点（经浮点）；凡纬纱浮在经纱之上的组织点称纬组织点（纬浮点）。由于经、纬组织点的沉浮规律不同，就形成不同织纹外观的织物。

织物内经组织点和纬组织点的沉浮规律重复出现为一个组成单元时，该组成单元称为一个组织循环或称为一个完全组织。构成一个完全组织的经纱数称为组织循环经纱数，用 R_j 表示；构成一个完全组织的纬纱数称为组织循环纬纱数，用 R_w 表示。如图 3-1（a）中，第 3、4 根经（纬）纱分别与第 1、2 根经（纬）纱沉浮规律相同，其组织循环经纱数和纬纱数均为 2，即 $R_j = R_w = 2$。R_j 和 R_w 可以相等，也可以不等。

为了使织物的组织能够清楚、简便地表达出来，通常用一种简单明了的图来描绘，称为组织图，一般用方格法来表示，如图 3-1（b）。格子内填入符号或涂满颜色的为经组织点，空白的格子则为纬组织点。绘制组织图时，只需绘出一个组织循环即可。

在完全组织中，同一系统的相邻两根纱线上，相应的经（纬）组织点间相距的组织点数称为飞数。沿经纱方向计算，相邻两根经纱上相应两个组织点间相距的组织点数称经向飞数，用 S_j 表示；沿纬纱方向计算，相邻两根纬纱上相应组织点间相距的组织点数称纬向飞数，用 S_w 表示。如图 3-2 所示，在两根相邻经纱方向上，经组织点 B 对经组织点 A 的经向飞数为 3，即 $S_j = 3$；在两根相邻纬纱方向上，经组织点 C 对经组织点 A 的纬向飞数为 2，即 $S_w = 2$。

机织物组织的种类可分为原组织、变化组织、联合组织、复杂组织和大提花组织等。

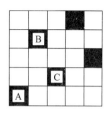

图 3-2 飞数示意图

（二）机织物的原组织

原组织又称基本组织，是织物组织的基础。原组织的特征是在一个组织循环中，每根经纱或纬纱上只有一个经（纬）组织点，其余均为纬（经）组织点，组织循环经纱数和组织循环纬纱数相等，飞数值为常数。原组织包括平纹、斜纹和缎纹三种组织，常称三原组织。

1. 平纹组织

平纹组织的经纱与纬纱以一上一下的规律交织，如图 3-1 所示。它是所有织物组织中最简单且使用最多的一种组织。平纹组织的经纬向飞数均为 1，可用分式形式 $\frac{1}{1}$ 来表示，读作一上一下。其分子代表经组织点，分母代表纬组织点，分子与分母之和是一个组织循环中经纱或纬纱的根数。

平纹组织织物的特点：因为经纬纱线每隔一根纱线就交织一次，因而交织点最多，纱线屈曲次数最多，使织物坚牢、耐磨、手感较硬，但弹性较小，光泽较差；其次，平纹织物正反面的外观效应相同，表面平坦，花纹单调。

平纹织物品种很多，利用不同原料、纱线细度、捻向、捻度大小、经纬密度、花色纱线等，可产生不同风格的平纹织物。例如，棉类织物中的平布、府绸；毛类织物中的凡立丁、派力司、薄花呢；丝类织物中的电力纺、乔其纱、塔夫绸；麻类织物中的夏布、麻布；化纤织物中的人造棉布、涤丝纺等。

2. 斜纹组织

斜纹组织的相邻经（纬）纱上连续的经（纬）组织点构成斜纹线，使织物表面呈现由经（纬）浮长线形成的倾斜纹路。图3-3是斜纹组织的组织图。斜纹组织是由三根或三根以上的经纬纱组成一个完全组织，经纬向飞数均为1。分式右侧的箭头表示斜纹方向。例如，图3-3所示$\frac{2}{1}\nearrow$读作二上一下右斜纹。斜纹组织大致可分为单面斜纹和双面斜纹。单面斜纹在织物的正反两面经纬组织点不同，或经纬组织点数相同而浮沉次序不同。单面斜纹又可分为经面斜纹和纬面斜纹，经面斜纹表面经浮点多于纬浮点，纬面斜纹则相反。双面斜纹的正反两面组织点浮沉次序均相同，但斜纹方向相反。原组织中的斜纹组织均为单面斜纹。变化斜纹组织中的$\frac{2}{2}$、$\frac{3}{3}$、$\frac{4}{4}$等斜纹组织均为双面斜纹。

图3-3 $\frac{2}{1}\nearrow$斜纹组织图

斜纹组织织物的特点：经纬纱交织次数比平纹少，使经纬纱间的空隙较小，纱线可紧密排列，从而织物密度较大，较为厚实，光泽较好，手感较为松软，弹性比平纹好。但由于纱线浮长较长，因此，在纱线粗细、密度相同的条件下，它的耐磨性、坚牢度不及平纹织物。织物表面有斜纹线。

同样，采用斜纹组织的织物有很多，不同的原料、纱线细度、密度、捻度、捻向等均可产生不同的风格。例如，棉类织物中的斜纹布、卡其、牛仔布；毛类织物中的哔叽、华达呢、啥味呢、制服呢；丝类织物中的真丝斜纹绸、美丽绸等。

3. 缎纹组织

缎纹组织是原组织中最复杂的组织。其特点是相邻两根纱线上的单独组织点相距较远，即飞数大于1，但组织点分布均匀、规则。而平纹、斜纹组织的单个组织点是连续的。缎纹组织表面呈现较长的经（纬）浮长线，图3-4即为缎纹组织示意图。

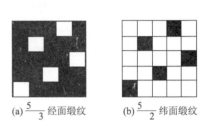

(a) $\frac{5}{3}$经面缎纹　　(b) $\frac{5}{2}$纬面缎纹

图3-4　经面缎纹和纬面缎纹

一个缎纹组织的组织循环纱线数至少为5根（6根除外），其中5,8用得最多，飞数大于1而小于完全组织纱线数。缎纹组织也可用分式表示，但其分子代表组织循环纱线数，简称"枚数"，分母代表飞数。经面缎纹经组织点多于纬组织点，即用经向飞数表示；纬面缎纹即纬组织点多于经组织点，即用纬向飞数表示。图3-4（a）中$\frac{5}{3}$表示五枚三飞经面缎纹，图3-4（b）中$\frac{5}{2}$表示五枚二飞纬面缎纹。

缎纹组织织物的特点是：由于交织点相距较远，单独组织点被两侧浮长线覆盖，正面看不出明显的交织点，因而织物表面平滑，富有光泽，质地柔软，悬垂性较好，但耐磨性较差，易摩擦起毛、钩丝。缎纹的完全组织纱线数越大，织物表面纱线浮长线越长，光泽就越好，手感越柔软，但坚牢度相对差些。

缎纹组织在棉、丝、毛等织物组织中均有应

用。棉、毛织物多用五枚缎纹,丝织物多用八枚缎纹。例如,棉直贡缎、毛直贡呢、真丝软缎、真丝黏胶丝软缎、绉缎、织锦缎等。

(三)机织物的变化组织

变化组织是在原组织的基础上,变化原组织中某个条件,如纱线循环数、浮长、飞数等,从而形成新的组织。

根据原组织的变化,变化组织可分为平纹变化组织、斜纹变化组织、缎纹变化组织。它们仍保持原组织的基本特征。

1. 平纹变化组织

平纹变化组织是在平纹组织的基础上延长组织点,并扩大组织循环而形成。平纹变化组织有重平(经重平、纬重平)、变化重平、方平、变化方平等。

(1)重平组织:图 3-5(a)为 $\frac{2}{2}$ 经重平组织,图 3-5(b)为 $\frac{2}{2}$ 纬重平组织。由于平纹组织沿经(纬)向延长一个组织点,致使织物表面呈现横凸(纵凸)条纹,这种组织常用于布边组织,面料中的麻纱也属这种组织。变化重平组织仍以平纹组织为基础,间隔地沿着经向或纬向延长组织点,并扩大组织循环而形成,图 3-5(c)为 $\frac{2}{1}$ 变化经重平组织,多为毛巾织物的地组织。

(a)经重平　　(b)纬重平　　(c)变化经重
　组织　　　　组织　　　　平组织

图 3-5　重平组织

(2)方平组织:图 3-6 为 $\frac{2}{2}$ 方平组织。方平组织是以平纹组织为基础,在平纹组织上沿着经纬向同时延伸其组织点,并把组织点填成小方块。这类组织织物外观平整、质地松软。在色织时织物表面可呈现色彩美丽、式样新颖的小方块花纹,中厚花呢中的板司呢采用方平组织。方平组织也常用作各种织物的边组织。

图 3-6　$\frac{2}{2}$ 方平组织

2. 斜纹变化组织

由原组织的斜纹组织经延长组织点浮长,改变斜纹线方向,或兼用几种变化方法得到的斜纹组织。斜纹变化组织种类很多,下面仅介绍几种常用的组织。

(1)加强斜纹组织:也称为重斜纹。它是最简单和最普通的斜纹变化组织,它是以原组织的斜纹组织为基础,增加经(纬)组织点而成。

加强斜纹组织在习惯上用分式表示,分子表示经组织点,分母表示纬组织点,分子分母相加即为一个完全组织的纱线数。例如,$\frac{2}{2}\nearrow$ 双面加强右斜纹,用于织制华达呢、哔叽、双面卡其及斜纹组织的布边。

(2)复合斜纹组织:具有两条或两条以上粗细不同的、由经组织点或纬组织点构成的斜纹线组成的变化斜纹组织。

(3)角度斜纹组织(急斜纹和缓斜纹):斜纹织物中,织物表面斜纹线的倾斜角度,是由飞数大小和经纬纱密度的比例决定的。当经纬纱密度相同时,斜纹线与纬纱夹角成45°的斜纹组织称正斜纹,斜纹线与纬纱夹角大于45°时为急斜纹，小于45°时为缓斜纹。应用较多的如棉织物中的缎纹卡其（克罗丁）、马裤呢等。

（4）山形斜纹组织：改变斜纹线方向，使其一半向右倾斜、一半向左倾斜，在织物表面形成对称的连续山形斜纹，因形状似"人"字，故又称人字形斜纹。常用于人字呢、大衣呢、女式呢等。

（5）破斜纹组织：若在山形斜纹改变斜纹方向处，组织点不连续，有一条明显的分界线，呈现不连续的"断界"效应，即称为破斜纹组织。常用于织制花呢、海力蒙、大衣呢等。

此外，还有曲线斜纹、菱形斜纹、芦席斜纹、飞斜纹等变化斜纹组织。

3. 缎纹变化组织

以缎纹组织为基础，对组织点数、飞数和经纬面转换等加以变化得到的缎纹组织，主要介绍以下几种：

（1）加强缎纹组织：以原组织中的缎纹组织为基础，在其单独经（纬）组织点的四周添加单个或多个经（纬）组织点而形成，因此，也称为加点缎纹。加强缎纹织物仍是缎纹组织外观，但由于交织点增多，浮长线缩短，从而提高了织物的坚牢度。

织物若采用大经密，可以得到正面呈斜纹、反面呈缎纹的外观，如缎背华达呢、驼丝锦等。

（2）变则缎纹组织：在一个完全组织内，缎纹的组织点飞数始终不变的称为正则缎纹；若飞数是变数，则称为变则缎纹。

此外，还有重缎纹、阴阳缎纹、阴影缎纹等变化缎纹组织。

（四）机织物的联合组织

机织物的联合组织是由两种或两种以上的原组织或变化组织联合而成。其联合的方式多种多样，可由两种组织的简单联合，也可在一种组织上按照另一组织的规律增减组织点，或两种组织纱线的交互排列等。不同的联合方式，可获得多种不同的联合组织，其外观效果也各具特色。

1. 条格组织

条格组织是用两种或两种以上的组织沿织物的纵向或横向并列配置，使之呈现清晰的条纹或格子外观。纵条纹组织在棉、毛、丝织物中应用较多。把纵条纹和横条纹结合起来就构成格组织。图3-7为斜纹联合构成的纵条纹组织和格组织。

(a) 纵条纹组织　　　　(b) 格组织

图3-7　条格组织

2. 绉组织

绉组织是利用经纬纱不同的浮长交错排列，使织物表面具有分布均匀、呈细小颗粒且凹凸不很明显的外观效果，形成起绉效应。如果采用强捻纱线织制，可加强织物起绉效果。

绉组织织物手感柔软、质地丰厚、弹性较好、光泽柔和。常见的织物如树皮绉、绉纹呢、女衣呢、花呢等。

3. 透孔组织

由于经纬线浮长的不同，在交织作用下，经（纬）线会相互靠拢，集合成束，在束与束之间形成均匀分布的小纱孔（图3-8）。由于织物外观类似复杂组织中的纱罗组织织物，因此又称为"假纱罗组织"。

透孔组织织物表面具有均匀分布的小孔，适于制作夏季服装以及窗帘、桌布等装饰品。

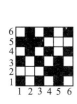

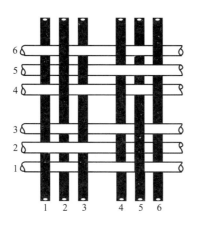

图3-8　透孔组织

4. 蜂巢组织

蜂巢组织织物表面具有明显的凹凸方形、菱形或其他几何形,如蜂巢状的织纹。简单的蜂巢组织是以菱形斜纹为基础变化而成。蜂巢组织织物质地稀松、手感柔软、美观、保暖,有较强的吸水性。常用于女式呢、围巾、床毯、浴巾等。

5. 网目组织

网目组织织物是以平纹(或斜纹)为地组织,然后每隔一定距离有一曲折的经(纬)浮长线在织物表面,形成网络。网目组织有较强的装饰性,广泛用于府绸、细纺等织物中。

6. 凸条组织

凸条组织是由浮线较长的重平组织和另一种简单组织联合而成的组织。织物表面有纵向、横向或斜向的凸条,织物的反面则为纬纱或经纱的浮线组织,其中简单组织参与固结浮长线的作用,形成织物的正面。如果所围绕的是纬重平的纬浮线,则得到纵凸条纹。常用于灯芯布、女线呢、凸条花呢等。

(五)机织物的复杂组织

复杂组织是由一组经纱与两组纬纱或两组经纱与一组纬纱所构成,或各由两组经纬纱共同交织而成。这类结构能增加织物的厚度和提高织物的耐磨性,且表面致密,或能改善织物透气性而结构稳定,赋予织物一些简单组织织物无法表达的性能和外观。

常见的复杂组织有二重组织、双层组织、起毛组织、毛巾组织、纱罗组织、大提花组织等。

二、针织物的组织结构

线圈是构成针织物的基本单元。针织物的组织就是指线圈的排列、组合与联结的方式,它决定着针织物的外观和性能。针织物组织一般可分为基本组织、变化组织、花色组织三大类。根据生产方式不同,又可分为纬编和经编两种形式。

基本组织是由线圈以最简单的方式组合而成。例如,纬编针织物中的纬平针组织、罗纹组织和双反面组织;经编针织物中的经平组织、经缎组织和编链组织。

变化组织是在一个基本组织的相邻线圈纵行间配置另一个或几个基本组织的线圈纵行而成。如纬编针织物中的双罗纹组织,经编针织物中的经绒组织和经斜组织。

花色组织是以基本组织或变化组织为基础,利用线圈结构的改变,或编入一些辅助纱线或其他纺织原料而成。例如,添纱、集圈、衬垫、毛圈、提花、波纹、衬经组织及由上述组织组合的复合组织。

(一)针织物的基本结构

1. 纬编针织物的基本结构

纬编针织物是纱线沿着"纬向"顺序弯曲成圈,并相互串套而形成的针织物。其线圈结构如图3-9所示,线圈由圈干1—2—3—4—5组成,圈干的直线部分1—2、4—5为圈柱,2—3—4为圈弧。5—6—7为沉降弧,由它连接相邻的两个线圈。两个左右相邻线圈对应点间距 A 表示圈距,两个上下相邻线圈对应点距离 B 称为圈高。

图 3-9　纬编针织物的线圈结构

由线圈圈柱覆盖着圈弧的一面称为针织物的正面,反之则称为反面。由于圈柱对光线反射一致,因此,正面的光泽好,反面则暗淡。

若线圈的圈柱或圈弧集中分布在针织物一面,称为单面针织物,其正反面外观区别较大。若线圈圈柱分布于针织物两面,称为双面针织物,其两面外观无明显区别。

在针织物中,线圈沿横向连接的行列称为线圈横列;线圈沿纵向串套的行列称为线圈纵行。

2. 经编针织物的基本结构

经编针织物是采用一组或几组平行排列的纱线沿"经向"同时在经编机的织针上成圈串套而成。经编针织物纵向尺寸稳定,横向有弹性和延伸性,质地柔软,抗皱性好,脱散性小,透气性好。

(二)针织物的基本组织

1. 纬平针组织

又称平针组织,它是由连续的单元线圈沿着一个方向相互串套而成,如图 3-10 所示。正面呈现圈柱,有平坦均匀的纵向条纹;反面呈现圈弧,有横向弧形线条,但光泽较暗。

图 3-10　纬平针组织

纬平针组织纵向和横向延伸性均较好,尤其是横向,但有严重的脱散性和卷边性,有时还会产生线圈歪斜。这种组织广泛用于内衣、T恤衫、运动衫、运动裤、袜子、手套、毛衫等。

2. 罗纹组织

图 3-11 为 1+1 罗纹组织。纵向线圈按一定规律呈正反结构间隔排列,因此具有双面结构的特征。罗纹组织横向具有较大的弹性和延伸性,顺编织方向不易脱散,也不卷边,因此常用于袖口、领口、裤口和下摆等,还常用于弹力衫、T恤衫、弹力背心、运动衫、运动裤等。

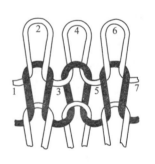

图 3-11　1+1 罗纹组织

3. 双反面组织

图3-12为1+1双反面组织。由正面与反面的线圈横列相互交替配置,从同一纵行看是一个正面线圈套着一个反面线圈。当线圈处于松弛状态时,正反面都呈现反面横列条纹的外观,将正面线圈覆盖。正因如此,双反面组织的针织物显得比较厚实,具纵、横向弹性和延伸性都较大且相近的特点。双反面织物也容易沿顺编方向和逆编方向脱散,它一般不卷边。适用于婴儿服装、袜子、手套、羊毛衫等成型针织品。

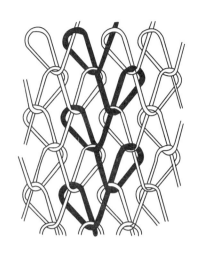

图3-13　经平组织

全组织的高度是四个横列,因此又称为四列经缎组织。

由于表面不同方向倾斜的线圈横列对光反射不一致,在织物表面形成横向条纹,当个别线圈断裂时,会逆编织方向脱散。

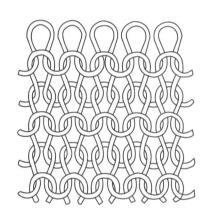

图3-12　1+1双反面组织

4. 经平组织

经编针织物的基本组织。每根经纱在相邻两根织针上交替垫纱成圈而成(图3-13)。两个横列组成一个完全组织,线圈可以是闭口或开口,或互相交替。经平组织线圈呈倾斜状,所以纵横向有一定的延伸性。该组织正反面外观相似。当某线圈断裂并受横向作用力拉伸时,从断纱处可沿纵向逆编织方向脱散。

5. 经缎组织

每根经纱顺序地在三根或三根以上的织针上垫纱成圈,然后再顺序地返回原来的纵行。图3-14是最简单的三针经缎组织,由于一个完

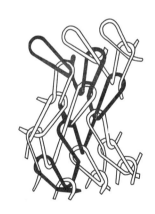

图3-14　经缎组织

6. 编链组织

由每根经纱始终在同一织针上垫纱成圈而成。各纵行互不联系,故呈带状。分为闭口和开口编链两种形式,如图3-15所示。该组织其纵向延伸性小,一般和其他组织复合成针织物,限制纵向延伸,提高尺寸稳定性。

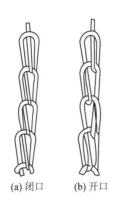

(a) 闭口　　(b) 开口

图 3-15　编链组织

(三)针织物的变化组织

1. 双罗纹组织

由两个罗纹组织复合而成(图 3-16)。由于一个罗纹组织的反面线圈纵行被另一个罗纹组织的正面线圈纵向遮盖,织物的正、反面都呈现正面线圈。

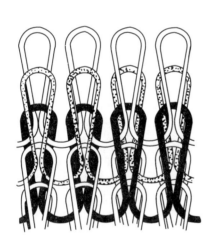

图 3-16　双罗纹组织

双罗纹组织针织物俗称棉毛布,具有厚实、柔软、保暖、不卷边、有弹性的特点,广泛应用于棉毛衫裤、运动衫裤等。由于结构稳定、挺括、悬垂、抗钩丝等优点,还适用于织制针织外衣面料。

2. 经绒组织

是由每根经纱轮流地在相隔两枚的织针上垫纱成圈而成。图 3-17 为三针经平组织,也称经绒组织。经绒组织由于线圈纵行相互挤住,线圈形态较平整,横向延伸性较小,广泛用于内衣、外衣和衬衫面料等。

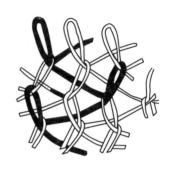

图 3-17　经绒组织

(四)花色组织

花色组织品种多,结构复杂,主要有以下几类:添纱组织、集圈组织、衬垫组织、毛圈组织、菠萝组织、纱罗组织、波纹组织、提花组织、衬经组织、衬纬组织以及以上组织合成的复合组织。这类组织的显著特点是具有花色效应和不同的服用性能。例如,毛圈组织中,成圈由两根或两根以上纱线完成,一根纱线形成地组织线圈,另一根或几根纱线形成毛圈形线圈。毛圈由拉长的沉降弧组成,可分为素色、花色毛圈,单面、双面毛圈。提花组织中,按花纹要求,纱线垫放在相应的织针上,形成线圈。在不成圈处,纱线以浮线或延展线状留在织物反面,不同色的纱线在织物表面形成提花花纹。常适用于外衣面料和羊毛衫。

第三节 非织造布的结构特征

一、非织造布的基本概念

非织造布不经过传统纺纱、机织或针织的工艺过程,因而在我国曾称其为无纺布、不织布、无纺织布,1984年由国家按产品特性定义为"非织造布"。它不包括传统的毡制、纸制产品。

纤维成网是非织造布生产的重要工序,几乎所有的非织造布都必须先制成纤维网,纤维网中纤维的排列形式有平行排列、交叉排列和无定向排列三种。纤维网结构根据产品的性质和定重要求决定。

非织造布工艺灵活,生产流程短,成本低,产量高。产品薄的只有 $10g/m^2$,厚的可达每平方米数千克,软的柔软似丝绸,硬的则坚似木板,松的似絮,紧的似毡。随着化学工业的发展,性能优良的纤维和黏合剂的开发以及新颖的布面设计及生产技术的进步,使非织造布的应用领域日益拓展。

非织造布的应用举例如下:

工业用:土工布,涂层织物基布,防毒、过滤、隔音、隔热材料等。

服装用:絮片、里料、黏合衬基布、人造皮革、垫料、"用即弃"衣裤料、工作服面料、手套、缝编织物的面料等。

医疗用:手术衣、帽、绷带、口罩、胶布等。

家庭:墙布、台布、餐巾、湿巾、毛毯、尿不湿包片、妇女卫生巾等。

其他用途:育秧材料、植草基布、防污吸油毡、包装材料等。

目前,因非织造布外观缺乏艺术感,没有传统机织物和针织物的纱线肌理及织纹质感,在强伸性、弹性、悬垂性、不透明度、手感等方面与服装用面料的要求尚有较大差距,因此,还不能广泛应用于服装面料。

二、非织造布的典型结构

(一)纤网结构非织造布

这类非织造布的生产工艺由四个环节组成:纤维准备、纤维成网、纤维网结合或黏合和后处理。

1. 黏合剂黏合法

将混合开松的纤维梳理成网,然后靠加入黏合剂或采用热熔性物质达到纤维与纤维的网间结合。这类非织造布一般具有柔软的手感,有较好的悬垂性,主要用作衣衬、涂层织物基布、尿布、揩布、卫生巾等。

2. 热熔黏合法

采用热熔纤维受热加压而固结的方法形成纤维网。一般采用双组分纤维成网,受热轧时,纤维网受轧点的热熔纤维熔融被压扁且相互黏结,因此受黏合区域出现点状、线状及各种几何图案状(如格子、多边形等),这样的非织造布有较好的弹性和蓬松度。主要用于包装材料、卫生材料、过滤材料、土工布、"用即弃"服装等。

3. 射流喷网法

利用许多束高压水流喷射纤维网,使纤维纠缠达到"机械"结合,然后通过传统的黏合、烘燥和卷绕。这类产品具有较高强力,手感柔软、透通性好。主要用于服装衬里、垫肩、涂层织物基布、卫生用品等。

4. 针刺加固法

将梳理折叠法或气流成网法形成的纤维网引入装有特殊针的机器,通过针的上下穿刺,把纤维缠结起来,达到机械结合,这种方法适宜于加工高密度和较厚的产品。主要用于毛毯、过滤材料、服装衬、涂层织物基布等。

5. 湿法成网法

使天然或再生纤维悬浮于水中,达到均匀分布,当纤维与水的悬浮体流到一张移动的滤网上时,形成均匀的纤维网,再通过压榨、黏结、烘燥而形成产品。这种生产方法类似于造纸,布面均匀致密、平整。主要用于手术衣帽、尿布、过滤材料等。

6. 纱线加固法

这种工艺方法是用缝编机将纤维网用纱线(长丝)形成经编线圈固结起来,使纤维网保持稳定。常用于装饰用布。

(二)纱线型缝编结构非织造布

缝编结构非织造布,进入缝编机的不是纤维网而是纱线,因此,布面在外观上接近传统的机织物或针织物,缝编的类型有纱线型缝编、纱线毛圈型缝编、毛纱底布毛圈型缝编等。常见的品种有缝编仿丝绒织物、缝编衬衫料、缝编毛巾布等。

思考题

1. 名词解释:机织物、针织物、非织造布、混纺织物、交织织物、毛型织物、中长纤维织物、纬编针织物、经编针织物、组织循环、原组织、经纬密度。

2. 平纹、斜纹、缎纹组织的特点是什么？各搜集一种面料说出它的商品名称。

3. 针织物的基本组织是怎样分类？各有什么特点？

第四章
服装用织物的染整

　　服装用织物的质地与性能不仅与纤维原料、纱线种类及织物组织结构等因素有关，还与织物的染整加工有着很密切的关系，因此，服装工程技术人员，不但要了解纤维、纱线和织物结构等与织物服用性能的关系，也应该了解染整加工对服装用织物性能的影响。织物的染整加工是实现提高织物档次，赋予织物多样化、时尚化、装饰化、功能化等增加织物"附加价值"的重要手段，是服装材料加工过程中不可缺少的工艺环节。织物的染整加工内容主要包括前处理、染色、印花及后整理。

第一节　前处理、染色和印花

　　未经染整加工的织物统称为坯布或原布，其中仅少量供应市场，绝大多数坯布尚需在印染厂进一步加工成漂白布、色布或花布才能供给服装和服饰等使用。

一、前处理

　　前处理是印染加工的准备工序，目的是在坯布受损很小的条件下，除去织物上的各类杂质，使坯布织物成为洁白、柔软并有良好润湿性能的染印半制品。不同种类的织物，对前处理要求不一致，所经受的加工过程次序（工序）和工艺条件也常不同，主要的前处理工序包括：烧毛、退浆、煮练、漂白、丝光、热定形等。

(一)烧毛

　　烧毛的目的在于去除织物表面上的绒毛，使布面光洁美观，并防止在染色、印花时因绒毛存在而产生染色不匀及印花疵病。合成纤维混纺织物烧毛可以避免或减少在服用过程中的起球现象。

　　织物烧毛是将平幅织物快速地通过火焰，或擦过赤热的金属表面，这时布面上存在的绒毛很快升温，并发生燃烧，而布身比较紧密，升温较慢，在未达到着火点时，即已离开了火焰或赤热的金属表面，从而达到既烧去了绒毛，又不使织物损伤的目的。

(二)退浆

　　退浆是去除机织物经纱上浆料的过程，同时还能去除少量天然杂质，有利于以后的煮练及漂白加工，获得满意的染色效果。

　　碱退浆在我国应用较广。在热的烧碱作用下，淀粉或化学浆都会发生剧烈溶胀，使浆料与织物间的黏着力降低，然后经过热水和机械搓洗而除去。

（三）煮练

煮练目的是经过湿加工处理去除织物上的大部分杂质，有利于后续染整加工的进行。

棉及其混纺织物煮练的主要用剂是烧碱，常用的煮练助剂有表面活性剂、硅酸钠和亚硫酸氢钠等。可以采用间歇式或连续式的加工。设备有煮布锅煮练、常压连续绳状煮练、常压平幅连续汽蒸煮练等。

（四）漂白

天然纤维上的固有色素会吸收一定波长的光使其外观不够洁白，当染色或印花时，会影响色泽的鲜艳度。漂白的目的，就是去除纤维上的色素，赋予织物必要的和稳定的白度，而纤维本身则不遭受显著的损害。棉型织物除染黑色或深颜色以外，一般染色前均应漂白。合纤织物本身白度较高，但有时根据要求也可漂白。

次氯酸钠（NaClO）是目前纯棉织物漂白应用最广泛的漂白剂，漂白时成本较低，设备简单，但对退浆、煮练的要求较高。过氧化氢（H_2O_2）是一种优良而广泛使用的氧化漂白剂，白度高且稳定，对煮练要求低，漂白过程中无有害气体产生，但成本较次氯酸钠高，需使用不锈钢设备。

（五）增白

为了进一步有效地提高织物白度，通常采用荧光增白剂对织物进行增白处理。荧光增白剂是一种近似无色的染料，对纤维具有一定的亲和力，其特点是在日光下能吸收紫外线而发出明亮的蓝紫色荧光，与织物上反射出的黄色光混合成白光，因此在含有较多紫外线的光源照射下，荧光增白剂能提高织物的明亮度。

荧光增白剂的用量不应过高，否则会使织物略呈黄色。荧光增白剂不仅适用于漂白布的加工，也适用于浅色印花布的加工，使花布的白地更为洁白，色泽更加鲜艳。棉布常用荧光增白剂VBL或荧光增白剂VBU，它们具有与直接染料类似的性质。涤纶、锦纶及其混纺织物以采用荧光增白剂DT为多，其性能与分散染料相似，在涤纶上牢度最好。

（六）丝光

通常是指棉、麻织物在一定张力下，用浓烧碱溶液处理的加工过程。经过丝光的棉、麻织物其强力、柔软性、光泽、可染性、吸水性等都会得到一定程度的提高。涤棉混纺织物的丝光，实际上也是针对其中棉纤维而进行的，丝光过程基本上与棉布相似。

棉的丝光可以织物或纱线的形态进行。绝大多数的棉布和棉纱在染色前都经过丝光。

用液（态）氨对棉纤维进行处理也会获得与浓烧碱溶液丝光一样的变化。然而，棉纤维的溶胀变化程度不如碱丝光剧烈，但处理效果均匀，特别是织物的弹性和手感会获得一定程度的改善。

（七）热定形

热定形主要针对合纤及其混纺织物。热定形是将织物保持一定的尺寸，经高温加热一定时间，然后以适当速度冷却的过程。热定形的目的在于消除织物上已经存在的皱痕，防止织物在湿热条件下产生难以去除的皱痕，提高织物热稳定性。

二、染色
（一）概述

染色是指用染料按一定的方法使纤维或织物获得颜色的加工过程。染色在一定温度、时间、pH 值和所需染色助剂等条件下进行,各类织物的染色,如纤维素纤维、蛋白质纤维、化学纤维织物的染色,都有各自适用的染料和相应的工艺条件。

1. 染色织物的质量要求

织物通过染色所得的颜色应符合指定颜色的色泽、均匀度和染色牢度等要求。

均匀度是指染料在染色产品表面以及在纤维内部分布的均匀程度。

染色牢度是指染色产品在使用过程中或以后的加工处理过程中,织物上的染料能经受各种外界因素的作用而保持其原来色泽的性能(或不褪色的能力)。

染色牢度根据染料在织物上所受外界因素作用的性质不同而分类,主要有耐洗色牢度、耐摩擦色牢度、耐日晒色牢度、耐汗渍色牢度、耐热压(熨烫)色牢度、耐干热(升华)色牢度、耐氯漂色牢度、耐气候色牢度、耐酸滴和碱滴色牢度、耐干洗色牢度、耐有机溶剂色牢度、耐海水色牢度、耐烟熏色牢度、耐唾液色牢度等。日晒牢度分为八级,一级最差,八级最好。皂洗、摩擦、汗渍等牢度都分为五级,一级最差,五级最好。

染色产品的用途不同,对染色牢度的要求也不一样。例如,夏季服装面料应具有较高的耐水洗及耐汗渍色牢度;婴幼儿服装应具有较高的耐唾液色牢度及耐汗渍色牢度。

2. 织物染色方法

织物染色方法主要分浸染和轧染两大类。浸染是将织物反复浸渍在染液中,使织物和染液不断相互接触,经过一定时间把织物染上颜色的染色方法。它通常用于小批量织物的染色,还用于散纤维和纱线的染色。轧染是先把织物浸渍染液,然后使织物通过轧辊的压力,轧去多余染液,同时把染液均匀轧入织物内部组织空隙中,再经过汽蒸或热熔等固色处理的染色方法。它适用于大批量织物的染色。

(二)染料与颜料

1. 染料

染料是能将纤维或其他基质染成一定颜色的有色化合物,大多能溶于水,或在染色时通过一定化学试剂处理变成可溶状态。

染料根据其来源可分为天然染料和合成染料两种。染料可以按化学结构分类,如偶氮染料、蒽醌染料、三芳甲烷染料、靛类染料、硫化染料等。实际使用过程中,常根据染料的应用性能来分类,主要包括直接染料、活性染料(又称反应性染料)、还原染料、硫化染料、不溶性偶氮染料、酸性染料、酸性媒染染料、酸性含媒染料、阳离子染料(碱性染料)、分散染料等。

2. 颜料

颜料是不溶于水的有色物质,包括有机颜料和无机颜料两大类。颜料对纤维无亲和力或直接性,因此不能上染纤维,必须依靠黏合剂的作用而将颜料机械地粘着在纤维制品的表面。颜料加黏合剂,或添加其他助剂调制成的上色剂称为涂料色浆,在美术用品商店出售的织物手绘颜料即属此类。

用涂料色浆对织物进行着色的方法称涂料染色或涂料印花。涂料染色的牢度主要决定于黏合剂与纤维结合的牢度。随着黏合剂性能的不断提高,涂料染色与印花近年来应用日趋广泛,因为颜料对纤维无选择性,适用于各种纤维,且色谱齐全,色泽鲜艳,工艺简单,不需水洗,污染少等。

(三)各类染料的染色性能

1. 直接染料

直接染料广泛应用于棉及黏胶纤维的染

色。该类染料对纤维素纤维的直接性较高,可直接进行上染。直接染料价格便宜,染色工艺简单,色谱齐全,色泽鲜艳;缺点是染色的湿处理牢度不够理想,一般要通过固色剂处理加以改善,耐日晒牢度则随染料品种差异较大。目前直接染料在纤维素纤维的成衣染色中应用较多,也可用于蚕丝的染色。

2. 活性染料

活性染料又称反应性染料,其分子结构中含有可与纤维素纤维上的羟基或蛋白质纤维上的氨基反应的基团(活性基团),与纤维分子之间通过共价键结合,由于共价键的键能较高,因此该类染料具有良好的耐水洗牢度。活性染料色谱齐全,色泽鲜艳,匀染性好,使用方便,因此成为目前纤维素纤维染色的一类最主要的染料。活性染料主要用于棉、麻、丝、毛等纤维的染色。

3. 还原染料(士林染料)

此类染料不溶于水,染色时需加烧碱和还原剂(保险粉)先还原成可溶性的隐色体钠盐,才能上染纤维,然后经氧化将纤维上的隐色体氧化成原来的不溶性染料,纤维上才显出染料原来的色泽。该类染料具有优异的耐水洗及耐日晒牢度,但价格较贵,工艺烦琐,染色成本高,主要用于纤维素纤维的染色。靛蓝是还原染料一个特殊的品种,如传统的牛仔裤及云南的蜡染布即用此类染料,该类染料牢度较差。

4. 硫化染料

该类染料与还原染料相似,是一类不溶于水的染料,染色时在碱性条件下采用还原剂还原成可溶状态,才能对纤维素纤维进行上染,上染后也要经过氧化才能回复为原来的不溶性染料而固着在纤维上。该类染料染色成本低,具有良好的水洗牢度,黑色品种耐日晒牢度优良,目前纤维素纤维的黑色品种主要采用硫化染料。硫化染料不耐氯漂,对纤维有脆损作用,所使用的还原剂硫化碱对环境污染较大。

5. 不溶性偶氮染料

该类染料是由偶合组分(色酚)和重氮组分(色基)的重氮盐在纤维上偶合生成的一类不溶于水的偶氮染料。染料色泽浓艳,具有优良的耐水洗牢度,但耐摩擦牢度较差,主要用于纤维素纤维染深色,如大红颜色的染色。

6. 酸性染料

这类染料分子上均带有酸性基团,易溶于水,在酸性、弱酸性或中性条件下能够对蛋白质纤维和聚酰胺纤维染色的一类阴离子染料。该类染料色谱齐全,色泽鲜艳,工艺简便。酸性染料又分为强酸性浴、弱酸性浴及中性浴染色的酸性染料,前一种匀染性较好,但染色牢度较差;后两种匀染性较差,但染色牢度较好。酸性染料主要用于羊毛、蚕丝、锦纶、皮革的染色。

7. 酸性媒染染料

此类染料染色前、染色过程中或上染到纤维上后必须加用媒染剂才能获得良好的染色牢度和预期的色泽,耐皂洗及耐日晒牢度较酸性染料好,只是颜色不如酸性染料鲜艳。主要用于羊毛或皮革的染色。

8. 酸性含媒染料

酸性含媒染料是一类含有媒染剂的络合金属离子的酸性染料,将染料分子与金属离子以2∶1络合而制成的染料可在中性条件下进行染色,故又称中性染料。羊毛、锦纶等的染色牢度较好,但颜色不够鲜艳。

9. 阳离子染料(碱性染料)

阳离子染料是色素离子带有正电荷的一类染料,是在早先碱性染料的基础上发展起来的。腈纶出现后,发现可以用碱性染料染色,牢度较好,于是开发出了一类色泽鲜艳、牢度好、适合腈纶染色的碱性染料,成为腈纶染色的专用染料,这类染料称为阳离子染料。

10. 分散染料

属于非离子型染料,这类染料微溶于水,在水中以极细的颗粒存在,要靠分散剂将染料制成稳定的分散液后进行染色。主要用于涤纶和醋酯纤维的染色,也可用于染锦纶、维纶等染色。耐水洗及耐日晒牢度较好。

三、印花

(一)概述

织物局部印制上染料或颜料而获得花纹或图案的加工过程称为印花。印花绝大部分是织物印花,其中主要是纤维素纤维织物、蚕丝绸和化学纤维及其混纺织物印花,毛织物的印花较少。纱线、毛条也有印花的。

织物印花是一种综合性的加工过程。一般说,它的全过程包括:图案设计、花筒雕刻(或筛网制版)、色浆配制、印制花纹、蒸化、水洗后处理等几个工序。

(二)印花方法

1. 按设备分

(1)辊筒印花:由若干个刻有凹纹的印花铜辊,围绕着一个承压滚筒呈放射状排列,称为放射式凹纹辊筒印花机,在这种印花机上进行印花称为辊筒印花。其优点是,劳动生产率高,适用于大批量生产;花纹轮廓清晰、精细,富有层次感;生产成本较低。缺点是,印花套色数受到限制;单元花样大小和织物幅宽所受的制约较大;织物上先印的花纹受后印的花筒的挤压,会造成传色和色泽不够丰满,影响花色鲜艳度。

(2)筛网印花:用筛网作为主要的印花工具,有花纹处呈镂空的网眼,无花纹处网眼被涂覆,印花时,色浆被刮过网眼而转移到织物上。筛网印花的特点是对单元花样大小及套色数限

制较少,花纹色泽浓艳,印花时织物承受的张力小,因此,特别适合于易变形的针织物、丝绸、毛织物及化纤织物的印花。但其生产效率比较低,适宜于小批量、多品种的生产。根据筛网的形状,筛网印花可分为平版筛网印花和圆筒筛网印花。

(3)转移印花:是先将花纹用染料制成的油墨印到纸上,而后在一定条件下使转印纸上的染料转移到织物上去的印花方法。利用热量使染料从转印纸上升华而转移到合成纤维上去的方法称为热转移法,用于涤纶等合成纤维织物。利用在一定温度、压力和溶剂的作用下,使染料从转印纸上剥离而转移到被印织物上去的方法称为湿转移法,一般用于棉织物。转移印花的图案花型逼真,艺术性强,工艺简单,特别是干法转移无须蒸化和水洗等后处理,节能无污染,缺点是纸张消耗量大,成本有所提高。

(4)全彩色无版印花:是一种无须网版及应用计算机技术进行图案处理和数字化控制的新型印花体系,工艺简单、灵活。全彩色无版印花有静电印刷术印花和油墨喷射印花两种。

2. 按印花工艺分

(1)直接印花:是将含有染料或颜料、糊料、化学药品的色浆直接印在白色织物或浅地色织物上(色浆不与地色染料反应),获得各色花纹图案的印花方法。其特点是印花工序简单,适用于各类染料,故广泛用于各类织物印花。

(2)拔染印花:在织物上先染地色后印花,通过印花色浆中能破坏地色的化学药剂(称拔染剂)而在有色织物上显出图案的印花方法。印花处成为白色花纹的拔染工艺称为拔白印花。如果在含拔染剂的印花色浆中,还含有一种不被拔染剂所破坏的染料,在破坏地色染料的同时,色浆中的染料随之上染,从而使印花处获得有色花纹的称为色拔印花。拔染印花能获

得地色丰满、轮廓清晰、花纹细致、色彩鲜艳、花色与地色之间无第三色的效果。印花工艺烦琐,成本较高。

（3）防染印花:是在未经染色（或尚未显色,或染色后尚未固色）的织物上,印上含有能破坏或阻止地色染料上染（或显色,或固色）的化学药剂（防染剂）的印浆,局部防止染料上染（或显色）而获得花纹的印花方法。织物经洗涤后印花处呈白色花纹称为防白印花;若在防白的同时,印花色浆中还含有与防染剂不发生作用的染料,在地色染料上染的同时,色浆中染料上染印花之处,则印花处获得有色花纹,称为着色防染印花（简称色防）。防染印花工艺较短,适用的地色染料较多,但花纹一般不及拔染印花精细。

第二节　服装用织物的后整理

一、概述

整理一般为织物经染色或印花以后的加工过程,是通过物理、化学、物理与化学相结合的方法,采用一定的机械设备,旨在改善织物内在质量和外观,提高服用性能,或赋予其某种特殊功能的加工过程,是提高产品档次和附加值的重要手段。

服装用织物整理的内容十分广泛,整理方法也很多,可以按被加工织物的纤维种类分类,如棉、毛、丝、麻及合成纤维织物的整理;也可以按被加工织物的组织结构分类,有机织物和针织物整理;还可以按整理目的和加工效果分类等。但是不管哪一种分类方法都不可能划分得十分清楚。若按整理方法来分类,大致分为三类。

（一）物理机械整理

物理机械整理是利用水分、热能、压力或拉力等机械作用来改善和提高织物品质,达到整理的目的。其特点是纤维在整理过程中,只有物理性能变化,不发生化学变化。例如,使织物的幅宽整齐划一和尺寸稳定的形态稳定整理,有拉幅、机械防缩和热定形等;增进和美化织物外观、赋予织物一定光泽的整理,如轧光、电光、轧纹、起毛、剪毛、缩呢、煮呢和蒸呢等。

（二）化学整理

化学整理是利用一定的化学整理剂的作用,以达到提高和改善织物品质、改变织物服用性能的加工方式。化学整理剂与纤维在整理过程中形成化学的和物理—化学的结合,使整理品不仅具有物理性能变化,而且还有化学性能变化。例如,纤维素纤维织物经过树脂整理达到抗皱免烫、防缩的目的;根据织物用途,采取一定的化学处理,使之具有诸如拒水、防水、阻燃、防毒、防污、抗菌、杀虫、抗静电、防霉、防蛀等特殊功能的特种整理;采用某些化学药品改善织物的触感,使织物获得或加强诸如柔软、丰满、硬挺、粗糙、轻薄等综合性触摸感觉的柔软整理和硬挺整理。

（三）物理—化学整理

随着整理加工的深入发展,为了提高机械整理的耐久性,将机械整理和化学整理结合进行。其特点是整理品在整理加工中,既有机械变化,也有化学变化。例如,纺织物的油光防水整理、耐久性轧纹整理和仿麂皮整理等。

当然,上述整理方法之间并无严格界限,一种整理方法可能同时达到多种整理效果,实际生产中可根据纤维的种类、织物的类型及其用途以及整理的要求来制订合适的整理工艺，获得最佳的整理效果。

二、棉织物的整理

棉织物整理包括机械物理和化学两个方面。前者如拉幅、轧光、电光、轧纹以及机械预缩整理等，后者如柔软整理、硬挺整理及防缩防皱等。将机械性整理和树脂联合应用，可以获得耐久的轧光、电光和轧纹等整理效果。

(一) 拉幅

织物在漂、染、印等加工过程中，经常受到经向张力，迫使织物的经向伸长，纬向收缩，并产生诸如幅宽不匀、布边不齐、折皱、纬纱歪斜以及织物经过烘筒烘燥机干燥之后，手感变得粗糙并带有极光等缺点。为了使织物具有整齐划一的稳定幅宽，同时又纠正上述缺点，一般棉布在染整加工基本完成后，都需要经过拉幅。

拉幅整理是根据纤维在潮湿状态下具有一定可塑性的性质，将其幅宽缓缓拉至规定尺寸，达到均匀划一、形态稳定、符合成品幅宽的规格要求。此外，含合纤的织物需经高温拉幅。毛、丝、麻等天然纤维以及吸湿较强的化学纤维在吸湿状态下都有不同程度的可塑性，也能通过类似的作用达到定幅的目的。依据上述原理，拉幅实质上是一个稳定织物形态的过程，以"定幅"来描述更为确切，但在生产中，把这一过程称为"拉幅"已成习惯，所以沿用至今。

织物拉幅在拉幅机上进行。拉幅机有布铗热风拉幅机和针板拉幅机等，包括给湿、拉幅和烘干三个主要部分，有时还附有整纬等辅助装置。棉织物的拉幅多采用前者，而后者多用于毛织物、丝织物和化学纤维织物等的拉幅加工。布铗热风拉幅机用于轧水、上浆、增白、柔软整

理、树脂整理及拉幅烘干等工艺。针板拉幅机能给予织物一定超喂量，又有利于布边均匀干燥，故树脂整理的烘干常常采用该形式，但由于拉幅烘干后布边留有小孔，对某些织物（如轧纹布、电光布或特厚织物）不适用。

(二) 轧光、电光及轧纹整理

三者都属于增进和美化织物外观的整理。前两种以增进织物光泽为主，而后者则使织物被轧压出具有立体感的凹凸花纹和局部光泽效果。

轧光整理是利用棉纤维在湿、热条件下，具有一定的可塑性，织物在一定的温度、水分及机械压力下，纱线被压扁，竖立的绒毛被压伏在织物的表面，从而使织物表面变得平滑光洁，对光线的漫反射程度降低，从而增进了光泽。

电光整理原理是通过表面刻有密集细平行斜线的加热辊与软辊组成的轧点，使织物表面轧压后形成与主要纱线捻向一致的平行斜纹，对光线呈规则地反射，改善织物中纤维的不规则排列现象，给予织物如丝绸般的柔和的光泽外观。

轧纹整理是利用刻有花纹的轧辊轧压织物，使其表面产生凹凸花纹效应和局部光泽效果。轧纹机由一只硬辊筒（铜制可加热）及一只软辊筒（纸粕）组成，硬辊筒上刻有阳纹的花纹，软辊筒为阴纹花纹，两者相互吻合。织物经轧纹机轧压后，即产生凹凸花纹，起到美化织物的作用。轧纹整理目前有三种：轧花、拷花和局部光泽。

无论轧光、电光或轧纹等整理，若单纯采用机械方法进行加工，其效果都不耐洗。与高分子树脂整理联合整理加工，则可获得耐久性的整理效果。

（三）硬挺整理

硬挺整理是以改善织物手感为目的整理方法。它利用具有一定成膜性能的天然或合成高分子物质制成浆液，在织物表面形成薄膜，从而使织物获得具有平滑、硬挺、厚实、丰满等各种触摸感觉，并提高强力和耐磨性，延长使用寿命。由于硬挺整理时，所采用的高分子物质一般称为浆料，以往采用的浆料多为小麦（或玉米）淀粉或淀粉的变性产物，如甲基纤维素（MC）等。目前多采用野生浆料如田仁粉及合成浆料如聚乙烯醇（简称 PVA）等。

（四）柔软整理

织物经过煮练、漂白以及染、印后，都会产生粗糙的手感，原因很多，如织物在前处理中去除所含有的天然油脂蜡质以及合成纤维上的油剂，使织物手感粗糙。树脂整理后的织物和经高温处理后的合成纤维及其混纺织物手感也会变得粗硬。因此，几乎所有织物都要在后整理时为改善手感进行柔软整理，使织物柔软、丰满、滑爽或富有弹性。常用柔软整理方法有机械整理法和化学整理法。

机械柔软整理主要是利用机械方法，在张力状态下，将织物多次揉屈，以降低织物的刚性，使织物能回复至适当的柔软度。化学柔软整理是采用柔软剂对织物进行柔软整理的方法。柔软剂是指能使织物产生柔软、滑爽作用的化学药剂，其作用是减少织物中纱线之间和纤维之间的摩擦阻力以及织物与人体之间的摩擦阻力。

柔软剂按其耐洗性可分为暂时性和耐久性两大类；按分子组成可分为表面活性剂型、反应型及有机硅聚合物乳液型三类。表面活性剂中的阳离子型柔软剂既适用于纤维素纤维，也适用于合成纤维的整理，应用较广。反应型柔软剂可与纤维素纤维的羟基发生共价反应，具有耐磨、耐洗的效果，故又称耐久性柔软剂。有机硅柔软剂又称硅油，柔软效果良好。

（五）机械预缩整理

织物在前处理、染色和印花加工后，虽经拉幅整理，具有一定的幅宽，但在浸水洗涤或受热情况下仍具有一定的尺寸收缩现象，该现象称为收缩性，其中又可分为缩水性和热收缩性。收缩性不仅会降低织物的尺寸稳定性、破坏外观，而且还会影响穿着舒适感，过大的收缩，会导致衣服不能再继续服用。对于带有衬里的服装，其面料和衬里往往采用不同的织物，两者收缩性差异较大，会使缝合的几何形状失去一致性，影响服装的质量。

织物在常温水中发生的尺寸收缩称为缩水性，用织物缩水率来表征。织物缩水率通常以织物按规定方法洗涤前后的经向或纬向的长度差占洗涤前长度的百分率来表示。

不同纤维制成的织物，其收缩性不尽相同。例如，某些毛织物在初次洗涤及以后洗涤中，都容易发生很大的收缩，同时，还易发生毡缩。而棉和麻纤维织物的初次收缩虽然有时较大，但其后续收缩都不很高。纤维素纤维与合成纤维混纺织物经过热定形后，其缩水不大。此外，织物的收缩情况还与织物的结构以及织物经过的加工过程有关。

织物机械预缩整理是目前用来降低缩水率的有效方法之一。其基本原理是利用机械物理方法改变织物中经向纱线的屈曲状态，使织物的纬密和经纱屈曲增加，织物的长度缩短，具有松弛结构，从而消除经向的潜在收缩。润湿后，由于经纬间还留有足够的余地，便不再引起织物经向长度的缩短。由于原来存在的潜在收缩在成品前已预先缩回，从而解决或改善了织物的经向缩水问题。

预缩整理机,如毛毯压缩式预缩整理机或橡胶毯压缩式预缩整理机等是利用一种可压缩的弹性物体,如毛毯、橡胶作为被压缩织物的介质,由于这种弹性物质具有很强的伸缩特性,塑性织物紧压在该弹性物体表面上,也将随之产生拉长或缩短,从而使织物达到预缩的目的。

(六) 树脂整理

树脂整理是以单体、聚合物或交联剂对纤维素纤维及其混纺织物进行处理,使其具有防皱性能的整理方法。从整理发展过程看,树脂整理经历了防缩防皱、洗可穿和耐久性压烫整理三个阶段。防缩防皱整理只赋予整理品干防缩防皱性能;洗可穿整理既具有干防缩防皱性,又有良好的湿防缩防皱性能;耐久性压烫整理通过成衣压烫,赋予整理品平整挺括和永久性褶裥效果。

树脂整理后的织物弹性可显著地提高,黏胶纤维织物的缩水性能也得到了一定改善,但织物的主要物理机械性能,如断裂强力、断裂延伸度、耐磨性和撕破强力等都有不同程度的下降,这些性能与织物的服用性能是密切相关的。尽管物理机械性能的变化,影响了整理品的耐用性,但只要采用合适的整理工艺,将整理品的机械性能的变化控制在允许范围内,由于弹性的提高,改善了整理品的耐疲劳性能,不仅不会影响织物质量,反而可以提高耐用性。

树脂整理工艺主要有两种,即预焙烘法和延迟焙烘法。预焙烘法主要采用织物浸轧树脂、烘干、高温焙烘(形成交联),而后再进行服装加工,印染厂主要采用此法。延迟焙烘法为织物浸轧树脂烘干后,制成服装,然后再根据要求进行压烫、焙烘。服装厂也可以将服装直接进行树脂整理,即将服装通过浸渍树脂液(或喷雾法),然后脱液烘干,再进行焙烘处理。目前世界上大多数的纯棉免烫服装采用此法生产。

用甲醛、多聚甲醛和酰胺—甲醛类树脂整理的织物在一定的条件下会释放出甲醛,甲醛是一种有毒物质,微量甲醛($1 \sim 2mg/kg$)就会对人体皮肤产生刺激,影响消费者健康,因此衣物上的甲醛含量越来越引起人们的关注。它是近年来进行毒性研究最多的化学物质之一。各国政府都先后制定了各种控制织物释放甲醛的法规和标准,研究了各种降低整理品释放甲醛的措施,开发了少甲醛或无甲醛的整理剂。

三、毛织物的整理

毛织物品种很多,按其纺织加工方法的不同,可分为精纺毛织物和粗纺毛织物两大类。精纺毛织物结构紧密,纱支较高,呢面光洁,织纹清晰而富有弹性,要求整理后呢面平整洁净,光泽悦目,织纹清晰,手感丰满和滑爽挺括。粗纺织物质地疏松,纱支较低,呢面多为绒毛覆盖,手感丰满而厚实,要求整理后织物紧密厚实,柔润滑糯,表面绒毛均匀整齐,不露底,不脱落,不起球。根据毛织物品种和外观风格不同,可分为光洁整理、绒面整理、呢面整理。具体来说,精纺毛织物的整理内容有煮呢、洗呢、拉幅、干燥、刷毛和剪毛、蒸呢及电压等;粗纺毛织物有缩呢、洗呢、拉幅、干燥、起毛、刷毛和剪毛等。

毛织物在湿、热条件下,借助于机械力的作用进行的整理,称为湿整理。毛织物的湿整理包括煮呢、缩呢、洗呢和烘呢等。在干态条件下,利用机械力和热的作用,改善织物性能的整理称为干整理,有起毛、剪毛、刷毛、电压和蒸呢等。

(一)湿整理

1. 洗呢

洗呢主要是去除纺纱时的毛和油,织造过程上的浆料以及其他油污、尘埃等杂质,可改善羊毛纤维的光泽、手感、润湿及染色性能。洗呢是利用净洗剂对羊毛织物润湿、渗透,再经机械挤压作用使污垢脱离织物,分散于洗呢液中。在实际生产中,以乳化洗呢剂最为普遍,常以肥皂和阴离子净洗剂如净洗剂 LS、洗涤剂 209、雷米邦 A 等及非离子表面活性剂如洗涤剂 105 为洗呢剂。不同洗呢剂有不同的洗呢效果,应根据呢坯的含杂和产品风格要求选择适当洗呢剂。目前洗呢设备以绳状洗呢机为主。影响洗呢效果的因素有温度、时间、pH 值、浴比和洗呢剂等。

2. 煮呢

煮呢主要用于精纺毛织物整理,在烧毛或洗呢后进行。将呢坯以平幅状态置于热水中在一定的张力和压力下进行的定形过程。其目的是使织物不仅尺寸稳定,避免以后湿加工时发生变形、折皱等现象,同时也使呢面平整,赋予织物柔软和丰满的手感及良好的弹性。煮呢的原理是利用湿、热和张力作用,使羊毛纤维蛋白质分子中的二硫键、氢键和盐式键等减弱和拆散,消除纤维在纺织加工过程中的内应力,同时使分子链取向伸直,在新空间位置建立新的稳定的交联,提高羊毛纤维的形状稳定性,减少不均匀收缩性,从而产生较好的定形效果。

3. 缩呢

缩呢,又称缩绒,是粗纺毛织物的基本加工过程之一,是在温度、湿度及机械力的作用下,利用羊毛的缩绒性能,使织物在长度和宽度方向达到一定程度的收缩,即产生缩绒现象。通过缩绒使织物表面覆盖一层绒毛,将织纹遮盖,织物的厚度增加,手感丰满柔软,保暖性更佳。

精纺毛织物一般不缩呢,少数需要绒面或要求呢面丰满的精纺织物,可采用轻缩呢工艺。常用的缩呢设备有滚筒式缩呢机和洗缩联合机。

4. 烘呢拉幅

脱水后的毛织物需进行烘呢拉幅,目的在于烘干织物,并保持一定的回潮率和稳定的幅宽,以便进行干整理加工。由于毛织物较为厚实,烘干所需热量较大,对于精、粗纺毛织物的烘干,多采用多层热风针铗拉幅烘燥机。在烘呢拉幅中,既要烘干,又要保持一定的回潮率,使织物手感丰满柔软,幅宽稳定。另外,对于要求薄、挺、爽风格的精纺薄型织物,应增大经向张力,增大伸幅,精纺中的厚织物,要求丰满厚实,经向张力应低些,伸幅不宜过大。为了增加丰厚感,粗纺织物一般超喂。

(二)干整理

1. 起毛整理

在粗纺织物中,除少数品种外,大部分需进行起毛整理,起毛是粗纺毛织物的重要整理加工过程,精纺毛织物要求呢面清晰、光洁,一般不进行起毛。起毛的目的是使织物呢面具有一层均匀的绒毛覆盖织纹,使织物的手感柔软丰满,保暖性能增强,光泽和花型柔和优美。起毛的原理是通过机械作用,将纤维末端均匀地从纱线中拉出,使布面覆盖一层绒毛。随着起毛工艺的不同,可产生直立短毛、卧状长毛和波浪形毛等。应该注意,织物经起毛后由于经受剧烈的机械作用,织物强力会有所下降,重量减轻,在加工中应引起重视。

2. 剪毛

无论精纺或粗纺毛织物,经过染整加工,呢面绒毛杂乱不齐,都要经过剪毛,但各自要求不同。精纺毛织物要求剪去表面绒毛,使呢面光洁,织纹清晰,提高光泽,增进外观效果。而粗纺毛织物要求剪毛后,绒毛整齐,绒面平整,手感柔软。

3. 刷毛

毛织物在剪毛前后,均需进行刷毛。前刷毛是为了除去毛织物表面杂质及各种散纤维,同时可使纤维尖端竖起,便于剪毛;后刷毛是为了去除剪下来的乱屑,并使表面绒毛梳理顺直,增加织物表面的美观光洁。因此,织物往往均需通过前后两次刷毛加工。

4. 蒸呢

蒸呢和煮呢原理相同,煮呢是在热水中给予张力定形,而蒸呢是织物在一定张力和压力的条件下用蒸汽蒸一定时间,使织物呢面平整挺括、光泽自然、手感柔软而富有弹性,降低缩水率,提高织物形态的稳定性。毛织物在蒸汽中施以张力进行蒸呢时,可使羊毛纤维中部分不稳定的二硫键、氢键和盐式键等逐渐减弱、拆散,内应力减小,从而消除呢坯的不均匀收缩现象,同时在新的位置形成新的交联,产生定形作用。

5. 电加压

电加压常用于精纺毛织物的干整理。经过湿整理和干整理的精纺织物,表面还不够平整,光泽较差,需经电加压进一步整理织物的外观,即在一定的温度、湿度及压力作用下,通过电热板加压一定时间,使织物呢面平整、身骨挺括、手感滑润,并具有悦目的光泽。

6. 防毡缩整理

毛织物在洗涤过程中,除了内应力松弛而产生的缩水现象外,还会因为羊毛纤维的弹性特点尤其是定向摩擦效应而引起纤维之间发生缩绒,即毡缩。毡缩会使毛织物结构紧密,蓬松性、柔软性变差,影响织物表面织纹的清晰度,同时,使织物的面积收缩,形态稳定性降低,因而降低了产品的服用性能。防缩绒整理的基本原理是减小纤维的定向摩擦效应,即通过化学方法适当破坏羊毛表面的鳞片层,或者在纤维表面沉积一层聚合物(树脂),前者称为"减法"防毡缩整理,后者称为"加法"防毡缩整理,目的都是使羊毛纤维之间在发生相对移动时,不会产生缩绒现象。

7. 防皱整理和耐久压烫整理

羊毛纤维具有良好的弹性,但在湿热条件下,羊毛纤维的防皱性能较差,在外力作用下特别是在湿热条件下易发生变形。将羊毛纤维在湿热条件下经受一定时间的热处理和化学整理,在纤维上形成交联或树脂沉积,将热处理后的防皱效果固定下来,提高耐久性;或通过化学定型处理,提高羊毛纤维大分子链间交联的稳定性,可改善防皱效果。

8. 防蛀整理

羊毛制品在贮存和服用期间,常被蛀虫蛀蚀,造成严重损伤,因此,对羊毛的防蛀整理非常必要。一般蛀虫都喜欢阴暗潮湿的地方,所以在羊毛织物中受虫蛀危险性最大的是长期贮藏的织物。羊毛及其制品防蛀方法很多,一是物理性预防法,即保存毛织物应选择干燥阴凉的地方,并经常晾晒。二是采用化学防蛀整理,防蛀剂是一种普及的工业生产防蛀物质,具有杀虫、防虫能力,通过对羊毛纤维的吸附作用而固着于纤维上产生防蛀作用。防蛀剂应具有杀虫效力高、毒性小、对人体无危害、不降低毛织物服用性能及不影响染色牢度的特点。

四、丝织物的整理

丝织物整理是在不影响蚕丝固有特性的基础上,赋予其一定的光泽、手感及特殊功能,提高服用性能。丝织物整理包括机械整理和化学整理两大类。机械整理的目的是通过物理的方法来改善和提高丝织物外观品质和服用性能。丝织物对成品的风格要求随品种不同采用的机械整理工艺不同，如缎纹织物要求平滑、细软，并具有闪耀的光泽；绉织物要求有明显的绉效应，并具有柔软、滑爽的手感，此外，丝织物虽具有光泽柔和优雅、外观轻薄飘逸、手感柔软滑爽等特点，但也有诸如悬垂性差、湿弹性低、缩水率高，且易起皱泛黄等天然缺陷，因此，必须进行化学整理，即通过各种化学整理剂对丝纤维进行交联、接枝、沉积或覆盖作用，使其产生化学的或物理化学的变化，以改善丝纤维的外观品质和内在质量，并保持丝纤维原有的优良性能。

丝织物的机械整理包括烘燥烫平、拉幅、预缩、蒸绸、机械柔软、轧光和刮光整理等。

丝织物的化学整理包括手感整理、增重整理和树脂整理。

五、化学纤维织物的整理

（一）仿绸整理

涤纶织物在碱的水解作用下，可以赋予织物良好的手感、透气性、丝绸般的光泽以及平挺柔软、滑爽和飘逸的风格，同时保持了涤纶挺括和弹性好的优点，该整理工艺称为仿绸整理。

（二）仿麂皮整理

人造麂皮是以超细纤维制成的基布经起毛、磨毛和弹性树脂整理的产品，具有柔软丰满、表面绒毛细腻、悬垂性优良及形状尺寸稳定的特点，产品的外观、风格和性能都酷似天然麂皮。人造麂皮的种类繁多，按其外观和手感风格可分为磨绒型、木纹型、羚羊毛型、驼马绒型和开司米型等；从重量和厚度来分有厚型、中厚型和轻薄型等，产品色调和风格也多种多样。

六、涂层整理

涂层整理是近年来发展较快的一项新技术。涂层整理是在织物表面的单面或双面均匀地涂上一薄层（或多层）具有不同功能的高分子化合物等涂层剂，从而得到不同色彩的外观或特殊功能的产品，属于表面整理技术，具有多功能性的特点。

涂层织物品种繁多，按产品要求，可使织物具有金属亮光、珠光效应、双面效应及皮革外观等不同效果，也可赋予织物高回弹性和柔软丰满的手感及特种功能。另外，若在织物表面涂上不同功能的涂料，便可分别得到防水、防油、防火、防紫外线、防静电、防辐射等功能性涂层织物。

涂层整理剂种类繁多，按其化学结构分类，以聚氨酯和聚丙烯酸酯类涂层剂最为常用。涂层方式按涂布方法分类，有直接涂层、热熔涂层、转移涂层和黏合涂层等。

七、其他功能整理

（一）防污整理

织物沾污是由于颗粒状污物和油污通过物理性接触、静电作用或洗涤过程而黏附或嵌留在织物上。嵌留在织物上的固体污物在洗涤过程中容易除去，黏附在织物尤其是疏水性纤维如涤纶织物上的油污或混有油污的颗粒物质较难去除。因此，目前常用的防污整理有拒油整理和易去污整理两大类。

拒油整理即织物的低表面能处理，经过拒油整理的织物对表面张力较小的油脂具有不润湿的特性。整理后的织物耐洗，手感好。易去污整理主要用于合成纤维及其混纺织物，赋予织物良好的亲水性，使黏附在织物上的油脂类污垢容易脱落，降低洗涤过程中污垢重新沾污织物的机会。

(二) 阻燃整理

大多数纺织纤维在 300℃ 左右时可以进行分解,同时产生可燃性的气体和挥发性液体。织物经阻燃整理后,织物不易燃烧或离开火源后则自行熄灭或有抑制火焰蔓延的性能。阻燃整理已广泛应用于交通、军事、民用产品,如童装、工作服、床上用品等。

(三) 卫生整理

卫生整理的目的是在保持织物原有品质的前提下,提高其抗微生物能力(包括防霉、抗菌、防蛀等),消灭织物上附着的微生物,杜绝病菌传播媒介和损伤纤维的途径,使织物在一定时间内保持有效卫生状态。卫生整理用品可用于衣服、袜子、鞋垫、床上用品、医疗卫生用品等。

(四) 抗静电整理

织物在相互摩擦中,会形成大量电荷,但不同纤维却表现出不同的静电现象,天然纤维棉、麻等织物几乎不会感到有带电现象,合成纤维丙纶、腈纶等却表现出较强的静电现象,诸如静电火花、电击及静电沾污等。这是由于各种纤维的表面电阻不同,产生静电荷以后的静电排放差异较大。抗静电整理的目的就是提高纤维材料的吸湿能力,改善导电性能,减少静电积聚现象。抗静电整理分为非耐久性和耐久性两大类。

思考题

1. 名词解释:丝光处理、染色牢度、树脂整理、涂层整理、卫生整理。
2. 染色牢度的种类一般有哪些?
3. 染料与颜料有何区别?
4. 试述织物印花的分类。
5. 棉型织物的常规整理有哪些内容?
6. 简要说明毛织物、丝织物及化纤织物的整理有哪些基本内容?

第五章

服装用织物的服用和成衣加工性能

由平面的织物加工成具有立体造型的服装,需要经过铺料、裁剪、覆衬、缝制和熨烫等多个工序,织物能否使这些加工工序顺利进行以及能否塑造出优美的立体服装造型,决定于织物的成衣加工性能的优劣。服装在穿着和洗涤过程中,会受到反复拉伸、弯曲、剪切、摩擦和日晒等物理作用,也会受到一些化学物质及微生物的作用,织物对这些作用的抵抗能力,反映出织物及服装的外观性能、舒适和卫生性能、耐用性能等方面的优劣程度。

第一节 影响服装外观的织物性能

服装的外观是服装品质的重要方面,也是服装消费者非常关注的方面,影响服装外观的织物性能主要有织物的悬垂性、抗皱性、洗可穿性、抗起毛起球性能、抗钩丝性能以及色泽和色牢度。

一、悬垂性能

织物的悬垂性对于服装(特别是裙装)的造型效果起着重要作用。织物的悬垂性包括静态悬垂性和动态悬垂性。这里主要介绍静态悬垂性。

当支撑物处于静止状态时,织物由于重力的作用,在自然悬垂状态下呈波浪屈曲的特性称为织物的静态悬垂性。它与人体立或坐时的服装造型美密切相关。以往织物的悬垂性通常讲的就是织物的静态悬垂性。

对织物静态悬垂性的评价,不仅要评价其悬垂程度的大小,还要评价其悬垂形态的优劣。

(一)织物静态悬垂程度评价

常用伞形悬垂法来测定,评价指标是悬垂系数。

如图 5-1 所示,将一定面积的圆形试样同心地放在一直径为 d 的小圆盘支架上,织物因自重沿小圆盘边缘下垂,经过一定时间后,将呈现为均匀折叠的波状。然后用小圆盘上方的平行光线照射在试样上,即可得到试样的水平投影面积。

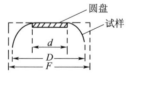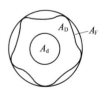

图 5-1 织物的悬垂性测定

按下式可计算出织物的静态悬垂系数。

$$F = \frac{A_D - A_d}{A_F - A_d} \times 100\%$$

式中：A_D——试样的水平投影面积（mm^2）；

       A_F——试样面积（mm^2）；

       A_d——小圆盘面积（mm^2）。

由悬垂系数的计算式可以看出，悬垂系数取值在 0～1，悬垂系数越小，则织物悬垂感越好，通常也说织物的悬垂性越好。

织物的悬垂性与织物的弯曲性能有密切关系，通常，抗弯长度小的织物，其悬垂系数也小，因为，织物的这些性能都是与纱线的弯曲刚度有关；此外，织物的悬垂性与织物的剪切性能有较大关系，因为两者都与纱线间的摩擦力有关。

（二）织物悬垂形态评价

20 世纪 60 年代初英国学者者库西克（Cusik）对织物悬垂性做了详尽的研究，认为悬垂系数并不能对织物悬垂性能做出全面评价，注意到织物悬垂时的波节数是衡量织物悬垂性优劣的重要参数之一。者库西克研究了织物弯曲性能、小圆盘的直径对波节数的影响，发现波节数随织物弯曲刚度的减小和小圆盘直径的减小而增多；同一种织物，它的波节数并不固定不变，而且，悬垂系数并不因波节数的不同而有很大差别。例如，当波节数为 6 时，悬垂系数的平均值为 70%，而波节数为 9 时则为 72%。

除波节数外，国内还提出了悬垂比、美感系数、平均悬垂角、悬垂方向不对称度、平均悬垂半径、形状系数、投影周长、投影形状因子等表示悬垂形态的指标。

二、抗皱性能

多数情况下，人们喜欢服装具有平整挺括的外观。例如，有些服装洗涤后要进行熨烫，其主要目的是去除服装上的折皱和塑造服装的立体造型。服装上的折皱，实际上也就是织物的折皱，是由于服装在穿着或洗涤过程中受到机械外力的揉搓作用而产生，它不仅影响服装的美观，而且服装折皱处易磨损。

织物抵抗因揉搓作用而产生折皱的性能，称为织物的抗皱性。织物的抗皱性可分为干态抗皱性和湿态抗皱性。干态抗皱性可以较好地表征织物在一般穿着时的抗皱性能，湿态抗皱性可以较好地表征织物洗涤过程中的抗皱性能。

织物的折皱变形包括急弹性变形、缓弹性变形和塑性变形三部分，前两者合称为弹性变形。急弹性变形指去除外力后立即回复的变形；缓弹性变形指去除外力后逐渐回复的变形；塑性变形指去除外力后无法回复的变形。

织物抗皱性的好坏一般用织物的折皱回复角来表示，折皱回复角越大，织物的抗皱性越好。织物的折皱回复角等于织物经向的折皱回复角与织物纬向的折皱回复角之和。折皱回复角的测量可参见国家标准 GB/T 3819—1997。

影响织物抗皱性的主要因素有纤维的初始模量和弹性回复能力、纱线的细度和捻度、织物的紧密度和织物的后整理。

三、洗可穿性能

织物洗涤后不经熨烫或稍加熨烫就达到平整的性能称为织物的洗可穿性。

织物的洗可穿性的测定方法，目前国内外采用较多的有拧绞法、落水变形法和洗衣机洗涤法。

最后的评价都是采用主观评定的方法。将试样与标准样照对比，标准样照分为 5 级，"5级"样照洗可穿性最好，"1 级"最差。一种织物测试 3 块试样，取其平均值作为评级结果。这种评价方法精度低，人为误差大。因此，国内外采用同时测试湿态抗皱性来评定织物的洗可穿性的。

织物的洗可穿性与纤维的吸湿性、初始模量和织物的湿态抗皱性有密切关系。涤纶、腈纶和锦纶等合成纤维织物一般具有良好的洗可穿性，其中，涤纶织物的洗可穿性尤其好，这也是涤纶织物广受欢迎的一个重要原因。纤维素纤维织物和蛋白质纤维织物的洗可穿性普遍较差，洗涤后一般都需要加以熨烫才能穿用。纤维素纤维织物和蛋白质纤维织物经过树脂整理，其洗可穿性有明显改善。

四、抗起毛、起球性能

织物在实际穿用过程中，不断经受摩擦，使织物表面的纤维端露出织物，在织物表面呈现许多令人讨厌的毛茸，即为"起毛"；若这些毛茸在继续穿用中不能及时脱落，就互相纠缠在一起，被揉成许多球形小粒，通常称为"起球"。织物抵抗起毛、起球的能力称为抗起毛、起球性。

织物起毛、起球，会使织物外观恶化，手感变差，并且容易沾污。

测定织物抗起毛、起球的方法有很多，但试验原理都是模拟织物在实际穿用时导致起球的成型过程。我国国家标准主要采取如下三种：圆轨迹法 GB/T 4802.1—1997、马丁代尔法 GB/T 4802.2—1997 和起球箱法 GB/T 4802.3—1997。

最后的评价也都是采用主观评定的方法。将试样与标准样照对比，标准样照分为 5 级，"5级"样照表示抗起球性能最好，"1级"样照表示抗起球性能最差。一种织物测试 5 块（圆轨迹法）或 4 块试样，取其平均值作为评级结果，并且修约至最接近的 0.5 级作为最终级别。这种评价方法精度低，人为误差大。因此，国内外正

在研究用计算机图像处理的方法进行织物抗起毛、起球性能的客观评定方法。

根据研究结果，影响织物起毛、起球的因素主要有以下几个：

（1）纤维原料：纤维的耐疲劳性与毛球形成后是否容易脱落有密切关系。由强度高、延伸性好、弹性回复性好的纤维制成的织物起球现象比较严重。另外，纤维的长度、细度和断面形态与织物起毛、起球也有较大的关系。由较短纤维制成的织物起毛、起球程度，比由较长纤维制成的织物严重；细纤维比粗纤维易于起球；断面接近圆形的纤维比其他断面形态的纤维易于起毛、起球。

（2）纱线结构：精梳纱中纤维的排列较为平直，短纤维含量少，所用纤维一般较长，所以精梳织物一般不易起毛、起球。纱线捻度较大时，纤维之间抱合较好，因而随纱线的捻度增大，织物的起毛、起球程度降低。纱线的条干不匀，会在粗节处容易起毛、起球，因为粗节处捻度小，纤维容易从纱身中抽拔出来。单纱织物一般比股线织物易于起毛、起球。

（3）织物结构：结构疏松的织物比结构紧密的织物容易起毛、起球。

（4）后整理：烧毛、剪毛、定形和树脂整理等对织物的起毛、起球性能影响很大。例如，涤/棉织物，未经烧毛处理，织物起毛、起球现象严重；烧毛条件越剧烈的，起毛、起球程度越轻。涤/棉织物经热定形后，起毛、起球程度降低。毛织物的剪毛、纤维素纤维织物的树脂整理都能有效降低织物的起毛、起球程度。

五、抗钩丝性能

织物特别是针织物和结构较松的长丝机织物在使用过程中，若遇到尖硬的物体，则织物中的纤维或单丝易被钩出，在织物表面形成丝环；

当遇到的物体比较锐利时,则单丝易被钩断,呈毛球状突出于织物表面,这就是织物的钩丝现象。织物抵抗钩丝破坏的能力称为抗钩丝性能。织物产生钩丝,不仅严重影响其外观,而且影响其手感和耐用性,对于结构疏松的织物要特别注意其抗钩丝性能。

测定织物抗钩丝性能的仪器有多种,主要如钉锤式钩丝仪和针筒钩丝仪,其原理都是使织物与一些尖硬的物体在一定条件下相互作用而产生钩丝。

织物抗钩丝性能的评定方法,目前大多数采用在一定光照条件下实物与标准样照对比评级,抗钩丝程度分为5级,5级抗钩丝性能最好(不易钩丝),1级抗钩丝性能最差(很容易钩丝),可精确至0.5级。

影响织物抗钩丝性能的因素很多,有纤维原料、纱线结构、织物结构及后整理工艺等,其中织物结构和纱线结构的影响最显著。通常,针织物比机织物容易发生钩丝,长丝纱织物比短纤纱织物容易发生钩丝。对于针织物,线圈长度较长、纵向密度和横向密度较小的容易发生钩丝,提花织物比平针织物容易发生钩丝,表面有长浮线的容易发生钩丝。对于机织物,织物表面的浮长线的长度越长、浮长线越是突出于织物表面,则越容易发生钩丝,例如,蜂巢组织织物容易发生钩丝。花式纱线织物,如圈圈线织物,由于纱线本身结构的特点和织物结构特点,容易发生钩丝。

六、色泽与色牢度

织物的色泽包括色彩和光泽两方面,是服装外观审美的重要指标。织物的色泽受纤维原料、纱线结构、织物结构和染色及后整理工艺等多种因素的影响。此外,绒类织物的色泽还与光线的入射方向有关,在服装排料和裁剪中,应特别加以注意。

有色织物在穿用和保管中由于光、汗、摩擦、洗涤和熨烫等原因会发生褪色或变色现象。织物褪色或变色的程度,可用色牢度来表示。色牢度包括日晒牢度、水洗或皂洗牢度、干湿摩擦牢度、汗渍牢度、熨烫牢度和升华牢度等。上述各项牢度都是在一定的光照条件下,比照标准的褪色和沾色样卡进行评级。除日晒牢度评级分为8级外,其余均分为5级评定。1级最差,8级或5级最好。

色牢度对服装用织物是非常重要的。对于外衣,色牢度差主要影响服装的外观;对于内衣和婴幼儿服装,色牢度还关系到服装的安全卫生性能,这一点在选择服装和服装材料时需加以注意。

第二节　织物的舒适性能

由于经济的发展和生活水平的提高,人们更加追求舒适、轻松的生活方式,对服装的穿着舒适性更加注重。这里所讨论的主要是生理方面的舒适性。而服装的舒适性在很大程度上取决于织物本身的舒适性能。织物的舒适性能主要包括热湿舒适性、触感舒适性和运动舒适性几个方面。

一、热湿舒适性能

人体与环境之间处于不断的能量质量交换中。人体的舒适感觉取决于人体和周围环境之间的热量和水分等的交换平衡。服装在这种能量质量交换中起着调节作用,服装的这种调节能力的大小又取决于服装的款式和织物的有关性能,主要包括导热性、透气性、吸湿性、透湿性、透水性、保水性和液态水传送性能等，统称为热湿舒适性。

(一)织物的导热性和热阻

服装的最重要的功能之一是帮助人体维持恒定的体温。人体处在一定的环境中，与环境不断地进行着热交换。人体由于新陈代谢不断地产生一定的热量，需要向外界散发；而当外界温度较低时，又需要避免环境从人体夺取过多的热量。尽管人与环境的热交换过程中服装以十分复杂的机理影响着人与环境的换热量，但在总体上可以将此过程简化为一个热传导过程，即热量通过服装从皮肤表面传导到服装外表面。

当材料的两个表面存在温度差时，热量就会从温度高的一面向温度低的一面传递，这就是热传导或导热。织物导热能力的大小可用热阻来表示。

热流也遵循类似欧姆定律的关系式，即热流与势能(温度差)成正比，与热阻成反比。热阻的米制单位是热欧姆($T-\Omega$)，量纲是$m^2 \cdot ℃/W$。

服装的热阻还常采用克罗值(CLO)来表示。克罗(CLO)的定义：在室温21℃、相对湿度小于50%和气流速度不超过0.1m/s的条件下，一个人静坐保持舒适状态时所穿着服装的热阻就是1克罗(CLO)。

热欧姆($T-\Omega$)与克罗(CLO)的换算关系如下：

$$1(T-\Omega) = 6.45CLO$$

或　　　$$1CLO = 0.155(T-\Omega)$$

国家标准 GB/T 11048—1989 中织物的保温性能的表征指标为保温率，该指标是指无试样时的散热量和有试样时的散热量之差与无试样时的散热量之比，用百分率表示。

织物的热阻与织物的导热系数成反比，与织物的厚度成正比，并受环境条件的影响。死腔空气(指封闭在单根纤维内部不会发生流动的空气)和静止空气的导热系数远小于纤维的导热系数。

织物以及填絮料的热阻主要受其结构中死腔空气和静止空气含量的影响。疏松的织物结构，如起绒织物、粗纺毛织物等，因织物内容纳有大量的静止空气，因而热阻大，保暖性好。此外，在服装穿着以及保养过程中，织物以及填絮料受到不断挤压，一般都使其结构中死腔空气和静止空气含量降低，使其导热系数在不断增大，致使服装的保暖性不断下降。织物以及填絮料的导热系数增大的程度主要决定于材料厚度方向上的压缩弹性，压缩弹性好的材料，导热系数增大不明显，保暖性比较持久。

对于相同结构的织物以及填絮料，其热阻随材料的厚度增大而增大。增加织物以及填絮料的厚度，是提高其保暖性的另一个常用方法。

(二)织物的吸湿性、放湿性和透湿性

当环境气温与人体表面温度相等，甚至高于体表温度时，人体最重要的散热途径就是通过出汗增加蒸发散热。即使人体在热应激水平很低时，人体也不断地通过皮肤向体外释放水分，即所谓的不感知蒸发。这些水分如果不能及时地被服装吸收或透过服装释放到环境中，人体就会感到闷热或潮湿，引起人体的不舒适。

织物吸收气态水分的能力称为织物的吸湿性。织物放出气态水分的能力称为织物的放湿性。织物的透湿性是指气相水分因织物内外表面存在水汽压差而透过织物的性能。因为人体不断向体外排出水分，这些水分能否及时被服装吸收或透过服装释放到环境中，对于人体的

舒适与否是十分重要的。因此,织物的吸湿性、放湿性和透湿性对服装的舒适性有很大的影响。

1. 织物的吸湿性和放湿性

对夏季服装和内衣而言,要求织物有良好的吸湿性和放湿性,以便吸收人体通过不感知蒸发和出汗向皮肤表面排出的水分,并迅速释放到周围环境中,保持皮肤表面适宜的湿度。对冬季服装的填絮料而言,由于其吸湿后会使保暖性降低,一般希望吸湿性差一些,尤其对于湿冷环境下穿着的冬季服装更是如此。此外,织物的吸湿性还与其抗静电性能密切相关,吸湿性差的织物,容易引起静电问题,造成其他不舒适。

织物的吸湿性主要由其纤维原料的吸湿性大小所决定,此外还受纱线结构、织物结构和后整理的影响。织物吸湿性的表征指标是标准大气条件下的回潮率。该值越大,吸湿性越好。

2. 织物的透湿性

水蒸气透过织物的性能,称为织物的透湿性。服用织物一般要求有一定程度的透湿性。透湿性的评价指标主要有:

(1)透湿率:在国家标准 GB/T 12704—1991 中,织物透湿性的评价指标是透湿率(Water Vapour Transmission Rate),指在织物两面存在恒定的水蒸气压差的条件下,在规定时间内通过单位面积织物的水蒸气质量,单位是 $g/(m^2 \cdot d)$,即每天每平方米织物上的透湿量。

该标准规定用透湿杯法测定织物的透湿量,包括吸湿法和蒸发法两种。

(2)透湿阻力:简称湿阻,指的是织物对水蒸气透过的阻抗能力。织物的湿阻常用等效空气层厚度来表示。

$$R = \frac{D \times (\Delta C) \times A \times t}{Q}$$

式中:R——织物及其边界空气层的湿阻(cm);

A——试验部分试样面积(cm^2);

t——透湿时间(s);

Q——水汽传递量(g);

D——水汽传递系数,常温常压下,$D = 0.22 + 0.00147T$,T 为环境温度(℃);

ΔC——织物两面水汽浓度差(g/cm^3)。

$$\Delta C = 2.89 \times 10^{-4} \times \left| \frac{P_1 H_1}{T_1} - \frac{P_2 H_2}{T_2} \right|$$

式中:P_1——试验杯中饱和水汽压(mmHg)[1];

H_1——试验杯中相对湿度(%);

T_1——试验杯中的绝对温度(K);

P_2——试验环境饱和水汽压(mmHg);

H_2——试验环境相对湿度(%);

T_2——试验环境的绝对温度(K)。

(3)透湿指数 i_m(Moisture Permeability Index):透湿指数 i_m 是美国的 A. H. 伍德科克(A. H. Woodcock)于 1962 年提出的一项反映服装和织物透湿散热性能的指标,其定义式为:

$$i_m = (R_t / R_e) / S$$

式中:R_t——服装或织物及其边界空气层的总热阻;

R_e——服装或织物及其边界空气层的总湿热阻;

S——蒸发散热与对流散热之间的当量比值,常压下其值等于 2.2℃/mmHg。

---

[1] 1mmHg = 133.3Pa。

理论上，i_m 值的变化范围在 0~1。当穿着完全不透气的橡皮防毒服时，透湿阻力趋向无穷大，此时服装的 i_m 值就趋向于 0。不穿衣服的裸体人，当风速大于 3m/s 时，其皮肤表面空气层的 i_m 值就趋向于 1。

影响织物透湿性的主要因素有纤维的吸湿放湿性能、织物的紧密度、厚度和后整理。当接近皮肤的衣下空气层中水蒸气分压大于周围环境中水蒸气分压时，水蒸气便可以通过织物纱线间的孔隙和纤维间的孔隙从分压高的皮肤表面向分压低的外环境扩散。织物的紧密度和后整理决定了这些孔隙的大小和多少。织物的厚度越大，对水蒸气的黏滞力越大，对水蒸气的扩散阻力也就越大。纤维具有一定的吸湿能力，又有一定的放湿能力，可以从湿度高的环境吸湿后向湿度低的环境放湿。在其他条件相同时，如果纤维的吸湿性好，放湿又快，则透湿性提高。

（三）织物的透气性

气体透过织物的性能称为织物的透气性或通气性。国家标准 GB/T 5453—1997 中，织物的透气性以织物两面在规定的压力差（100Pa）条件下的透气率表示，单位是 mm/s 或 m/s。

织物的透气性与服装的舒适性关系密切。首先，它与服装的保暖性能有关。在有风时，如果外层服装的面料透气性越好，则服装的保暖性能越差。因此，对于在寒冷环境中穿着的外层服装，要求有较小的透气性，以提高整体服装的防寒保暖性能。其次，织物的透气性还与织物的透湿性能有关，对于同种纤维的织物，如果对空气容易透通，则对水蒸气也容易透通。

可用织物透气仪测定织物的透气性。

影响织物透气性的主要因素是材料中直通孔的大小和多少，并且受纤维的截面形态、纱线细度、体积质量、织物的密度、厚度、组织和表面特征以及染整后加工等多种因素的影响。织物透气性的变化规律如下：

（1）当经纬纱细度不变而经密或纬密增加时，织物的透气性降低。

（2）当织物密度不变而经纬纱细度变细，织物的透气性增加。

（3）当保持织物的紧度不变，而采用不同的纱线线密度和密度相配合时，织物的透气性随密度的增加而降低。

（4）同样的纱线线密度、密度和织物组织条件下，织物的透气性随纱线捻度的增加而增加。

（5）织物的透气性随织物中浮长线的增长而增加。其他条件相同时，平纹组织织物的透气性最小，斜纹组织织物的透气性较大，缎纹组织织物的透气性最大。

（6）织物后整理对织物透气性有很大影响。织物经后整理，一般透气性降低。涂层整理甚至可以将织物透气性降为零。

（7）织物的回潮率对透气性有明显影响。织物吸湿后，透气性下降。

（8）大多数异形纤维织物比圆形纤维织物透气性好。

（四）织物的液态水传递性能

织物中液态水的传递是通过毛细管作用实现的，是一种芯吸传递。织物的液态水传递性能主要取决于水对纤维表面的润湿性能、纤维的细度和截面形状、纱线中纤维的排列状态和织物的后整理。

对于冬季贴身穿用的运动员训练或比赛服装，如果内层采用吸湿性差而液态水传递性能好的材料,则可以迅速将汗水传递到外层材料中,同时保持比较干燥的状态,可以避免运动结束后体热的过分散失,进而避免因此造成的着凉感冒。

对于炎热条件下贴身穿着的服装,如果织物的液态水传递性能好,则可以迅速将汗水传递到服装的外表面,从而促进汗水的蒸发,增加蒸发散热量。

液态水传递性能的测试可以用毛细效应测试法,具体可参见标准 ZBW 04019—1990。

(五) 保水性能

织物的保水性能,是指织物握持液态水分的能力。所有的纺织结构,无论其纤维是否吸湿,都能把水分聚集在纤维的内、外表面或纤维之间的孔隙中,称为"吸附水"。织物保水性能的大小,就是由纤维的吸湿能力和织物的这种保持吸附水的能力决定。

织物的保水性能与夏季贴身服装的舒适性有较大的关系,主要是涉及服装吸汗的问题。如果贴身服装织物的保水性能好,织物就可以吸收更多的汗水而不容易产生潮湿感和粘体感。相反,如果夏季贴身服装织物的保水性能差,织物只吸收了少量的汗水就已达到饱和,从而很容易产生潮湿感和粘体感。例如,对于薄型长丝织物,其最大容水量远小于较厚的短纤纱织物,纤维和纱线间的空气就被水分所取代,在含水量较低时,就会粘贴身体而导致不舒适。

织物的总含水量可以用称重法很方便地测量,而对吸附水可将湿织物用离心分离进行定量测量。

影响织物保水性能的因素主要有纤维的吸湿性、纤维的形态、纤维的细度、纱线的紧密程度、织物结构和织物后整理。纤维的吸湿性越

好,纤维越细,纱线越粗、越疏松,织物的浮长线越长,织物越厚,越有利于提高织物的保水能力。起绒整理和缩绒整理都可提高织物的保水能力,而拒水整理和防水整理均会降低织物的保水能力。

二、触感舒适性能

除了热湿舒适性以外,触感舒适性也是服装舒适性的重要方面,对贴身穿着的服装尤其重要。触感舒适性主要是由构成服装的织物的物理机械性能作用于人体皮肤的结果,因此,服装触感舒适性的评价与织物的物理机械性能、皮肤的特性及环境的温湿度等因素有密切关系。服装的触感舒适性主要包括接触冷暖感、刺痒感和粘体感。

(一) 接触冷暖感

环境温度较低的情况下,当人体接触织物时,由于人体皮肤温度比织物温度高,热量就会由接触部位的皮肤向织物传递,导致接触部位的皮肤温度降低,因而与其他部位的皮肤温度有一定的差异,这种差异经过神经传到大脑所形成的冷暖判断及知觉,称为织物的接触冷暖感。在气温较低的季节,如冬季,贴身穿着服装所用的织物若暖感较强则比较舒适,反之,若织物的冷感较强,穿着时皮肤就会感到骤凉而不舒适。

主要的测量方法是最大热流量法,其中最有代表性的仪器是 KESF—TLII 型精密热物性测试仪。测量时,将织物置于加热的铜板(与皮肤温度相当)上,测量由加热铜板向织物的瞬间导热率。导热初期的最大热流量值越大,织物的冷感越强。

影响织物冷暖感的因素主要有:

(1) 纤维原料:首先,纤维的导热系数和比

热都会影响织物的接触冷暖感。纤维的导热系数和比热容的值越大，在其他条件相同的情况下，织物的接触冷感就越强。各种材料的导热系数参见表 1-8。其次，纤维的吸湿性能和卷曲情况都会影响最终织物的冷暖感。

（2）纱线结构：纱线结构的蓬松程度及毛羽的长短多寡都会在很大程度上影响织物的冷暖感。其他条件相同时，短纤纱织物一般比普通长丝纱织物的冷感弱；空气变形纱织物比普通长丝纱织物的冷感弱；粗纺毛织物比精纺毛织物的暖感强；腈纶膨体纱织物比普通腈纶短纤纱织物的暖感强。圈圈纱、雪尼尔纱织物比普通短纤纱织物的暖感强。

（3）织物结构：织物组织及经纬密度在一定程度上会影响织物的冷暖感。通常，当织物结构致密、表面光滑时，由于与皮肤接触的面积大和织物内静止空气含量少，织物的导热能力强，热量传递快，因此具有较强的冷感。

（4）织物后整理：有些后整理工序对织物的表面结构有很大的改变，如缩绒、磨毛、起绒、拉毛等工序能增加织物表面的绒毛，使织物内静止空气含量增加并使织物与皮肤接触的表面积减小，因此能提高织物的暖感；另外一些工序，如烧毛、丝光、电光等工序有减少织物表面的毛羽或使织物表面光滑的作用，因此会增加织物的冷感。

（5）织物含水：织物的含水率越大，冷感也越强。因此，冬天的衣服汗湿后会感觉很冰凉，易使人感冒。

（6）织物存放环境的温度：织物存放环境的温度越低，织物的冷感也越强。

（7）服装压力：服装压力越大，服装与皮肤的贴紧程度越高，织物与皮肤的接触面积就越大，因此冷感越强。但是，服装压力增加到一定程度后，冷感就几乎不再变化。

（二）织物的刺痒感

某些织物的服装与皮肤接触时，由于织物与皮肤之间的相互挤压、摩擦，使皮肤产生刺痛和瘙痒的不舒适感觉，这就是织物的刺痒感，它是引起贴身穿着服装不舒适的一个重要方面。

织物的刺痒感主要见于毛衣、粗纺毛织物和麻织物等。

1. 织物刺痒感产生的机理

澳大利亚的加恩兹沃西（Garnsworthy）等人的研究表明，羊毛织物的刺痒感是由伸出织物表面的粗的纤维头端引起的机械刺激所致。

内勒（Naylor）等人进一步的研究表明，对羊毛针织物而言，织物中所含有的直径大于 $30\mu m$ 的粗羊毛纤维的比例，是引起织物刺痒感的重要参数。内勒用不同细度的腈纶混纺织物进行织物刺痒感的研究，证实了刺痒感是由织物中所含有的粗纤维（直径大于 $30\sim35\mu m$）的比例决定的，而与具体的纤维细度分布无关；同时他还发现，相似细度的羊毛和腈纶，其织物的刺痒感也接近。

有些苎麻织物也有刺痒感，其机理与羊毛织物相同。

2. 织物刺痒感的评价方法

刺痒感的评价方法有两类，一类是主观直接评价，另一类是客观间接评价。主观评价方法有前臂刺扎试验和穿着感受试验。客观评价方法有纤维抗弯刚度测量、粗纤维含量测量等。

3. 影响织物刺痒感的因素

从织物本身而言，刺痒感主要与织物表面纤维（毛羽）的粗细、多少、长短以及纤维在织物中滑移的难易有关。其中，纤维的粗细程度和初始模量是影响织物刺痒感最重要的因素。纤维越粗，纤维的初始模量越大，越容易导致织物产生刺痒感。其次，织物表面粗纤维的含量也是很重要的影响因素，粗纤维的含量越高，织物的刺痒感也越强。纱线和织物结构对织物刺痒感有一定作用,对于同样的纤维,结构疏松的织物较结构紧密的织物刺痒感要弱一些。

第三节　织物手感和织物风格

织物的手感不仅与服装的穿着舒适性有关,而且影响服装的造型和保形性,是织物的多种物理机械性能和内在质量的一种综合反映。实际上,织物手感的好坏也直接影响到消费者是否愿意购买某个服装产品。

一、织物手感和织物风格的基本概念

织物的手感就是用手触摸、攥握织物时,织物的某些物理机械性能作用于人手并通过人脑产生的对织物特性的综合判断。人们又常称织物的手感为织物风格,确切地说应是织物的触觉风格或狭义的织物风格。织物的手感主要包括织物的粗糙与光滑、柔软与硬挺、弹性好坏、轻重、厚薄、丰满与薄瘠、活络与板结等多个方面,与织物低应力下的力学性能密切相关。广义的织物风格包括织物的触觉风格和视觉风格,是人们通过触觉和视觉对织物的特性所做的综合评价。视觉风格是织物的纹理、图案、颜色、光泽及其他表面特性作用于人的视觉器官并通过人脑产生的对织物特性的综合判断。织物的手感(触觉风格)和视觉风格都对服装的外观美感有较大的影响,织物的手感同时还对服装的触感舒适性有较大的影响。

二、织物手感的评定

织物手感的评定方法有主观评定和客观评定两种。

(一)织物手感的主观评定

织物手感的评定传统上是采用主观评定的方法,即由有经验的人员用手触摸、攥握织物,然后对织物的手感做出评价。这种方法的优点是简便快速。但是,这种方法由于受评判人员的经验及心理和生理因素的影响,评定结果往往因人、因地、因时而异,有一定的局限性。

20世纪70年代,日本的川端康成(Kawabata)和由他主持的日本手感评定及标准化委员会在织物手感主观评定的标准化方面做了大量的工作。川端康成认为织物手感的主观评定基于两个方面:一是由织物的物理机械性能和表面性能引起的触觉感受;二是织物的物理机械性能和表面性能对某种最终用途的适用性。他认为,在织物手感的主观评定时,实际上经历了两个步骤:第一步是对织物基本手感的评定,第二步是对织物手感总体印象的判断,即对织物综合手感的优劣的判断。

川端康成对于不同用途的织物,规定了不尽相同的基本手感,各类服用织物的基本手感如表5-1所示。

表5-1　各类服用织物的基本手感

织物类别	冬季男西服面料	夏季男西服面料	中厚型女装面料	薄型女装面料
基本手感	硬挺度 光滑度 丰满度	硬挺度 滑爽度 抗悬垂度 丰满度	硬挺度 光滑度 丰满度 柔软度	硬挺度 滑爽度 抗悬垂度 丰满度 丝鸣

川端康成根据不同的织物用途类别,规定了织物综合手感评定时各基本手感的权重,如表5-2所示。

表5-2 冬季男西服面料和夏季男西服面料
综合手感评定中各基本手感的权重

冬季男西服面料		夏季男西服面料	
基本手感	权重	基本手感	权重
硬挺度	25%	硬挺度+抗悬垂度	30%
光滑度	30%	滑爽度	35%
丰满度	20%	丰满度	10%
外　观	15%	外　观	20%
其　他	10%	其　他	5%

20世纪80年代,澳大利亚的马哈尔(Mahar)和波斯特尔(Postle)的研究表明,当时对于冬季男西服面料的手感要求,中国内地、中国香港、中国台湾、日本、澳大利亚、新西兰、印度和美国的专家们有较高的一致性,都偏爱光滑、丰满、硬挺度略小和悬垂度好的面料;对于夏季男西服面料的手感要求,却存在着两种相反的意见,中国内地和日本的专家偏爱结实、挺爽的面料,其他几个国家和地区的专家偏爱光滑、丰满、硬挺度略小和悬垂度好的面料。

马哈尔和波斯特尔等人认为,结合使用诸如硬挺度、光滑度、柔软度、冷暖感、爽脆度、丰满度、悬垂度等基本手感比单纯使用综合手感值来表征织物的手感特性更加有效。因为,评判综合手感优劣的标准是随地域、不同的文化背景和时间而不断变化的。

(二)织物手感的客观评定

针对主观评定可重复性差的问题,早在1930年,英国的纺织物理学家皮尔斯(Pierce)就开始研究织物手感的客观评定。到20世纪70年代,川端康成研制开发出一整套测试织物低应力力学性能和表面性能的仪器KES—F系统(Kawabata Evaluation System for Fabric),用于织物手感的客观评定,并且实现了商业化生产,在世界范围内得到了应用。

KES—F系统包括拉伸—剪切试验仪(KES—F1)、弯曲试验仪(KES—F2)、压缩试验仪(KES—F3)和表面性能试验仪(KES—F4)。该系统的测试指标如表5-3所示。

表5-3 KES—F系统测试的织物物理力学指标

性　能	符　号	单　位	物理意义	测试仪
拉伸性能	LT	—	拉伸线性度	KES—F1
	WT	$cN \cdot cm/cm^2$	拉伸功	
	RT	%	拉伸回复率	
剪切性能	G	$cN[cm \cdot (°)]$	剪切刚度	KES—F1
	$2HG$	cN/cm	剪切角为0.5°时的剪切滞后矩	
	$2HG_5$	cN/cm	剪切角为5°时的剪切滞后矩	
弯曲性能	B	$cN \cdot cm^2/cm$	弯曲刚度	KES—F2
	$2HB$	$cN \cdot cm/cm$	弯曲滞后矩	
压缩性能	LC	—	压缩线性度	KES—F3
	WC	$cN \cdot cm/cm^2$	压缩功	
	RC	%	压缩回复率	

续表

性　能	符　号	单　位	物理意义	测试仪
表面性能	*MIU* *MMD* *SMD*	— — μm	平均摩擦系数 摩擦系数平均偏差 表面粗糙度	KES—F4
厚重特性	T_0 *W*	mm g/m²	0.049cN/cm² 压力时的厚度 单位面积重量	KES—F3 天平

　　川端康成和日本手感评定及标准化委员会首先组织日本纺织服装界的专家对大量织物的基本手感和综合手感进行了主观评定。每一基本手感划分为 0~10 共 11 个级别，10 为优秀，0 为最差。综合手感划分为 0~5 共 6 个级别，5 为优秀，1 为很差，0 为极差或无法应用。然后，利用 KES—F 系统对所有这些织物按表 5–3 所示的 16 项指标进行测试。在此基础上，用逐步多元回归方法，建立了织物基本手感值（HV，Hand Value）和织物物理力学性能的多元回归方程，建立了织物综合手感值（THV，Total Hand Value）和织物基本手感值（HV）的多元回归方程。这样，对于任意的一种织物，只要用 KES—F 系统测试了这 16 项指标，代入上述的回归方程，就可以求出它的基本手感值（HV）和综合手感值（THV），从而实现织物手感的客观评定。

　　织物手感客观评定的优点是：对于任意给定的织物试样，只要利用 KES 系统测得其 16 项物理力学性能指标后，代入织物基本手感值（HV）和织物物理力学性能的多元回归方程就可计算得到该织物的各基本手感值（HV），把各基本手感值（HV）代入织物综合手感值（THV）和织物基本手感值（HV）的多元回归方程，就可以计算出该织物的综合手感值（THV）。由于川端康成和日本手感评定及标准化委员会搜集了当时日本国内几乎该类型品种的所有织物，在

日本具有广泛的代表性。因此，织物手感用仪器客观评定的结果与专家主观评定的结果一致性很好，应用十分方便，为织物的开发和质量控制以及服装厂面料采购提供了强有力的帮助。

　　织物手感客观评定的局限是：由于综合手感优劣的评判标准是随地域、时间和不同的文化背景而不断变化，因此综合手感的计算公式不应该固定不变。

第四节　织物的成衣加工性能

　　织物的成衣加工性能，是指面料在服装加工中形成优良的服装外观的难易程度。它不是一个单一的性能，而是织物的多种物理力学性能在服装加工中的综合表现。

　　随着服装生产自动化程度的提高和市场对服装生产企业快速反应能力日益提高的要求，织物的成衣加工性能再度引起纺织服装界的普遍关注，而国内在这方面的研究和关注还不够。

　　与织物的成衣加工性能有关的物理力学性能有：织物的尺寸稳定性（包括松弛收缩性能和吸湿膨胀性能）以及织物低应力下的延伸性、弯曲性能、剪切性能和成形性。KES—F 系统和

FAST系统都可以用于测试织物的成衣加工性能,KES—F系统精度高,但仪器价格昂贵;FAST系统价格相对便宜,测试快速简便。因此,在这一节里,着重讨论织物的成衣加工性能及其测试系统之一的FAST系统。

一、织物成衣加工性能的测试指标与分析

FAST系统包括三台仪器和一种测试方法,利用该系统所测试的性能指标见表5-4。

表5-4　FAST系统所测试的性能指标

性　能	表征指标	单　位	仪器及测定方法
物理性能	平方米重量 W	g/m²	FAST—1 压缩仪
	厚度 T_2	mm	
	表观厚度 ST	mm	
	松弛厚度 T_2R	mm	
	松弛表观厚度 STR	mm	
力学性能	延伸性 E_{100}	%	FAST—3 拉伸仪
	弯曲刚度 B	μN·m	FAST—2 弯曲仪
	剪切刚度 G	N/m	FAST—3 拉伸仪
	成形性 F	mm²	FAST—2 和 FAST—3
尺寸稳定性	松弛收缩率 RS	%	FAST—4 尺寸稳定性测定方法
	吸湿膨胀率 HE	%	

(一)松弛收缩性能

松弛收缩是指织物在水中润湿或暴露于蒸汽中所发生的不可逆的尺寸变化。松弛收缩是由于织物在纺织和染整加工过程中积累了内应力的结果。在FAST系统中,织物松弛收缩性能的表征指标是松弛收缩率 RS,按下式计算:

$$RS = \frac{l_1 - l_3}{l_1} \times 100\%$$

式中:l_1——织物落水前的干态尺寸;

l_3——织物在(25±5)℃的水中松弛30min并经过干燥后的干态尺寸。

在服装生产和穿着过程中,过大和过小的松弛收缩率都会产生问题。如果松弛收缩率超过3%,在服装加工过程中,因衣片的收缩过大,以致生产出的服装尺寸会小于设计尺寸。另外,当不同的衣片经过不同的处理而收缩了不同的量,会使格子面料对格困难。相反,当织物的松弛收缩率过小(小于0)时,在缝纫和熨烫袖山部位时会出现问题,因为这时需要一定量的收缩来去除过多的余量。对于松弛收缩率为负值的面料,即面料经过润湿或热蒸汽处理,面料尺寸增大,这类面料在服装加工和穿着时,由于负的松弛收缩与吸湿膨胀的作用,会引起有黏合衬的衣片起泡、剥离以及线缝处起皱等问题。

(二)吸湿膨胀性能

吸湿膨胀是指织物由于其中水分含量的变化而引起的可逆的尺寸变化。在FAST系统中,织物吸湿膨胀性能的表征指标是吸湿膨胀率

HE,按下式计算：

$$HE = \frac{l_2 - l_3}{l_3} \times 100\%$$

式中：l_2——织物在(25±5)℃的水中松弛 30min
后的湿态尺寸；

l_3——织物在(25±5)℃的水中松弛 30min
并经过干燥后的干态尺寸。

通常认为 6% 以下的吸湿膨胀率是可以的。当吸湿膨胀率超过 6% 时，认为面料的吸湿膨胀率过大。当在高湿度的环境下穿着西服时，会出现西服下摆不平整、线缝处起皱等外观问题。此外，由于衣片尺寸增大，还会引起有黏合衬的衣片起泡和剥离等外观问题。

(三)延伸性

织物的延伸性是指织物在拉伸力作用下伸长的特性。在 FAST 系统中，织物的延伸性用织物在 98cN/cm(100gf/cm)负荷时的伸长率 E_{100} 表示。

延伸性过高或过低都不好，都会使服装加工中出现问题。当延伸率小于 2% 时，在缉缝超喂时面料难以拉伸，很难形成西服美观的三维立体造型。

当面料的延伸率过高，即经向延伸超过 4%，纬向延伸超过 6%，会使服装加工时铺料困难，面料在铺料时容易被拉伸，导致裁剪出的衣片尺寸不对。其次，过高的延伸率会使裁剪出现困难。再则，缝制长的线缝时，对操作工人的缝纫技术要求更高。对延伸率过高的面料，铺料时采用积极送布的拉布机以及裁剪时使用抽真空裁剪台都有助于解决铺料和裁剪中的问题。

(四)弯曲性能

织物的弯曲性能是指在弯曲力矩的作用下发生弯曲变形的特性。FAST 系统中，织物弯曲性能的表征指标是弯曲刚度 *B*，其定义为将织物弯曲单位曲率时所需要的力矩。FAST—2 利用悬臂梁原理测量织物的弯曲刚度 *B*，计算式如下：

$$B = W \times c^3 \times 9.807 \times 10^{-6}$$

式中：*W*——织物的平方米重量(g/m^2)；

c——织物的抗弯长度(mm)。

与面料弯曲性能相关的主要问题是面料的弯曲刚度过低。当弯曲刚度低于 5μN·m 时，由于面料很容易弯曲，导致面料在裁剪和缝纫时操作困难。使用抽真空裁剪台有助于解决裁剪中的问题。

(五)剪切性能

织物的剪切性能是指织物抵抗因织物平面内一对相互平行、方向相反的剪切力的作用而发生剪切变形的能力。FAST 系统中，织物剪切性能的表征指标是剪切刚度 *G*，FAST 系统利用测量织物 4.9cN/cm 负荷下的 45°斜向伸长率，按下式计算织物的剪切刚度 *G*：

$$G = \frac{123}{EB_5}$$

式中：EB_5——织物在 4.9cN/cm(5gf/cm)负荷下的 45°斜向伸长率(%)。

面料的剪切刚度过高或过低都不好。面料的剪切刚度过高，超过 80N/m，则在袖山部位难以形成圆顺的三维立体造型。反之，面料的剪切刚度过低，低于 30N/m 时，在握持、铺料、裁剪和缝纫时，面料则过于容易扭曲，导致衣片的扭曲而使服装成型不良。

(六)成形性

成形性是指织物承受在自身平面内的压缩而不起皱的能力。它与织物在缝制过程中产生线缝起皱的难易程度密切相关，用织物的成形

性指标 F 表征，单位为 mm^2。

$$F = B \times \frac{E_{20} - E_5}{14.7}$$

式中：E_5 和 E_{20}——分别为 FAST—3 测定的在 4.9cN/cm（5gf/cm）和 19.6cN/cm（20gf/cm）负荷时的伸长率（%）；

B——织物的弯曲刚度（$\mu N \cdot m$）。

当面料的成形性指标 F 小于 $0.25 mm^2$ 时，线缝处就容易起皱，从而影响服装的外观质量。

二、FAST 控制图及其应用

将上述几项用 FAST 系统测得的成衣加工性能的临界值绘制在一张图上，就得到了用于预测织物成衣加工性能的 FAST 控制图，如图 5-2 所示。图中的阴影区域表示面料在服装加工的某些工序特别需要加以注意和采取措施，非阴影区域表示面料使服装加工比较容易进行，不需要特别加以注意和采取措施。例如，对一种精纺毛织物利用 FAST 系统测试其各项性能后，标注于 FAST 控制图上，就可以很清晰而直观地表达出该织物在成衣加工性能上的特点。

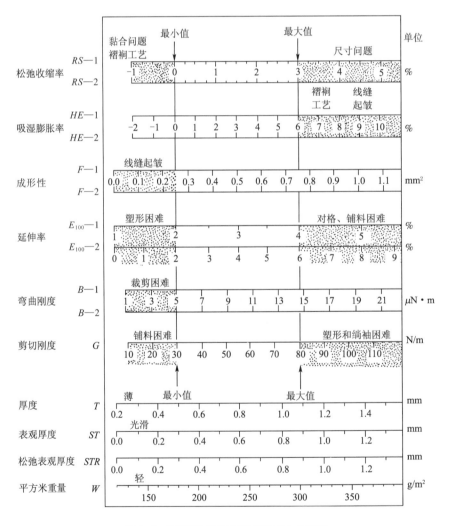

图 5-2 预测织物成衣加工性能的 FAST 控制图

第五节 织物的强度和耐用性能

随着生活水平的提高和对时尚的追求,很多情况下,一件服装被丢弃,很可能不是因为已经穿坏,而只是不再时髦而已。因此,织物的强度和耐用性能已不再像从前那样被强调。但是,人们还是希望自己的服装有合理的强度和耐用性能。

服装用织物的耐用程度既要求不易损坏,又要求穿着一段时间后,仍能保持外观与性能不变或变化很小。不仅能经受穿着过程中所受的各种外力,而且能经受服装的加工过程和维护过程对织物的损伤。

一、拉伸强度

织物在承受较大的拉伸负荷时,会产生拉伸断裂。织物的拉伸断裂曲线与组成该织物的纤维、纱线的拉伸断裂曲线基本相似。但织物组织结构及染整方式不同时,曲线形态也会有一定差异。具体测试方法可参见国家标准 GB/T 3923.1—2013(条样法)和 GB/T 3923.2—2013(抓样法)。

表征织物拉伸性能的指标有断裂强力、断裂伸长、断裂长度、断裂伸长率、断裂功等,与纤维、纱线的含义相似。研究表明,断裂功与穿着耐用性有密切的关系,能在较大程度上反映织物的内在质量。国际上通常用经纬向断裂功之和作为织物的坚韧性指标。

一般穿着情况下,服装由于拉伸断裂而产生的破坏并不多,因为多数织物的断裂强力都能够承受穿着过程中受到的拉伸力。需要注意的是,轻薄型的黏胶纤维织物在润湿状态下强力有明显下降,在穿着和洗涤时要加以注意。

二、撕破强度

在服装穿着过程中,织物中的纱线会被异物钩住而发生断裂,或是织物局部被夹持受拉而撕成两半,织物的这种破坏现象称为撕裂或撕破。具体测试方法可参见国家标准 GB/T 3917.1—2009(冲击摆锤法)、GB/T 3917.2—2009(舌形试样法)和 GB/T 3917.3—2009(梯形试样法)。表征指标为撕破强力。

部队陆军服装和野外作业的服装对织物抗撕破强度的要求较高。目前我国对经树脂整理的织物,要求测定其抗撕破强力。针织物一般不做撕破试验。

在织物力学性质方面,撕裂与拉伸的主要不同点在于,拉伸断裂发生在直接受力的纱线上,并且所有受力纱线瞬时断裂;而在撕裂现象中通常只有一根或若干根纱线发生断裂,并以阶段状使织物中的纱线顺次断裂,直到织物完全撕开为止。另外,撕破断裂的纱线,有时发生在直接受力的纱线上,有时也会发生在非直接受力的纱线上。

三、顶破强度

织物局部在垂直于织物平面的外力作用下受到破坏,称为顶破。测试方法可参见国家标准 GB/T 19976—2005,表征指标为顶破强力。

顶破过程中,织物是多向受力而不是单方向受力,且在各处的受力并不是均匀分布。织物较大的顶破应力将集中在球的圆周,而与球接触的局部因摩擦因素的存在,其所受的拉伸负荷反而减少。由于沿经纬两方向张力复合的剪应力,首先使纱线在变形最大、强度最薄弱的一点上断裂,接着沿经向或纬向撕裂,因此裂口一般呈 L 形(顶破强力较大时)或直线形。

随着生活水平的提高,服装更新很快,一般不会发生顶破的现象。但服装穿着中较多出现拱膝拱肘现象,影响服装的挺括和美观。可以利用顶裂试验机进行起拱试验,在试样上施加一定的负荷并且反复作用于织物上,分析织物的变形特点,用以判断服装穿着时的保形性。

四、耐磨性能

服装在穿着过程中,臀、膝、肘、领、袖、裤脚等部位会受到各种摩擦而引起损坏和使服装的强度、厚度减小,外观上发生起毛现象,失去光泽,褪色,甚至出现破洞,这种破坏称为磨损。耐磨性能是指织物具有的抵抗磨损的特性。

随着生活水平的提高,服装面料的耐磨性能不再像过去那样被加以强调,但对于工作服和童装面料来说,耐磨性能仍然很重要,选择时要加以重视。

耐磨性能的测试有实际穿着试验和仪器试验两类。

1. 实际穿着试验

把织物试样做成衣裤、袜子和手套等,组织合适的人员进行穿着,待一定时间后,观察与分析衣裤、袜子和手套等各部位的损坏情况。穿着试验的优点是比较符合实际穿着情况。缺点是需要花费大量的人力、物力和时间,试验结果的精度和重现性较差,且组织工作很复杂。

2. 仪器试验

利用试验仪器,模拟织物在穿着过程中的磨损方式对织物进行磨损试验,并根据磨损结果对织物的耐磨性能进行评价。仪器试验的优点是省时、省力、省钱,试验结果的精度和重现性较高。

根据织物在磨损时所处的状态,织物的磨损试验主要有平磨、曲磨、折边磨,此外,还有动态磨和翻动磨。平磨是对织物试样以一定的运动形式做平面摩擦,它模拟服装袖子、臀部、袜底等处的磨损形态。曲磨是使织物试样在弯曲状态下受到反复摩擦,它模拟服装肘部和膝盖处的磨损形态。折边磨是将试样对折后,对试样的对折边缘进行反复摩擦,它模拟服装领口、袖口和裤脚口等处的磨损形态。

对织物耐磨性能的评价,一般可分别根据对织物进行一定次数的摩擦后某些性状上的变化,如强度、厚度、重量、表面光泽、透气性、起毛起球以及织物中纱线断裂和出现破洞等,来表达织物的耐磨性能。表达织物耐磨性能常用的指标,是以织物磨断、出现一定大小的破洞或磨断一定的纱线根数时的摩擦次数作为摩擦最终点,或以织物承受一定磨损次数后的剩余强度或强度下降百分率。

五、耐用性能

服装经过反复穿着、洗涤、熨烫之后,总希望它所具有的各种性能指标能长期保持下去。服装材料的这种性能保持性称为耐用性。它是各种性能连续性的重要表现。

耐用性能的主要评价指标是耐疲劳性。疲劳指的是材料在小外力的反复作用下变形会逐渐积累,最终导致材料破坏的一种现象。

织物的耐疲劳性主要与纤维的弹性和延伸性、纱线结构、织物后整理有关。此外,服装的穿着条件对织物的耐疲劳性也有较大影响,勤换衣服可以减小织物变形的累积程度,洗涤和熨烫等给予的温度和水分,都能使变形得到有效的恢复,从而提高织物的耐用性。

对于工作服和童装面料来说,耐用性仍然是很重要的,选择时要加以重视。

第六节 织物的质量评定

服装用织物在出厂前,已经按有关标准对织物质量进行了检验与等级评定。

各类织物质量都有各自的标准。我国国家标准中,织物评等依据一般包括实物质量、物理指标、布面疵点和染色牢度等项目。通常依据质量好坏,分为优等品、一等品、二等品,低于二等品的为等外品。各类织物的评等依据如下:

一、本色棉布和涤/棉布

按物理指标、棉结杂质、布面疵点评等。物理指标包括经纬密度和经纬向断裂强度。棉结杂质用疵点合格率来表示。布面疵点是指织疵和纱线疵点。

二、印染棉布

由内在质量和外观质量两者的品等结合评定。内在质量为断裂强度、经纬密度、缩水率和染色牢度,按匹评等;外观质量指布面疵点,按匹评等。

三、毛织物

按实物质量、物理指标、染色牢度和外观疵点四项评等。实物质量指外观、手感、风格等,由检验者对织物进行"捏、摸、抓、看"后对比标样进行评定。物理指标包括幅宽、平方米重量、断裂强度、缩水率和非毛纤维含量等。

四、丝织物

按内在质量和外观质量两方面进行评等。内在质量包括长度、幅宽、经纬密度、重量、断裂强度、缩水率等物理机械指标和染色牢度。外观质量指织、练、染、印、整过程中产生的疵点。

五、苎麻布

坯布按物理性能和外观疵点分等。物理性能包括断裂强度和密度。印染布按内在质量和外观疵点评等。内在质量包括断裂强度、经纬密度、缩水率和染色牢度。

六、针织物

内衣用布以批为单位按物理指标评等。评等内容包括横密、纵密、平方米干重和强力。外衣用布、弹力涤纶经编布和纬编布,按物理指标和外观疵点结合评等。经编针织物的物理指标包括线圈密度、幅宽、平方米干重、断裂强度。纬编针织物的物理指标包括幅宽和平方米干重。

七、非织造布

其品质评等标准在国内尚处于企业试行阶段,也分内在质量和外观质量两个方面。

各类织物具体的评等标准可参阅有关的国家标准和专业手册。

思考题

1. 名词解释:织物风格、织物手感、织物的洗可穿性、织物的悬垂性、织物的抗皱性、织物的热湿舒适性、织物的成衣加工性能。

2. 从服用性能和舒适性角度,试述应如何选择贴身穿着的内衣面料。

3. 从服用性能和舒适性角度，试述应如何选择冬季的外衣服装面料。

4. 从服用性能和舒适性角度，试述应如何选择夏季服装面料。

5. 试述应如何选择低龄儿童的夏季和春秋季服装面料。

6. 试述应如何选择运动员冬季训练服面料。

第六章
服装用织物的特征及其适用性

服装用织物的品种众多,其商品名称更是不胜枚举。本章仅就常见的传统织物品种的风格、性能特点及对服装的适用性进行介绍。

第一节 棉织物

棉织物是服装材料中使用非常多的一类织物。因其手感柔软、穿着舒适而受到消费者的欢迎。

一、棉织物主要的服用性能特点

(1)因为棉纤维细度细,且吸湿性好,所以棉织物具有良好的贴身穿着舒适性。

(2)棉织物强度较好,手感柔软,但抗皱性差,经树脂整理可提高其抗皱性和服装的保形性。

(3)棉织物耐碱不耐酸。

(4)棉织物不容易虫蛀,但容易发霉。

(5)普通棉织物缩水率大。

二、棉织物的主要品种

(一)平布

(1)组织:平纹。

(2)线密度:粗平布 32tex 以上;

中平布 21~32tex;

细平布 21tex 以下。

(3)紧度:经向紧度 $E_j = 45\% \sim 55\%$;

纬向紧度 $E_w = 45\% \sim 55\%$;

总紧度 $E_z = 60\% \sim 80\%$。

平布外观平整光滑、均匀丰满。其中细平布轻薄,平滑细洁,手感柔软,布面杂质少,多用于加工染色布与印花布,主要用作衬衫面料及夏季的各类服装用料,还可用于加工手帕、绣品等。粗平布质地粗糙、厚实,坚韧耐穿,可用于制作夹克、裤装等,也常用作服装的软衬。中平布介于细平布与粗平布之间。

(二)府绸

(1)组织:平纹、平纹地小提花。

(2)线密度:19tex 以下,单纱或股线。

(3)紧度:经向紧度 $E_j = 65\% \sim 80\%$;

纬向紧度 $E_w = 40\% \sim 50\%$;

总紧度 $E_z = 75\% \sim 90\%$。

府绸是棉布中一个重要的品种,具有布身挺括、布面均匀、织纹清晰、细腻柔软、丝绸感等特性。府绸与细布相比,经向更紧密,经、纬向紧度比为5∶3,因此,府绸表面呈现由经纱构成的饱满的菱形颗粒纹。

府绸以经纬纱使用的单纱或股线而论,分为纱府绸、线府绸和半线府绸;以纺纱工艺分,有普通府绸、半精梳府绸和精梳府绸;以织造花式分,有隐条隐格府绸、缎条缎格府绸和提花府绸等;以印染加工分,又有色织府绸、漂白府绸、什色府绸和印花府绸等;以纤维原料分,有全棉府绸和涤棉府绸等。有些府绸品种经过特殊处理,具有防水、免烫、防缩等功能。

府绸适宜制作衬衫、裤子、夹克、外衣等,经树脂处理及表面涂层处理过的府绸,广泛用于羽绒服装面料和防雨服装面料等。

(三)斜纹布

(1)组织:$\frac{2}{1}\nearrow$斜纹。

(2)线密度:粗斜纹布 32tex 以上;
　　　　　　细斜纹布 32tex 以下。

(3)紧度:经向紧度 $E_j = 65\% \sim 70\%$;
　　　　　纬向紧度 $E_w = 40\% \sim 55\%$;
　　　　　总紧度 $E_z = 75\% \sim 90\%$。

斜纹布用单纱制织。正面斜纹效果较明显,呈 45°左斜;反面斜纹效果则不甚清晰。斜纹布按使用纱线的细度不同,可分为粗斜纹布和细斜纹布。

斜纹布质地较平布紧密且厚实,手感较松软,吸湿、透气。但布面光洁度、挺括度不及卡其。斜纹布有本色、漂白和什色多种,常用作制服、运动服、睡衣等服装面料,也可以做运动服的夹里和服装的衬垫料。细斜纹布经电光或轧光整理后,布面光亮,可做服装衬里。

(四)卡其

(1)组织:$\frac{2}{1}$、$\frac{3}{1}$、$\frac{2}{2}$斜纹。

(2)线密度:单纱 16～58.3tex;
　　　　　　股线 7.5tex×2～24tex×2。

(3)紧度:经向紧度 $E_j = 80\% \sim 110\%$;
　　　　　纬向紧度 $E_w = 50\% \sim 60\%$;

总紧度 $E_z = 90\%$ 以上。

卡其是棉织物中斜纹组织的一个重要品种,布面斜纹清晰陡直,斜纹角度为 70°左右,卡其织物结构紧密厚实、坚牢耐磨、平整挺括。卡其品种有双面卡、单面卡、纱卡、线卡之分。双面卡采用二上二下斜纹组织,结构紧密,正反面斜纹纹路都很明显,手感比较硬。单面卡一般采用三上一下或二上一下的斜纹组织,经纬密度大,正面斜纹纹路明显。纱卡的经纬都采用单纱,且用左斜纹;半线卡的经纱用股线、纬纱用单纱,组织为右斜纹;全线卡的经纬均为股线、组织为右斜纹。

卡其的品种丰富多样,如涤/棉卡其、精梳卡其、防雨卡其、磨绒卡其、水洗卡其、免烫卡其等品种。

(五)绒布

(1)组织:平纹、斜纹。

(2)线密度:24～72tex。

(3)紧度:经向紧度 $E_j = 30\% \sim 50\%$;
　　　　　纬向紧度 $E_w = 40\% \sim 70\%$;
　　　　　总紧度 $E_z = 60\%$ 以上。

原料常用纯棉,织物表面由纤维形成绒毛,可分为单面和双面绒布。坯织物经过拉绒或磨绒整理,将纱线(主要是纬纱)中的部分纤维拉出,从而形成蓬松的纤维绒毛。一般纬纱较粗,捻度较小,利于绒毛被拉出。

绒布布身柔软丰厚,有温暖感,吸湿透气,舒适,布面外观色泽柔和,宜制作冬季内衣、睡衣等,印花绒布、条格绒布等宜作儿童服装面料。

(六)灯芯绒

(1)组织:纬二重。

(2)线密度:经纱 28～36tex 或 14tex×2～28tex×2;

纬纱 28～36tex。

(3)密度:232 根/10cm×669 根/10cm。

灯芯绒是纬起绒织物,又称条绒,采用纬起毛组织制织而成。灯芯绒制织时,每六根纬纱中有两根纬纱与经纱交织成地纹,其余四根纬纱均供割绒用。绒纬与地经构成的纬组织点,浮出布面较长,经割绒机割绒、刷毛和染整工序,即成耸立的绒条。灯芯绒的绒条分宽条(每英寸[1]8条以下)、中条(每英寸 8～14 条)、细条(每英寸14～19 条)和特细条(每英寸 19 条以上)。

灯芯绒具有手感柔软、纹路清晰、绒条圆润、丰满等特点,穿着时大都是毛绒接触外界,地组织很少磨损,所以穿着牢度比一般棉织物好。由于其固有的特点和色泽,外表美观大方,成为国内外男女老少,四季皆宜的服装面料,可制成各类男女服装及服饰用品,用途广泛。

(七)麻纱

(1)组织:$\dfrac{2}{1}$——纬重平。

(2)线密度:18～36tex。

(3)紧度:经向紧度 E_j = 40%～50%;

　　　　　纬向紧度 E_w = 45%～55%;

　　　　　总紧度 E_z = 60% 以上。

麻纱一般采用变化平纹组织——纬重平组织。经纱捻度高 10% 左右,可以使织物挺而爽;经纱和纬纱的捻向相同,使织物表面条纹清晰。麻纱因挺爽如麻而得名,有凉爽透气的特点。布面经向有明显的直条纹路,并散布着许多清晰的空隙,因而穿着不贴身,凉爽、透气,是夏季服装的理想面料之一。麻纱大多用纯棉纱制织,也有用棉混纺纱制织的,如涤/棉、涤/麻等。麻纱按组织结构分为普通麻纱和花式麻纱,花式麻纱是利用组织的变化或经纱线密度与排列的变化制织而成。麻纱有漂白、染色、印花、提花等品种。

(八)泡泡纱

泡泡纱是指布身呈凹凸状泡泡的薄型棉织物。泡泡纱穿着舒适透气,不贴身,布面富有立体感,凉爽休闲,洗后不需要熨烫,是夏令衣着用料,常用来制作童装、女衫、衣裙、睡衣裤等,用较粗的纱线制织的泡泡纱还可以用来做床罩、窗帘等。

色织泡泡纱最经典的织制方法是双轴织造,即织造时采用地经和泡经两个不同的经轴,泡经的送经速度比地经快约 30%,由于经纱张力的不同,织出的坯布形成条纹状的凹凸泡泡,再经松式整理,即成泡泡纱。这种泡泡纱的立体效果可以持久不变,但泡泡只能形成条状花纹。

此外,还有两种方法可以织制泡泡纱,一是利用高收缩丝与棉纱交替排列,织造前高收缩丝进行预牵伸,织造后用热处理加工,由于两种纤维受热收缩率不同,而使布身形成凹凸状的泡泡。二是化学方法,用化学试剂使部分织物收缩,形成泡泡。

(九)牛津布

牛津布是具有特色的棉织物。采用色纱做经,白纱做纬,线密度 29×13tex,采用平纹或平纹变化组织,经密大于纬密。线密度较小时,经纬纱可用 2～3 根并列以织出独特的风格。其主要风格特征是手感柔软、光泽自然、布面气孔多、穿着舒适、平挺保形性好。适用于制作男礼服衬衫、两用衫、女套裙及衬裤、童装等。常见的有钱布雷牛津布、小提花牛津布等。

---

[1]　1 英寸 = 2.54cm。

（十）纱罗

纱罗是色织物中很特殊的一类织物，经纱与经纱通过摆综发生扭绞，在织物表面形成清晰、纤细的绞孔。纱罗一般采用 14.5tex 或 7.5tex×2 以下的低特纱做经纬纱，密度较稀。纱罗布身轻薄且透气性好，穿着凉爽舒适，悬垂性好。适合做夏季女式服装、衬衫、贴身内衣及日本夏季和服等衣料。若采用较粗的、色彩鲜艳的纱线做绞经，则可以制织装饰用的纱罗。

（十一）牛仔布

牛仔布是色经白纬的斜纹织物，经纱的颜色多是靛蓝色。牛仔布 20 世纪 30 年代开始流行，制成的裤子短裆、紧身、包臀，缝工坚牢，缉线外露，具有美洲乡土风味。由于穿着贴身、灵巧舒适，耐磨性能好，适合于运动和日常生活穿着，深受消费者喜爱。

牛仔布发展到今天，在原料的使用、织物的重量、外观的效果等方面发生了很大的变化。原料从单一的棉扩展为棉与黏胶纤维、丝、氨纶、天丝等的混纺，织物的重量从单一的厚重转变为从轻到重的系列化，最轻薄的能做到 184g/m（6 盎司/码）以下，外观效果的丰富多样依赖于后整理和用色等，如石磨、水洗、酶洗、仿旧等后整理。风格千变万化的牛仔布，适合于制作各类男女服装。

（十二）条格布

条格布是花型为条子或格子的色织物的统称。条格布的品种繁多，规格多样，按其色泽和花型分为深色条、浅色条、深色格布、浅色格布四类，其中又可分大格、小格、素格、大条、小条等，色织条格布以平纹组织为主，也采用小花纹组织或斜纹组织等，纱支、密度等规格参数依据不同的品种有很大的差异。条格布的特点主要

表现在质地细洁、厚实，花色文雅明朗，薄型面料适用于夏季服装，较厚的则用于春秋季各类服装的制作。

第二节 麻织物

麻织物是服用舒适且具有粗犷风格的织物，颇受各阶层消费者的喜爱。麻纤维用于服装面料具有非常悠久的历史，但我国麻纺织业发展及麻织物的应用起步较晚，高质量、高附加值产品的研制与开发是发展的方向与重点。

一、麻织物的风格特征

麻织物的风格主要由麻纤维的性能所决定，但也与脱胶、梳理、纺纱工艺及织物组织结构和染整工艺等有密切关系。麻织物主要的风格特征如下：

（1）麻织物表面具有纱线粗细不匀、条影明显的特征。

（2）各种麻织物均较棉布硬挺，易起折皱，贴身穿着有刺痒感，可采用合适的后整理等方法使其改善。

（3）天然纤维中麻的强度最高，湿态强度比干态强度高 20%～30%，其中苎麻织物的强度最高，亚麻织物、黄麻织物次之，其他各种麻织物的质地也较坚牢耐用。

（4）各种麻织物的吸湿性极好，当含水量达自身重量的 20% 时，人的皮肤并不感到潮湿。各种麻织物还具有较好的防水、耐腐蚀、不易霉烂、不虫蛀的性能。

（5）本白或漂白麻布光泽自然柔和，作为衣料有高雅大方、自然淳朴之美感。各种染色麻布具有独特的色调及外观风格。

（6）各种麻织物导热性能优良，因此麻织物在夏季穿着干爽吸汗、舒适。

（7）各种麻织物均具有较好的耐碱性，但在热酸中易损坏，在浓酸中易膨润溶解。

（8）混纺麻织物中麻纤维的含量越大，则上述各种麻织物的风格特征越明显；仿麻织物的外观似麻织物，但性能由使用的纤维原料所决定。

二、麻织物的常见品种

(一)纯麻细布

采用亚麻、苎麻为原料按照平布的规格织制纯麻细布，紧密程度一般不高，有利于夏衣穿着的通透性。10tex、12.5tex苎麻细纺及14.3～16.7tex、27.8～31.3tex亚麻漂白细布等织物均具有细密、轻薄、挺括、滑爽的风格特征。低特的织物更为柔软、凉爽，有较好的透气性能和舒适感。色泽以本白、漂白及各种浅色为主。各种纯麻细纺布适于制作夏季男女衬衫、女绣衣、裙等，也可用作头巾、手帕等配件的用料。

(二)纯麻其他织物

（1）靛蓝劳动布：30.3tex、62.5tex的纯麻织物，厚实挺括、风格特殊，适于制作牛仔服和春、秋季套装。20tex的轻薄织物适于制作夏季衬衫和裙子。55.6tex、62.5tex、71.4tex、83.3tex及100tex等风格粗犷的纯亚麻布适用于西服、裙子、裤子等面料。

（2）纯麻爽丽纱：利用水溶性维纶生产的低特纯麻织物，目前已批量生产10tex（100公支）经纬纱的爽丽纱，强度高，毛羽少，织物稀薄，布面平整光洁，手感滑爽，挺括，吸湿散湿快，透气性好，是夏季的理想面料。

(三)麻与涤纶的混纺布

混纺比常用65%涤、35%麻或55%涤、45%麻，已能纺制10tex的特细纱，常用的为13.9tex及16.7tex，一般采用平纹、斜纹组织。织物挺括、透气、吸汗、散湿好，弹性较好，不易折皱，具有较好的服用性能，用以制作夏季衬衫、外衣、裙、裤等。

(四)麻与黏胶纤维的混纺及交织布

黏胶纤维织物柔滑、飘逸、悬垂性好，但缺少身骨；麻纤维刚硬、挺爽，采用两者混纺或交织，取长补短，使织物的外观与麻织物相似，但手感柔软，刺痒感少，有一定的悬垂性和挺爽特性，经树脂整理，还能提高抗皱能力，提高织物表面光滑性。产品用作春夏季服装面料，较适合做女装的裙、衫。

(五)麻与棉的混纺及交织布

棉麻两种天然纤维的混纺与交织，在服装面料天然纤维热中得到了很大的发展，麻棉混纺及交织产品手感滑爽，透气性好，有身骨，布面平整，色泽较纯麻织物鲜艳。对于含麻大于50%的织物，已成为国际市场上畅销品之一。

棉麻混纺粗平布，风格粗犷、平挺厚实，适于制作外衣、工作服等。33.3tex、25tex棉苎麻及棉亚麻混纺布，其含麻量分别为30%、40%、50%，具有干爽挺括风格，且较柔软细薄，适于做春夏衬衫面料。大麻棉（55/45）靛蓝牛仔布，精纺罗布麻棉织物，具有棉的柔软、麻的滑爽等特性和抗菌作用，适于制作保健服装。

(六)麻丝交织或混纺织物

桑蚕丝为经、苎麻纱为纬的平纹组织以及桑蚕丝与苎麻的混纺织物，织物表面有粗细节，呈现麻织物的风格，又有丝织物的柔滑手感，柔中带刚,改善了织物的折皱弹性,并使织物的弹性及伸长率提高。这类织物服用性能极佳,既吸湿透气,又散湿散热快,对皮肤无刺痒感,还能对皮肤瘙痒症有一定疗效,是高档的服装面料。

(七)苎麻与羊毛混纺织物

羊毛纤维卷曲度好,弹性好,有自然柔和的光泽,无极光,手感润滑不糙,苎麻纤维吸湿放湿性好,出汗不贴身,两种纤维混纺能取长补短。麻毛混纺一般为轻薄型的精纺织物,织物挺括、比较抗皱,适用于外衣面料。

(八)夏布

用手工绩麻成纱,再用木织机以手工方式织成苎麻布,为夏季服装面料,是我国传统的纺织品之一。其中湖南浏阳夏布、江西万载夏布和四川隆昌夏布,以其紧密、细薄、滑爽等性能驰名中外。夏布除以地名命名外,也以总经线数为夏布名称,如600夏布、725夏布等;还有以织物幅宽命名,如18寸[1]、24寸抽绣夏布等。织物经精练、漂白后,颜色洁白,光泽柔和,穿着时有清汗离体、挺括凉爽的特点,适用于夏服和高级服装面料。

第三节 毛织物

毛织物是服装用织物中的高档品种。按其生产工艺可分为精纺毛织物与粗纺毛织物。

精纺毛织物选用精梳毛纱制织而成,所用原料一般细而长,纤维梳理平直,纱线结构

---

[1] 1寸=3.3333cm。

紧密,排列整齐,织物柔滑,织纹清晰,布身结实。

粗纺毛织物选用粗梳毛纱制织而成,所用原料的种类和范围很广,采用高特单纱,纺纱工艺短,织物的外观及风格在很大程度上取决于后整理工艺。

一、毛织物的服用性能特点

(1)纯毛织物光泽柔和,手感柔软而富有弹性,为高档或中高档服装面料。

(2)毛织物具有良好的弹性和干态抗皱性,服装熨烫后有较好的褶裥成型和服装保形性。

(3)毛织物的湿态抗皱性和洗可穿性差。

(4)表面茸毛丰满厚实的粗纺毛织物具有良好的保暖性,轻薄滑爽、布面光洁的精纺毛织物具有较好的吸汗及透气性。

(5)毛织物比较耐酸而不耐碱。

(6)毛织物容易虫蛀。

二、精纺毛织物的主要品种

(一)凡立丁

(1)组织:平纹。

(2)线密度:16.7tex×2~25tex×2。

(3)重量:124~248g/m²。

(4)密度:经密220~300根/10cm;纬密200~280根/10cm。

凡立丁是用于夏季服装的薄型面料,考虑穿着的舒适性、美观性及洗涤方便,一般采用羊毛或毛涤混纺,纱线捻度略大,单纱捻度比股线小10%左右,经过压光整理以后质地细洁、光泽自然柔和、轻薄滑爽,以浅色为主,亦有本白色及少量深色,女装常用浅淡色。凡立丁适于制作夏季男女西服、裙、裤等。

(二)派力司

(1)组织:平纹。

(2)线密度:14.3tex×2~20tex×2,也可单纬20~33.3tex。

(3)重量:127~168g/m²。

(4)密度:经密 250~300 根/10cm;纬密200~260 根/10cm。

派力司是精纺毛织物中最轻薄的品种之一,具有混色效应,呢面散布均细而不规则的雨丝状条痕,以混色灰为主,有浅灰、中灰、深灰等,也有少量混色蓝、混色咖啡等。呢面光洁平整,经直纬平,光泽自然柔和,颜色无陈旧感,手感滋润、滑爽,不糙不硬,柔软有弹性,有身骨。与凡立丁织物相同,薄、滑、挺、爽也是其理想的外观与性能。毛涤派力司为挺括抗皱,易洗、易干,有良好的穿着性能。派力司为夏季理想的男女套装、礼仪服、两用衫、长短西裤等用料。

(三)哔叽

(1)组织:$\frac{2}{2}\nearrow$。

(2)线密度:16.7tex×2~27.8tex×2。

(3)重量:193~314g/m²。

(4)密度:经密 297~330 根/10cm;纬密257~280 根/10cm。

哔叽的经纬纱密度之比约为 1.1∶1.25,外观呈45°的右斜纹,且纹路扁平、较宽,呢面有光面和毛面两种,光面哔叽纹路清晰,光洁平整;毛面哔叽呢面纹路仍然明显可见,但有短小绒毛,市场上以光面哔叽为多见。哔叽呢面细洁、手感柔软、有身骨弹性,质地坚牢,色泽以灰色、黑色、藏青色、米色等为主,也有少量混色。哔叽主要用于春秋季男装、夹克、女装的裤子、裙子等面料。为了适应服装向轻、薄、软方向发展的需求,哔叽织物的低特薄型也成为一种必然

趋势,线密度可达 6.7~10tex×2,织物重量为133g/m² 左右。

(四)啥味呢

(1)组织:$\frac{2}{2}\nearrow$。

(2)线密度:16.7tex×2~27.8tex×2,也有单纬25~33.3tex。

(3)重量:227~320g/m²。

(4)密度:经密286~309 根/10cm;纬密253~270 根/10cm。

啥味呢的经纬纱密度之比约为 1.1∶1.5,外观呈现50°左右的右斜纹。啥味呢采用毛条染色,且有混色效应,以混色灰为主,也有混色蓝、混色咖啡等。为了达到啥味呢的混色效果,也可采用毛条印花或不同吸色性能纤维的条染混纺的工艺技术。啥味呢面有光面和绒面两种,光面啥味呢面无茸毛,纹路清晰,光洁平整,手感滑而挺括;绒面啥味呢面光泽自然柔和、底纹隐约可见,手感不板不糙、糯而不烂,有身骨。啥味呢适用于做春秋男女西服、中山装及夹克等服装面料。用于女装的啥味呢有相当一部分是素色的产品,且采用匹染工艺,使织物的色彩亮丽,符合女装的要求。

哔叽、啥味呢都采用$\frac{2}{2}$组织,结构相似,织纹角度也相近,但是在外观上哔叽是素色的,以匹染为主,而啥味呢是毛条染色,以混色效应为主。

(五)华达呢

(1)组织:$\frac{2}{1}\nearrow$、$\frac{3}{1}\nearrow$(单面);$\frac{2}{2}\nearrow$(双面);变化缎纹(缎背)。

(2)线密度:12.5tex×2~33.3tex×2。

（3）重量：200~400g/m²。

（4）密度：经密 434 ~ 613 根/10cm；纬密 202~256 根/10cm。

华达呢按组织可以分为单面华达呢、双面华达呢和缎背华达呢，一般单面华达呢为 227g/m²，纬纱也可以采用单纱，双面华达呢为 240~299g/m²，缎背华达呢为 324~400g/m²。华达呢的经密比纬密大，两者之比约为 2，呢面呈现 63°左右的清晰斜纹，纹路挺直、密而窄，呢面光洁平整，质地紧密，手感润滑，富有弹性。单面华达呢正面纹路清晰，反面呈平纹效应；双面华达呢正反两面均有明显的斜纹纹路；缎背华达呢正面纹路清晰，反面呈缎纹效应。单面华达呢较薄，且多用鲜艳色、浅色，采用匹染工艺，适于做女装裙；双面华达呢一般适用于制作春秋西服套装，较厚型的缎背华达呢适于做冬季男式大衣，色泽多用素色，如藏青、灰、黑、咖啡等色。

（六）女衣呢

（1）组织：绉组织、平纹地小提花、斜纹。

（2）线密度：16.7tex×2~25tex×2，也可单纬 25~33.3tex。

（3）重量：200~267g/m²。

（4）密度：

a. 平纹经密 120~250 根/10cm；纬密 110~230 根/10cm；

b. 斜纹经密 220~340 根/10cm；纬密 180~340 根/10cm；

c. 绉组织经密 250 ~ 410 根/10cm；纬密 220~300 根/10cm。

女衣呢是典型的女装用面料，女衣呢的色彩鲜艳，手感松软。以匹染为主，色泽艳丽，色谱齐全，如粉红、大红、紫色、铁锈红、嫩黄、金黄、艳蓝、苹果绿等色。女衣呢采用各种组织，其密度变化范围较大，纱线的捻度要适当大一些，也可以采用同向捻，保证手感柔软不松烂，织纹清晰，富有弹性。

（七）直贡呢

（1）组织：缎纹、变化缎纹、急斜纹。

（2）线密度：12.5tex×2~20tex×2，也可单纬 25~33.3tex。

（3）重量：200~267g/m²。

（4）密度：经密 300~700 根/10cm；纬密 200~400 根/10cm。

直贡呢又称礼服呢，是精纺毛织物中历史悠久的传统高级产品，呢面光滑、质地厚实，表面呈现 75°左右的倾斜纹路、细洁平整，光泽明亮美观，色泽以原色为主，也有藏青、什色等，主要适于制作高级春秋大衣、风衣、礼服、便装、民族服装等。

（八）驼丝锦

（1）组织：变化缎纹。

（2）线密度：16.7tex×2~20tex×2，也可单纬 25~33.3tex。

（3）重量：300~333g/m²。

（4）密度：经密 490 ~ 522 根/10cm；纬密 290~347 根/10cm。

驼丝锦是精纺毛织物的传统高档品种之一，常用五枚或八枚变化经缎组织，织物表面平整滑润，织纹细腻，光泽明亮，手感软糯，有丰厚感，织物反面有小花纹。贡丝锦与驼丝锦非常相似，差异仅在于织物的反面，贡丝锦的反面有类似缎纹的效果。驼丝锦与贡丝锦主要用于制作礼服、西服、套装、夹克、大衣等。

（九）马裤呢

（1）组织：急斜纹。

（2）线密度：16.7tex×2~27.8tex×2。

（3）重量：333～400g/m²。

（4）密度：经密 420～650 根/10cm；纬密 210～300 根/10cm。

马裤呢采用急斜纹组织，配以较粗的纱线，正面右斜纹贡子粗壮，反面左斜纹呈扁平纹路，质地厚实，呢面光洁，手感挺实而有弹性，素色以军绿、蓝灰为主，也有原色和藏青等色，混色多为咖啡、米灰等色。主要适合于做高级军用大衣、军装、猎装及男女秋冬外衣等面料。

（十）精纺花呢

精纺花呢是利用各种精梳色彩纱线、各种花式捻线、各种装饰纱线做经纬纱，运用平纹、斜纹、变化斜纹或其他各种组织织纹的变化，织造成条、格以及各种花型的织物。从花呢的定义中可以了解到，花呢的品种繁多，其规格参数的变化范围也很大。按照重量对花呢进行分类，可分为薄花呢、中厚花呢、厚花呢。

薄花呢一般是指 190g/m² 以下的花呢织物，主要用于夏装，全毛薄花呢和毛涤薄花呢最为常见，薄、滑、挺、爽是其理想的风格特征。

中厚花呢的重量为 190～289g/m²，主要用于制作西装、套装，有纯毛与毛混纺等各类产品，手感丰满、活络，有弹性。

厚花呢的重量大于 289g/m²，主要用于制作大衣、制服、军猎装等，有纯毛与毛混纺等各类产品，手感丰满、活络，有弹性、丰厚、结实。

以下是花呢的几个具体品种。

1. 海力蒙

（1）组织：$\frac{2}{2}$破斜纹。

（2）线密度：16.7tex×2～22.2tex×2。

（3）重量：240～280g/m²。

（4）密度：经密 290～320 根/10cm；纬密 250～280 根/10cm。

海力蒙经纬异色，浅经深纬、白经黑纬的配色最为多见，也有灰色、蓝色、咖啡色。$\frac{2}{2}$破斜纹组织及色纱配置在织物表面形成人字斜纹的外观，适合制作男女西装、套装、夹克等。

2. 单面花呢（牙签条）

（1）组织：经二重。

（2）线密度：12.5tex×2～16.7tex×2。

（3）重量：267～333g/m²。

（4）密度：经密 450～500 根/10cm；纬密 350～450 根/10cm。

单面花呢的呢面呈饱满的牙签条型花纹，故又名牙签条。织物风格庄重典雅、美观大方，手感厚实，富有弹性，成衣保形性好，适于制作西服套装等。低特薄型细牙签条是单面花呢的变化趋势。

三、粗纺毛织物的主要品种
（一）麦尔登

（1）原料：一级毛或品质支数为 60～64 支羊毛，精梳短毛，化纤。

（2）组织：平纹、$\frac{2}{1}$斜纹、$\frac{2}{2}$斜纹、$\frac{2}{2}$破斜纹。

（3）线密度：62.5～100tex。

（4）重量：367～467g/m²。

麦尔登是粗纺毛织物中的主要品种之一。全毛麦尔登以羊毛 70%、精梳短毛 30% 纺成粗梳毛纱；混纺麦尔登则以羊毛 50%、精梳短毛 20%、黏胶纤维及其他合纤 30% 为原料纺成粗梳毛纱。典型的麦尔登是重缩绒、不起毛、质地紧密、较厚的粗纺织物，属呢面织物，由于麦尔登原料品质高，产品色泽新鲜柔和，无杂毛死毛，呢面平整细洁，质地紧密，呢面丰满，不露地纹，耐磨性好，不起球，手感挺实而富有弹性。

麦尔登的颜色,一般以藏青色、黑色为主,女装麦尔登具有鲜艳的色泽,如红色、绿色或中浅色等。适用于男女冬季服装、春秋短外衣等高档服装面料。

(二) 大衣呢

(1) 原料:一至四级毛或品质支数为 64 支改良毛,精梳短毛,再生毛或化纤。

(2) 组织:三原组织、变化组织、复杂组织。

(3) 线密度:62.5~250tex。

(4) 重量:367~733g/m²。

大衣呢的风格特征因男、女大衣用途不同而异,男大衣色泽以深色、暗色为多,女大衣比男大衣轻薄,以花式、混色为多。大衣呢具有保暖性好、质地厚实等特点,其品种也比较多。原料各不相同,不仅有高、中、低档之分,且根据外观风格又将其分为平厚、立绒、顺毛、拷花、花式五种;依其外观还有纹面、呢面和绒面之分。

1. 平厚大衣呢

平厚大衣呢是缩绒不起毛的呢面织物,因使用原料的不同,平厚大衣呢可分为高、中、低三档:高档的以使用一级羊毛为主;中档的以使用二、三级羊毛为主;低档的以使用三、四级羊毛为主,每档中均可以加入适量的精梳短毛、再生毛或化纤。织物组织采用斜纹或纬二重组织。呢面平整、呢面丰满不露地,手感厚实而不板,耐起球等,色泽大多以黑色、灰色为主,也有军绿色、咖啡色产品,还可以做成混色产品,主要用作男女长短大衣、套装等的面料。

2. 立绒大衣呢

立绒大衣呢是大衣呢类的重要品种之一,所用原料为毛、黏胶纤维、锦纶和腈纶等。立绒大衣呢是经过缩绒、重起毛、剪毛等工艺的绒面织物,织物表面具有一层耸立的、浓密的绒毛,绒毛密、立、平、齐,绒面丰满匀净,手感柔软丰

厚,有身骨,有弹性,不松烂,光泽柔和。立绒织物可采用羊毛与其他动物毛(如兔毛、驼毛和马海毛等)混纺的纱为原料,但必须混毛均匀。织物组织采用斜纹或缎纹组织。主要用作女长短大衣、童装、套装等面料。

3. 顺毛大衣呢

顺毛大衣呢是经缩绒、起毛的绒面织物,织物表面的绒毛顺向一方倒伏,由绒毛的长短又分为短顺毛大衣呢、长顺毛大衣呢。顺毛大衣呢所用的原料为毛、黏胶纤维、腈纶等。高档长顺毛大衣呢混入 10%~50% 的羊绒、兔毛或羊驼毛等动物毛。

顺毛大衣呢的绒毛顺密、整齐均匀,毛绒均匀倒伏,不松乱,光泽好,膘光足,手感柔软滑暖,不脱毛,具有较好的穿着舒适性和高档感,适于用作女长短大衣、时装及男装大衣、外套等。顺毛大衣呢是毛染产品,色泽以深色为主,如黑灰色、蓝灰色、深蓝色、咖啡色等。女装顺毛大衣呢也有驼色等中浅色。

羊绒大衣呢是粗纺呢绒中的高档品,原料成分中含有 5%~100% 的羊绒,与羊绒混纺的羊毛必须是细特毛或羊仔毛,羊绒含量越高,其手感、风格越好,但价格也随之越高。羊绒大衣呢一般为短顺毛风格。羊绒大衣呢手感柔软、滑糯,光泽自然柔和,呢面细腻滋润,穿着轻松舒适,保暖性好。

兔毛大衣呢属于粗纺顺毛大衣呢。经纱原料一般选择用品质支数 64~66 支的毛100%,纬纱大都选用优质长兔毛 10%~50% 以及混用一定数量的化纤,如锦纶、腈纶等。兔毛相对密度小,质地轻、细腻、柔软,抱合力差,在纺纱过程中易滑脱、飞扬,单独成纱比较困难,因此采用与羊毛或化纤混纺,以弥补兔毛纺纱的不利因素。改性兔毛也可单独成纱。兔毛的染色性能不同于羊毛,染色性差,大多以本色和浅色外

露,在呢面上就相对显得多。兔毛女式大衣呢手感柔滑,呢面有洁白蓬松的兔毛娇柔地附在表面,使兔毛女式大衣呢具有特殊的娇嫩风格,深受女青年的欢迎。通常剪裁成流行款式,做成时装。

马海毛大衣呢采用20%~50%的马海毛,并且在整理过程中将其长、亮、柔软的特征充分展现在呢面表面,形成一种非常蓬松、厚实、温暖的外观。毛长且顺伏在表面,可以是色纱形成条格,也可以是长毛的马海毛形成条格,变化多,立体感强,给人一种新颖的感觉。色泽多为深色,也有浅色,用于制作女装大衣、套装及童装等。

4. 拷花大衣呢

拷花大衣呢是大衣呢中比较厚重而高档的产品,由于呢面具有独特的拷花纹路而命名。拷花大衣呢的组织为异面纬二重或异面双层。该组织是平纹为表里的双层组织上再附加绒纬纱而构成。这附加的绒纬在后道整理过程中,由于经多次反复拉毛、刷毛、剪毛工艺,使绒纬中的毛纤维逐渐被拉出,直至绒纬完全断裂,随绒纬的固结组织而呈现拷花纹路。拷花大衣呢常为纯毛产品,高档品种的表纬可采用紫羊绒、马海毛和兔毛等为原料,通常里经和里纬可以粗些,而表经和表纬可以细些。呢面毛茸丰满,呈有人字或波浪形凹凸花纹,手感厚实富有弹性,其立绒拷花大衣呢比顺毛拷花大衣呢的绒毛短而密立,静止空气量大,保暖性更好,花纹更为清晰均匀,主要用于冬季男女大衣的高档面料。

5. 花式大衣呢

花式大衣呢是大衣呢类中的一个重要品种,所用原料为毛、黏胶纤维、腈纶、锦纶等。该织物多数为女装用料,其组织有平纹、斜纹、纬二重、双层组织等。按外观呢面可分为花式纹面、花式呢面、花式绒面大衣呢等。

花式纹面大衣呢要求纹面均匀,色泽调和、花纹清晰,手感不糙硬,有身骨弹性。花式呢面大衣呢主要是指各类条、格和各类配色模纹的缩呢为主的大衣呢,要求呢面丰满、细洁、平整,正反两面相似,绒毛短而密集,基本不露底纹,手感柔软有弹性。花式绒面大衣呢主要是指各类配色花纹的缩绒起毛大衣呢,要求绒面丰满平整,绒毛整齐,手感柔软,色泽艳丽。适合制作女装和童装。

(三)海军呢

(1)原料:二级羊毛,精梳短毛,化纤。

(2)组织:$\frac{2}{2}$斜纹。

(3)线密度:76.9~125tex。

(4)重量:400~533g/m²。

海军呢属呢面产品,有全毛与毛混纺,毛混纺产品的原料有毛70%~75%、化纤25%~30%。海军呢经重缩绒加工,呢面平整,均匀耐磨,质地紧密,有身骨,不起球,不露底。海军呢以匹染为主,色泽为藏青色、黑色或蓝灰色等。海军呢的主要用途是制作海军制服、秋冬季各类外衣、海关服等。

(四)制服呢

(1)原料:三、四级毛,精梳短毛、落毛,化纤。

(2)组织:$\frac{2}{2}$斜纹。

(3)线密度:111.1~166.7tex。

(4)重量:400~533g/m²。

制服呢属呢面产品,混纺产品居多,毛70%~75%、化纤25%~30%。制服呢经轻缩绒、轻起毛加工,质地紧密、厚实、耐穿,丰满程度一般,基本不露地,手感不糙硬,有一定的保暖性,色泽以蓝、黑素色为主,价格较低,是秋冬中低档制服的适用面料。

(五) 女式呢

（1）原料：一、二级毛或品质支数为 50~64 支毛，精梳短毛，化纤。

（2）组织：平纹、$\frac{2}{2}$ 斜纹、$\frac{1}{3}$ 破斜纹、$\frac{3}{1}$ 破斜纹。

（3）线密度：62.5~111.1tex。

（4）重量：180~433g/m²。

粗纺女式呢所用原料为毛或毛与黏胶纤维、腈纶、涤纶等混纺，多以匹染为主，色泽鲜艳、手感柔软，外观风格多样，适宜于制作秋冬女装、套装、童装等。粗纺女式呢品种很多，按照呢面风格特征分为平素女式呢、立绒女式呢、顺毛女式呢和松结构女式呢。

平素女式呢是经过缩呢加工的素色呢面织物，外观平整、细洁，色泽鲜艳，不露底纹或稍露底纹，手感柔软，不松烂。

立绒女式呢是经缩呢、起绒加工的绒面织物，绒面匀净，绒毛密立平整，不露地纹，手感丰满，有身骨弹性。

顺毛女式呢是经缩呢、拉绒加工的绒面织物，绒毛较长，且平整均匀，向一方倒伏，手感柔软，滑润细腻。高档品种还可混用10%~20%的羊绒、兔毛等。

松结构女式呢所采用组织的浮长较长，密度较低，以纹面为主，采用一些花式线可丰富品种及外观。呢面花纹清晰，色泽鲜艳，质地轻盈，手感松软。

(六) 法兰绒

（1）原料：一、二级毛，精梳短毛，回用毛，化纤。

（2）组织：平纹、$\frac{2}{1}$ 斜纹、$\frac{2}{2}$ 斜纹。

（3）线密度：83.3~111.1tex。

（4）重量：227~453g/m²。

法兰绒是经缩绒加工的混色呢面织物，有全毛及毛混纺产品，以毛混纺产品居多，毛65%~70%、化纤30%~35%。法兰绒以散毛染色，按色泽要求混成浅灰、中灰、深灰等色。法兰绒呢面细洁平整、手感柔软有弹性、混色均匀，具有法兰绒传统的黑白夹花的灰色风格，薄型的稍露地、厚型的质地紧密，混纺法兰绒因有黏胶纤维，故身骨较软。法兰绒适于用作春秋大衣、风衣、西服套装、西裤、便装等男女装面料。

(七) 粗花呢

粗花呢是利用单色纱、混色纱、合股线及花式线等，以各种组织及经纬纱排列方式配合而织成的花色产品，包括人字、条格、圈点、小花纹及提花凹凸等织物。从粗花呢的定义中可以了解到，粗花呢的品种繁多，其规格参数的变化范围也很大，具有色泽协调鲜明、粗犷活泼、文雅大方的各种粗花呢品种。按呢面外观特征可分为绒面粗花呢、纹面粗花呢、呢面粗花呢和松结构粗花呢。

绒面粗花呢表面有绒毛覆盖，绒面丰满、整齐，手感丰厚柔软而稍有弹性，是缩绒并起毛的产品。

呢面粗花呢表面呈毡缩状，短绒覆盖，呢面平整、均匀，质地紧密，身骨厚实，不硬板，在配色模纹中，毛纱要求缩绒后不沾色。

纹面粗花呢表面织纹清晰，纹面匀净，光泽鲜明，身骨挺而有弹性，手感柔软而不松烂。

松结构粗花呢要求呢面纹路花纹清晰，色泽鲜艳不沾色，质地轻盈，松软活络，组织多样，还可以配以粗细纱线，形成立体感很强的凹凸花纹。

粗花呢多为混纺织物，采用的原料有高、

中、低三档,高档以一级毛为主,占 70%,并掺入一定比例驼毛、羊绒、兔毛等,精梳短毛占 30%;中档以二级毛为主,占 60% ~ 80%,精梳短毛占 40% ~ 20%;低档以三、四级毛为主,占 70%,精梳短毛占 30%。若混纺,其中各档羊毛占 70%,化纤占 30%。粗纺花呢的主要用途是制作套装、短大衣、西装、上衣等。

(八)大众呢

(1)原料:一、二级毛,精梳短毛,下脚毛,化纤。

(2)组织:$\frac{2}{2}$ 斜纹、$\frac{2}{2}$ 破斜纹。

(3)线密度:125 ~ 250tex。

(4)重量:400 ~ 600g/m²。

大众呢包括学生呢在内,是经缩呢、起毛的呢面织物,以毛黏混纺产品为主,精梳短毛及下脚毛可高达 35% ~ 60%,并可掺入 5% 左右锦纶。其风格特征与制服呢类似,呢面平整丰满、不露地,质地紧密,手感挺实有弹性,具有一定保暖性。因短毛含量多,外观较粗,与制服呢相似,耐起球性比麦尔登、海军呢差,且磨后易露地。价格低,适于用作秋冬季学生校服、各种职业服、便服等中低档服装面料。

麦尔登、海军呢、制服呢及大众呢都具呢面风格,它们的外观风格非常相似,但若仔细辨别,在手感和外观上都有区别。麦尔登使用的纱最细,织物最挺实而富有弹性,质地最紧密,呢面细洁丰满,不露底纹,不起毛起球;海军呢与麦尔登比较,挺实性略差,有身骨,呢面平整细洁,基本不露底纹;制服呢手感有些粗糙,呢面虽平整但有粗毛露在表面,是半露底纹的呢面风格;大众呢的呢面细洁平整,手感较松软,用手指摩擦较易起毛,是半露底纹的呢面产品。

第四节 丝织物

丝织物在服用织物中素有"衣料皇后"之称,外观绚丽多彩、光泽柔和、悬垂、飘逸,摩擦时具有特殊的丝鸣声,是高档服装的理想面料。

一、丝织物的服用性能特点

(1)丝织物强度较好,抗皱性较差。

(2)桑蚕丝织物光泽柔和明亮、手感爽滑柔软、高雅华贵。

(3)柞蚕丝织物色泽和手感不及桑蚕丝织物,颜色黄、光暗,手感柔而不爽,略带涩滞。沾水易形成水渍,熨烫时应避免喷水。

(4)丝织物耐光性差,不宜太阳直晒。

(5)丝织物不耐碱,洗涤时应采用中性洗涤剂。

(6)丝织物容易虫蛀和发霉。

二、丝织物的主要品种

(一)绡

采用平纹组织或假纱组织(透孔组织),经纬丝加捻,具有清晰方正微小细孔的、质地轻薄呈透明或半透明的素、花丝织品为绡类织物。例如,10107 乔其绡、10154 建春绡、20352 长虹绡、51815 伊人绡等。绡类织物是颇受市场欢迎的产品,花式品种较多,用途广泛,可用于制作女式晚礼服、连衣裙、披纱、头巾等。

10107 乔其绡(纱、绡)

(1)原料和组织:桑蚕丝 100%,平纹。

(2)线密度:22/24dtex×2(2/20/22 旦)桑蚕丝。

(3)捻度:28 捻/2S2Z(捻度为 28 捻/cm,2

根S捻、2根Z捻相间排列）。

（4）密度：经密 520 根/10cm；纬密 440 根/10cm。

（5）重量：44g/m²。

乔其绡的经、纬丝加强捻，织物经整理后呈现绉效应，孔眼较大，透明度增加，手感兼具柔和与爽的特点。

（二）纺

采用平纹组织，经纬纱不加捻或加弱捻，采用生织或半熟织工艺，质地轻薄，外观平整缜密的素、花丝织品为纺类织物。例如，11207 电力纺、21165 尼丝纺、41354 柞绢纺等。纺类织物除生纺较硬挺外，一般都平整、缜密、柔软、滑爽、飘逸、悬垂性好、穿着舒适。中厚型纺类织物主要用作服装面料及服装的里料，中薄型的可用作薄型服装的里料及方巾等。

11207 电力纺

（1）原料和组织：桑蚕丝 100%，平纹。

（2）线密度：22/24dtex×2（2/20/22 旦）桑蚕丝。

（3）密度：经密 496 根/10cm；纬密 450 根/10cm。

（4）重量：35g/m²。

（三）绉

采用加捻等工艺条件，应用平纹组织或者其他组织，外观呈现绉效应，光泽柔和并富有弹性的素、花丝织品为绉类织物。例如，12102 双绉、12133 顺纡花绉、12166 碧绉、12267 精华绉等。不同绉织物的绉效应各异，有的细如微波涟漪，似绉非绉，有的粗如绉纸的绉效应，有的温柔细洁犹如柳条随风飘扬，有的则粗犷豪放。

绉类织物起绉的方法有多种：天然丝的强捻法；绉组织起绉法；化纤的差异收缩法；经纱差异张力法；染整轧纹起绉法等。

绉类织物风格新颖，穿着舒适，抗皱性能良好，为理想的夏季面料，广泛用于制作衬衫、连衣裙、头巾和领带，是量大面广、久销不衰的品种，也是时装中不可缺少的高级面料。

1. 12102 双绉

（1）原料和组织：桑蚕丝 100%，平纹。

（2）线密度：

a. 经纱 22/24dtex×2（2/20/22 旦）桑蚕丝；

b. 纬纱 22/24dtex×4（4/20/22 旦）桑蚕丝，23 捻/cm（2S2Z）。

（3）密度：经密 632 根/10cm；纬密 400 根/10cm。

（4）重量：60g/m²。

双绉经丝无捻，纬丝强捻且以 2 根 Z 捻、2 根 S 捻相间排列，故织物练染后表面呈现出均匀绉效应，质地轻柔，平整光亮，富有弹性。

2. 12133 顺纡花绉

（1）原料和组织：桑蚕丝 100%，平纹。

（2）线密度：

a. 经纱 22/24dtex×2（2/20/22 旦）桑蚕丝；

b. 纬纱 22/24dtex×4（4/20/22 旦）桑蚕丝，23 捻/cm（S）。

（3）密度：经密：800 根/10cm；纬密 395 根/10cm。

（4）重量：73g/m²。

顺纡绉经丝无捻，纬丝单根 S 捻强捻，故织物练染后表面呈现出纵向不规则绉效应，如柳条随风飘扬，细洁流畅，风格独特且穿着舒适。

（四）缎

采用缎纹组织，外观平滑光亮，质地紧密，手感柔软的素、花丝织品为缎类织物。例如，14101 素绉缎、14370 花绉缎、14366 桑波缎、64861 素软缎等。缎类织物分为经缎和纬缎；根据组织循环数可分为五枚缎、七枚缎、八枚缎；根据提花与否可以分为素缎和花缎，花缎主要有单层和二重两种。

缎类织物表面光滑光亮，紧密柔软具有高雅感，能充分显示丝织物的精致细腻特点，为中国绸缎之精品，适合制作高级服装、时装、礼服、民族服装及戏装等。

1. 14101 素绉缎

（1）原料和组织：桑蚕丝 100%，五枚经面缎纹。

（2）线密度：

a. 经纱 22/24dtex×2（2/20/22 旦）桑蚕丝；

b. 纬纱 22/24dtex×3（3/20/22 旦）桑蚕丝，26 捻/cm（2S2Z）。

（3）密度：经密 1295 根/10cm；纬密 490 根/10cm。

（4）重量：82g/m²。

素绉缎的经丝无捻，纬丝采用两根 S 捻、2 根 Z 捻相间排列的强捻丝，使织物正面呈现缎效应，反面呈现绉效应。

2. 64861 素软缎

（1）原料和组织：桑蚕丝 26%，黏胶丝 74%；八枚经面缎纹。

（2）线密度：

a. 经纱 22/24dtex（20/22 旦）桑蚕丝；

b. 纬纱 132dtex（120 旦）有光黏胶丝。

（3）密度：经密 1480 根/10cm；纬密 550 根/10cm。

（4）重量：104g/m²。

素软缎是桑蚕丝与黏胶丝的交织物，具有绸面平滑光亮、质地柔软、背面呈现斜纹状的风格特点。

（五）锦

采用缎纹组织、斜纹组织等，外观多彩绚丽、精致典雅的色织多色纬或多色经提花丝织品为锦类织物。也有称三色以上的缎纹织物即为锦，如 62035 织锦（缎）、64479 彩锦（缎）等。在服用的丝织物中，锦类织物属于组织花纹或色泽与地纹有明显对比的厚重织物。

锦类织物有采用重经组织的经锦、重纬组织的纬锦和双层组织的双层锦等不同品种。这些织物都采用精练染色的桑蚕丝为经丝原料，与彩色黏胶丝、金银丝的纬丝交织衬托锦的富丽堂皇、高贵典雅。锦类织物品种繁多，用途很广，古时多用于制作帝皇将相、王公贵族的官服，现代用于制作妇女棉袄面料、旗袍、礼服、民族服装和戏剧服装等。

62035 织锦（缎）

（1）原料和组织：桑蚕丝 22%，粘胶丝 78%；八枚经面缎纹。

（2）线密度：

a. 经纱采用 2 根捻度为 8 捻/cm、捻向为 S 的 22/24dtex（1/20/22 旦）的染色桑蚕丝并捻，并捻的捻度为 6.8 捻/cm、捻向为 Z 捻；

b. 纬纱：

甲 165dtex（150 旦）染色有光黏胶丝；

乙 165dtex（150 旦）染色有光黏胶丝；

丙 165dtex（150 旦）染色有光黏胶丝。

（3）密度：经密 1280 根/10cm；纬密 1020 根/10cm。

（4）重量：223g/m²。

织锦与缎类织物都是以缎纹组织为地，缎面细致光洁。一般缎类的色彩比较简单，常用经纬异色，经缎纬起花，花多为单色；而织锦绚丽多彩，经缎纬起花，纬重组织又为多种彩纬，因此花纹为多色。织锦比缎厚实、紧密、色彩艳丽、富丽堂皇。

（六）绢

采用平纹组织或者平纹变化组织为地组

织,外观平整挺括,色织或色织套染的素、花丝织品为绢类织物。例如,12302 塔夫绢、61502 天香绢等。绢类织物主要用于制作外衣、滑雪衣、风衣、雨衣等,还可以制作领结、绢花、帽花和女用高级绸面伞等服饰用品。

12302 塔夫绢

（1）原料和组织:桑蚕丝 100%,平纹地提花。

（2）线密度:

a. 经纱采用 2 根捻度为 8 捻/cm、捻向为 S 的 22/24dtex（20/22 旦）的染色桑蚕丝并捻,并捻的捻度为 6 捻/cm、捻向为 Z 捻;

b. 纬纱采用 3 根捻度为 6 捻/cm、捻向为 S 的 22/24dtex（20/22 旦）的染色桑蚕丝并捻,并捻的捻度为 6 捻/cm、捻向为 Z 捻。

（3）密度:经密 1055 根/10cm;纬密 470 根/10cm。

（4）重量:70g/m²。

塔夫绢具有闪光效果,其风格特征为外观细密平整、光泽晶莹,手感挺爽,丝鸣感强,较缎与织锦薄而韧。除提花塔夫绢外,还有素塔夫绢。

(七)绫

采用斜纹或斜纹变化组织为地组织,外观具有明显斜向纹路的素、花丝织品为绫类织物。例如,15688 桑丝绫、15694 桑柞绫、15674 真丝斜纹绸、15654 素广绫等。

真丝绫是生织精练产品,织物表面光泽柔和,斜纹明显,滑柔如水,质地细腻,穿着舒适,可用于制作连衣裙、衬衣、头巾、睡衣等,还可用作高档服装里料。黏丝绫及黏棉绫等产品斜纹明显,表面光泽强,表面摩擦系数小,手感光滑,是理想的服装里料。

15688 桑丝绫

（1）原料和组织:桑蚕丝 100% $\frac{2}{2}\nearrow$ 斜纹。

（2）线密度:

a. 经纱 22/24dtex×3（3/20/22 旦）桑蚕丝;

b. 纬纱 22/24dtex×4（4/20/22 旦）桑蚕丝。

（3）密度:经密 534 根/10cm;纬密 430 根/10cm。

（4）重量:63g/m²。

(八)罗

全部或者部分采用罗组织,构成等距或者不等距的条状绞孔的素、花丝织品为罗类织物。例如,16152 三梭罗、16151 杭罗、16153 轻星罗等。根据绞孔成条方向,分为直罗、横罗两种,绞孔沿织物纬向构成横条外观的,称横罗;构成直条外观的即为直罗。根据罗织物提花与否,分为素罗、花罗两种,素罗的绞孔成条排列,有三纬罗、五纬罗、七纬罗等;花罗的绞孔按一定花纹图案排列,有绫纹罗、平纹花罗等。罗类织物质地轻薄,丝缕纤细,绞孔透气,穿着凉快,并耐洗涤,适合于制作男女夏季各类服装。

16151 杭罗

（1）原料和组织:桑蚕丝 100%,平纹地罗组织。

（2）线密度:

a. 经纱 55/78dtex×3（3/50/70 旦）桑蚕丝;

b. 纬纱 55/78dtex×3（3/50/70 旦）桑蚕丝。

（3）密度:经密 335 根/10cm;纬密 265 根/10cm。

（4）重量:107g/m²。

杭罗因主要产于杭州而得名,平整的绸面上具有直条外观为直罗,杭罗质地紧密,挺括滑爽。

(九)纱

全部或者部分采用纱组织,织物表面有均匀分布的由绞转经纱所形成的清晰纱孔,不显条状的素、花丝织品为纱类织物。例如,10501庐山纱、16671香云纱、10507芝地纱等。

纱类织物有素纱和花纱两种。素纱是由地经、绞经两个系统的经丝和一个系统的纬丝构成的经丝相互扭绞的丝织物;花纱分为亮地纱和实地纱。亮地纱是以纱组织为地组织,用平纹、斜纹、缎纹或其他变化组织构成花纹的纱织物。实地纱是以平纹、斜纹、缎纹或其他变化组织为地组织,用纱组织构成花纹的纱织物。纱织物透气性好,是夏季服装的理想面料。

10501 庐山纱

(1)原料和组织:桑蚕丝100%,平纹地纱组织。

(2)线密度:

a. 经纱 31/33dtex×2(2/28/30 旦)桑蚕丝;

b. 纬纱 22/24dtex×6(6/20/22 旦)桑蚕丝,12 捻/S。

(3)密度:经密 830 根/10cm;纬密 375根/10cm。

(4)重量:89g/m²。

庐山纱在平纹地上以纱组织构成花纹,为实地纱,经纱扭绞处形成空隙,纤细、稀疏、轻盈、透气,适合制作夏季服装。

(十)葛

采用平纹组织、经重平组织或急斜纹组织,经细纬粗,经密纬疏,外观有明显均匀的横向凸条纹,质地厚实缜密的素、花丝织品为葛类织物。例如,67153 华光葛、66402 花文尚葛等。葛类织物基本上采用黏胶丝、棉纱或混纺纱织造,厚实坚牢,宜用作春秋季或冬季服装面料。

66402 花文尚葛

(1)原料和组织:黏胶丝62%,棉纱38%;$\frac{1}{2}$斜纹。

(2)线密度:

a. 经纱 132dtex(120 旦)有光黏胶丝;

b. 纬纱 18tex×3(32 英支/3)丝光棉纱。

(3)密度:经密 1060 根/10cm;纬密 160根/10cm。

(4)重量:233g/m²。

(十一)绨

采用各种长丝作经,棉纱或蜡线作纬,以平纹组织进行交织,质地比较粗厚、密实、坚牢的低档丝棉交织,细经粗纬的素、花丝织品为绨类织物。例如,66104 蜡线绨、67851 春花绨等。绨类是 14 大类中最少的一类品种。

绨与葛两大织物有些相似,虽然绨也是细经粗纬,但相差不大。素绨、小花纹绨可以用作秋冬服装面料,大花纹绨类织物可用作被面及其他装饰用品。

66104 蜡线绨

(1)原料和组织:黏胶丝50%,棉纱50%;平纹地小提花。

(2)线密度:

a. 经纱 132dtex(120 旦)有光黏胶丝;

b. 纬纱 27.8tex(21 英支)蜡线。

(3)密度:经密 505 根/10cm;纬密 240根/10cm。

(4)重量:137g/m²。

(十二)绒

采用织物组织(经起绒或纬起绒)和特殊工艺使织物表面形成全部或局部有绒毛或绒圈的素、花丝织品为绒类织物。例如,18652 天鹅绒(漳绒)、65111 乔其立绒、68003 真丝立绒、68967 光明绒、14192 漳缎等。丝绒是具有独特风格的高档产品,表面绒毛密立,织物外观端庄、华丽,色泽鲜艳明亮,质地柔软舒适、丰厚而富有弹性。

绒类织物的品种及外观多样，这是原料、组织与工艺结合的结果，原料可以是桑蚕丝、桑蚕丝与黏胶丝交织等；起绒方法可以有绒杆起绒法、双层织造起绒法等；染整方法可以有匹染法、扎经染色法、喷印法、色织法、轧花、烂印、浮雕法等。绒类织物深受消费者欢迎，用途广泛，可制作女式礼仪服、晚礼服、时装、旗袍、连衣裙、裙子等，还可制作各式童装及服饰用品和工艺品等。

1. 65111 乔其立绒

（1）原料和组织：桑蚕丝 18%，黏胶丝 82%；平纹地双层绒。

（2）线密度：

a. 绒经 22/24dtex×2（2/20/22 旦）桑蚕丝，24 捻/cm（1S1Z）；

b. 地经 132dtex（120 旦）有光黏胶丝；

c. 纬纱 22/24dtex×2（2/20/22 旦）桑蚕丝，24 捻/cm（3S3Z）。

（3）密度：经密 424 根/10cm；纬密 450 根/10cm。

（4）重量：210g/m²。

乔其立绒采用经起绒组织双层织造，双层绒坯经割绒形成绒毛耸立、绒面平整的织物表面，以桑蚕丝为绒经，使织物表面的绒毛细密、柔软，光泽高雅，有富贵华丽之感，悬垂性好，穿着舒适合体，适于制作女装及服装配饰用品等。乔其立绒若经过特殊加工可得烂花乔其绒、拷花乔其绒、烫金乔其绒等品种。

2. 18652 天鹅绒（漳绒）

（1）原料和组织：桑蚕丝 100%，四枚变斜。

（2）线密度：

a. 绒经（31/33dtex×14）×3（14/28/30 旦×3）桑蚕丝；

b. 地经采用 2 根捻度为 8 捻/cm、捻向为 S

捻的 22/24dtex（20/22 旦）并捻，并捻的捻度为 6 捻/cm、捻向为 Z 捻；

c. 纬纱 31/33dtex×9（9/28/30 旦）桑蚕丝；3.1/3.3tex×4（4/28/30 旦）桑蚕丝。

（3）密度：经密（438＋217）根/10cm；纬密 360 根/10cm。

（4）重量：200g/m²。

天鹅绒采用起绒杆法形成毛圈，将部分毛圈按绘制的图案割断成毛绒，由绒毛与绒圈映衬而构成花纹，形成富有民族特色的织物外观。

（十三）呢

采用基本组织和变化组织，并且采用比较粗的经纬丝纱，经向长丝、纬向短纤维纱，或者经纬纱均采用长丝与短纤纱合股并加以适当的捻度，表面粗犷少光泽，质地丰厚似呢的丝织品为呢类织物。例如，69152 丝毛呢、69154 条子呢等。

呢类丝织物的特征由原料和组织所形成，它的经纬向原料都比较粗，织造时采用绉组织，俗称呢地组织，可以使织物对光线产生漫反射，使光泽柔和，又因绉组织中的长浮线，可使织物松软厚实，丰满蓬松。呢类织物主要用于制作外衣，也可制作衬衫、连衣裙等。

69152 丝毛呢

（1）原料和组织：桑蚕丝 36.2%，羊毛 63.8%；破斜纹。

（2）线密度：

a. 经纱 22/24dtex×3（3/20/22 旦）桑蚕丝；

b. 纬纱 19.4tex×2 羊毛。

（3）密度：经密 755 根/10cm；纬密 255 根/10cm。

（4）重量：143g/m²。

(十四)绸

采用基本组织和变化组织,或同时混用数种基本组织和变化组织,凡属于通常组织类的组织,无论用单梭、双梭、多梭以及单丝轴或多丝轴织造的无其他特征的花素织物为绸类织物。例如,18157 西湖绸、15204 双宫绸、13857 绵绸、23501 辉煌绸等。绸类织物的组织、原料多样,因此,其特征不固定,产品变化无穷、丰富多彩,不论从花色品种还是数量上看都是最多的一类品种。

绸类织物用途很广,轻薄型绸可制作衬衣、内衣、连衣裙等,中厚型绸可制作外衣、裤子及时装等;除了衣着用绸外,还可供作装饰用绸、工业用绸及特种用绸等。

1. 18157 西湖绸(点纹绸)

(1)原料和组织:桑蚕丝 100%,四枚变化。

(2)线密度:

a. 经纱 22/24dtex×3(3/20/22 旦)桑蚕丝,22/24dtex×2(2/20/22 旦)桑蚕丝;

b. 纬纱 22/24dtex×6(6/20/22 旦)桑蚕丝,8.5 捻/cm(2S2Z)。

(3)密度:经密 807 根/10cm;纬密 440 根/10cm。

(4)重量:92g/m²。

西湖绸的表面,细小的花纹像撒在织物表面上的点子,故也叫点纹绸。

2. 13857 绵绸

(1)原料和组织:桑蚕丝 100%,平纹。

(2)线密度:40tex 桑绅丝。

(3)密度:经密 208 根/10cm;纬密 140 根/10cm。

(4)重量:140g/m²。

绵绸亦称疙瘩绸,是用绅丝加工而成,其风格特征是纱线粗细不匀,形成不平整绸面外观,质地厚实富有弹性,手感柔软而粗糙,富有粗犷及自然美,价廉物美。

3. 15204 双宫绸

(1)原料和组织:桑蚕丝 100%,平纹。

(2)线密度:

a. 经纱采用 2 根捻度为 8 捻/cm、捻向为 S 捻的 22/24dtex(1/20/22 旦)的桑蚕丝并捻,并捻的捻度为 6 捻/cm、捻向为 Z 捻;

b. 纬纱 110/132dtex×2(2/100/120 旦)双宫丝。

(3)密度:经密 701 根/10cm;纬密 280 根/10cm。

(4)重量:84g/m²。

双宫绸的纬纱为双宫丝,有明显的疙瘩形状,构成织物独特的外观风格,细腻中有变化并略带粗犷。

第五节　化学纤维织物

化学纤维织物中有很多产品具有仿天然纤维织物传统品种的风格特点。只是由于纤维性质和纱线结构的不同,造成织物服用性能上的较大差异。

一、黏胶纤维织物

(一)黏胶纤维织物的服用性能特点

(1)黏胶纤维织物吸湿性很好,手感柔软,贴身穿着的舒适性好。

(2)黏胶纤维织物色泽艳丽,尤其有光长丝织物色彩夺目,光泽柔和明亮。

(3)普通黏胶纤维织物的悬垂性好,挺括度、弹性和抗皱性差。

(4)普通黏胶纤维织物的强度低,特别是湿强度低。

(5)黏胶纤维织物缩水率大。

(二)黏胶纤维织物的主要品种

1. 人造棉平布

有人造棉细平布和中平布,往往经过染色和印花。其风格特征为质地均匀细洁,色泽艳丽,手感滑爽,穿着舒适,悬垂性好。但缩水率大,湿强度低。主要用于制作夏季女衣裙、衬衫等。

2. 黏胶长丝织物

有黏胶长丝无光纺、黏胶长丝塔夫绸、黏胶长丝乔其绡、黏胶长丝软缎、黏胶长丝织锦等品种,与对应的丝织物品种风格相似,但光泽和手感稍差,抗皱性差,湿强度低。

二、涤纶织物

(一)涤纶织物的服用性能特点

(1)涤纶织物强度高,弹性好,挺括抗皱。

(2)涤纶织物吸湿性差,贴身穿着有闷热感而使舒适性差,且易产生静电,易沾污,但易洗快干、免熨烫,洗可穿性很好。

(3)涤纶织物的抗熔孔性差,接触烟灰、火星即形成孔洞。

(4)涤纶织物具有热塑性,褶裥保形性好。

(5)涤纶织物不易虫蛀,也不易发霉。

(6)涤纶织物有较好的耐化学药品性。

(二)涤纶织物的主要品种

1. 涤纶仿丝绸织物

仿丝织物一般用圆型、异型截面的细旦或普旦涤纶长丝及短纤维纱线为经纬纱,织成相应品种的绸坯,再经染整及碱减量加工,从而获得既有真丝风格,又有涤纶特性的织物。主要品种有涤丝纺、涤纶双绉、涤纶织锦缎等。外观风格与相应品种的真丝织物很接近,但手感稍硬。

2. 涤纶仿毛织物

涤纶仿毛织物主要为精纺仿毛产品,一类是用涤纶长丝为原料,多采用涤纶加弹丝、涤纶网络丝或多种异形截面的混纤丝。一般单丝粗旦[0.33~0.56tex(3~5旦)]仿毛产品手感较差,而单丝细旦[0.22tex(2旦)]仿毛产品手感细腻。涤纶仿毛织物一般较纯毛织物滑亮。另一类是用中长型涤纶短纤维与中长型黏胶纤维或中长型腈纶混纺成纱后织成中长仿毛产品。其中的主要品种有涤弹哔叽、涤弹华达呢、涤弹花呢、涤纶网络丝仿毛织物等。

3. 涤纶仿麻织物

涤纶仿麻织物多采用涤纶长丝强捻纱,以平纹和凸条组织等变化组织织成的具有干爽手感的仿麻织物。日本和我国台湾生产的涤纶仿麻织物品种较多,一般用50%改性涤纶与50%普通涤纶为原料,加强捻,以不同喂入速度而形成条干粗细及捻度不匀的特殊结构合股线,以平纹和凸条组织形成外观粗犷、手感柔而干爽的薄型仿麻织物,适合用作夏季男女衬衫、衣裙及时装面料。

4. 涤纶仿麂皮织物

涤纶仿麂皮织物主要以细或超细涤纶为原料,以非织造织物、机织物、针织物为基布经过特殊整理加工而获得的各种性能外观颇似天然麂皮的涤纶绒面织物。分为三个档次:人造高级麂皮、人造优质麂皮和人造普通麂皮。可用作外衣面料。

5. 涤纶混纺织物

为了弥补涤纶吸湿性差的缺点和改善天然纤维和再生纤维素纤维织物保形性及坚牢度,常采用涤纶与棉、毛、丝、麻和黏胶纤维混纺,织成各种涤纶混纺织物,其服用性能兼有涤纶和所混纺纤维的性能特点。可用作衬衫、外衣、裤子、裙子、套装等面料。

三、氨纶弹力织物

氨纶弹力织物是指含有氨纶的织物,纱线

多采用包芯纱结构,氨纶多作为芯纱,外包其他纤维。由于氨纶有很高的弹性,因此混用氨纶的比例不同,可以加工出不同弹性的织物。氨纶弹力织物一般具有 15% ~ 45% 的弹力范围,适合体操运动员、芭蕾舞演员穿用的服装弹力会更大。氨纶弹力织物的主要特点就是它的无可比拟的伸长特性和弹性恢复能力,有很好的运动舒适性,同时兼具外包纤维的服用性能特点。

第六节 机织物的鉴别分析

机织物的种类繁多,其性能、手感风格和布面外观特征各不相同,因此,在衣料选用和缝制加工过程中可依此进行鉴别判断。

一、织物正反面的鉴别

服装制作时,织物的正面朝外,反面朝里,因此,利用织物正反面的差异进行正反面的识别就成为一项必不可少的工作。一般而言,织物的正面质量总是比反面好,如下所列为织物正反面识别时的各项具体依据:

(1)织物正面的织纹、花纹、色泽比反面的清晰美观、立体感强;织物正面比反面光洁,疵点少。

(2)凹凸织物正面紧密而细腻,条纹或图案凸出,立体感强,反面较粗糙且有较长的浮长线。

(3)起毛织物中单面起毛者一般正面有绒毛,双面起毛织物则毛绒均匀整齐的一面为正面。

(4)双层、多层及多重织物的正反面若有区别时,一般正面的原料较佳,密度较大。

(5)毛巾织物以毛圈密度大、毛圈质量好的一面为正面。

(6)纱罗织物其纹路清晰,绞经突出的一面为正面。

(7)布边光洁整齐的一面为正面。

(8)具有特殊外观的织物,以其突出风格或绚丽多彩的一面为正面。

(9)少量双面织物,两面均可做正面使用。

二、织物经纬向的确定

服装制作时,衣长、裤长一般需采用织物的经向,胸围、臀围一般采用织物的纬向,因此,织物正反面正确识别后,还必须确定织物的经纬向,这些都是服装裁剪前的必要步骤。确定织物经纬向的各项依据如下:

(1)如织物上有布边,则与布边平行的为经纱,与布边垂直的为纬纱。

(2)织物的经纬密度若有差异,则密度大的一般为经纱,密度小的一般为纬纱。

(3)若织物中的纱线捻度不同时,捻度大的多数为经纱,捻度小的为纬纱;当一个方向有强捻纱存在时,则强捻纱为纬纱。

(4)纱罗织物,有绞经的方向为经向。

(5)毛巾织物,以起毛圈纱的方向为经向。

(6)筘痕明显的织物,其筘痕方向为织物经向。

(7)经纬纱如有单纱与股线的区别,一般股线为经纱,单纱为纬纱。

(8)用左右两手的食指与拇指相距 1cm 沿纱线对准并轻轻拉伸织物,如无一点松动,则为经向;如略有松动,则为纬向。

三、织物原料的鉴别

确定织物的经纬向后,可以从织物的经向和纬向分别抽出纱线或纤维,应用第一章第五节中有关的纤维鉴别方法进行鉴定。

第七节　常用针织面料

纤维原料不同、纱线结构不同、织物组织结构不同及后整理工艺不同可形成外观和服用性能各异的多种针织面料。与机织面料相比,针织面料具有延伸性、弹性好,手感柔软,透气性好等优点和保形性、尺寸稳定性差,易钩丝等缺点。

针织面料根据其加工方法分为纬编针织面料与经编针织面料两大类;按照用途分为内衣面料、外衣面料、衬衣面料和运动衣面料;按花色分为素色面料、色织面料和印花面料等。

一、纬编针织面料

纬编针织面料质地柔软、具有较大的延伸性、弹性以及良好的透气性,但挺括度和形态稳定性不及经编针织面料好。纬编针织面料使用原料广泛,有棉、麻、丝、毛等各种天然纤维及涤纶、腈纶、锦纶、丙纶、氨纶和黏胶纤维等化学纤维的纯纺纱线,也有各种混纺纱线和交并纱线等。按照组织结构分类,常用的纬编针织面料有纬平针组织面料、罗纹组织面料、双反面组织面料、双罗纹组织面料、提花组织面料、集圈组织面料、毛圈组织面料、长毛绒组织面料等。

(一)纬平针组织面料

1. 纬平针组织面料的结构

纬平针组织面料是由连续的单元线圈从一个方向依次串套而成。它是结构最简单、使用最广泛的单面纬编针织面料。

纬平针组织面料上的线圈大小、形状和排列完全相同。织物两面具有不同的外观,正面的每一线圈有两根与线圈纵行配置成一定角度的圈柱,形成纵条纹;反面的每一线圈具有与线圈横列同向配置的圈弧,形成横条纹,如图6-1所示。由于圈弧比圈柱对光线有较大的漫反射作用,因而面料的反面比正面光泽暗淡。另外,在成圈过程中,新线圈是从旧线圈的反面穿向正面,线圈上的结头、杂质容易被旧线圈阻挡而停留在针织物的反面,所以正面一般较为光洁。

图6-1　纬平针组织面料的结构

2. 纬平针组织面料的特性

纬平针组织面料在横向和纵向都具有较好的延伸性,弹性及透气性较好,但易发生纬斜、卷边和脱散。

(1)延伸性:纬平针组织面料在纵向和横向拉伸时具有较好的延伸性、弹性,横向延伸性更优。在服装裁剪、缝制、整烫等工程作业中应加以注意,防止产品拉伸使规格尺寸发生变化,缝制时要选用拉伸性相适应的弹性缝线及线迹结构。

（2）纬斜性：纬平针组织面料在自由状态下，线圈常发生歪斜现象，不但影响面料的外观（对彩色横条面料影响更为严重），而且给服装的制作和穿着带来不便。因此，一般线圈的歪斜应在编织的准备阶段、编织过程及后整理中设法控制或消除。

（3）卷边性：纬平针组织面料的边缘具有显著的卷边现象，面料纵行边缘线圈向织物的工艺反面卷曲，横列边缘线圈向工艺正面卷曲。卷边性不利于裁剪缝纫等成衣加工，它可以造成衣片的接缝处不平整或服装边缘尺寸的变化，最终影响到服装的整体造型效果和服装的规格尺寸，所以通常经过整理和定型等加工进行消除。

（4）脱散性：纬平针组织面料的脱散性存在两种情况：一是纱线未断，纱线沿边缘线圈横列逐个而连续的脱散出来。纬平针组织面料可以顺、逆编织方向脱散，所以在制作成衣时需要缝边或者拷边。二是纱线断裂，线圈沿纵行从断裂处分解脱散，这又称为梯脱，它将缩短面料使用周期。因此，服装设计中要尽可能减少省道、切割线和拼接缝，以防止发生针织线圈的脱散而影响服装的服用性。在设计和缝制时需要采用防止脱散的线迹结构，如包缝线迹或绷缝线迹，同时要防止缝迹出现"针洞"。

3. 纬平针组织面料的品种及应用

在早期，用低特（高支）和中特（中支）的棉纱线或涤/棉纱线按纬平针组织织成的织物，多用于制作夏季穿着的汗衫，因此俗称为"汗布"。随着纤维原料、加工工艺的不同，汗布也有不同分类。如按照所用原料种类分为纯棉汗布、真丝汗布、苎麻汗布、腈纶汗布、涤纶汗布、混纺汗布和弹力汗布等；根据染整工艺加工特点分为精漂汗布、不缩汗布和丝光烧毛汗布；根据汗布外观的色泽分为漂白汗布、特白汗布、素色汗布、印花汗布和横条汗布。

（1）纯棉汗布：用棉纱或棉线编织的纬平针组织面料，具有手感柔软，吸湿性和透气性好，穿着舒适，耐洗耐穿等优点。

编织汗布的棉纱有精梳纱和普梳纱两种，用精梳纱织成的汗布称为精梳汗布，用普梳纱织成的汗布称为纱汗布。精梳汗布具有表面光洁，线圈纹路清晰，布面疵点（如阴影、云斑、棉结、杂质）少等特点。目前使用较多的普梳棉纱有：14tex（42英支）、18tex（32英支）和28tex（21英支）；精梳纱有：14tex、15tex和18tex等。

如果汗布是用两根棉纱编织而成，则称为双纱汗布。双纱汗布质地厚实、粗犷，手感较硬，具有良好的吸湿性，断裂强度较大，耐摩擦性能优良。双纱汗布常用两根28tex，也有采用两根14tex或18tex棉纱编织。双纱汗布可缝制短袖衫、长袖衫、内衣和运动服等。

大多数的纯棉汗布在漂染工艺加工过程中经过碱缩工艺处理，这种汗布称为精漂汗布，简称缩布。广泛用于缝制汗衫、背心、三角裤、文化衫、休闲衣、运动衣和睡衣裤等。

用棉线编织的汗布称为线汗布，具有手感滑爽，布面光洁，质地挺括等风格。常用的棉线有10tex×2、7.5tex×2和6tex×2等。

如果线汗布或纱汗布经过烧毛、丝光工艺处理，则为烧毛丝光汗布。如果编织烧毛丝光汗布的纱线先经过烧毛、丝光处理，则为双烧毛丝光汗布。烧毛丝光汗布属于高档产品，具有手感滑爽、富有弹性、光洁度好、色泽明亮和尺寸稳定等风格，适宜缝制高档内衣、T恤衫、休闲服和夏季外衣等。

（2）真丝汗布：指用蚕丝编织的纬平针组织面料。它具有蚕丝纤维良好的服用性能：手感柔软、滑爽；穿着时贴身、轻薄、舒适；有良好的吸湿性和散湿性；织物悬垂性好有飘逸感；制成的服装优雅华贵;并对皮肤瘙痒症有缓解的作用。常用蚕丝的线密度为 22.2 ~ 24.4dtex×4(或×6,×8 等),适宜缝制高档的内衣、裙衫、女礼服等。

(3)苎麻汗布:采用苎麻纱编织成的纬平针组织面料。苎麻汗布具有独特的风格,如滑爽,吸湿性高,放湿快和透气性好,织物硬挺,不贴身等。苎麻汗布在贴身穿着时有刺痒感,因此必须进行柔软或生物酶处理,以改善织物的柔软性。经过丝光烧毛等处理苎麻汗布,表面光洁,滑爽。常用苎麻汗布的线密度有 20.8tex(48 公支)、10tex×2(100/2 公支)等,苎麻汗布的干重为 100g/m² 左右,适宜缝制夏令服装。

(4)羊毛汗布:采用羊毛纱线和毛混纺纱线加工的纬平针组织面料,延伸性好,弹性好,手感丰满,保暖性好,多用于制作薄型或中厚型对的毛衫。除非是机可洗的产品,在洗涤时要小心手洗,注意水温不宜高,搓洗不宜用力大,以免发生毡缩。

(5)腈纶汗布:用腈纶纱线加工的纬平针组织面料,延伸性好,弹性好,手感柔软,色泽鲜艳且不易退色,吸湿性较差,易洗快干,洗涤后不变形,但易产生静电作用而吸附灰尘,主要制作 T 恤衫、腈纶衫等。

(6)涤纶汗布:采用涤纶低弹丝加工的纬平针组织面料,具有优良的抗皱性、弹性和尺寸稳定性,易洗快干、牢度好、不霉不蛀,但吸湿性差,制作贴身穿着的服装时易粘贴身体和产生闷热感,舒适性较差。

(7)混纺汗布:采用混纺纱线编织的纬平针组织面料。混纺纱具有两种(或三种)混合纤维的优良性能,取长补短,提高织物的服用性能。编织汗布的常用混纺纱有涤/棉纱、涤/麻纱和棉/麻纱等,常用线密度为 14tex ~ 28tex。用涤/棉混纺纱编成的汗布具有尺寸稳定、保形性好、强度高、手感较柔软、吸湿性和透气性较好的优点。混纺纱的涤棉混合比例常用 35/65 和 65/35 两种,用作内衣的汗布常取混合比例中含棉量较高者。涤/麻混纺布除具有涤纶纤维优良性能外,还具有麻纤维特有的放湿快、手感滑爽性能。棉/麻混纺汗布具有柔软、滑爽,吸湿性和透气性好等优点。混纺汗布适用于缝制 T 恤衫、圆领衫、休闲衣、运动衣和内衣等。

(8)弹力汗布:采用氨纶裸丝与短纤纱或长丝交织而成的纬平针组织面料。具有交织短纤纱或长丝的服用性能,又具有氨纶丝的优良延伸性和持久稳定的弹性恢复性能。用弹力汗布制成的服装能充分体现人的体形美,而且穿着舒适,活动自如,不会产生折皱。现在常用的汗布为氨纶丝与棉纱交织、与锦纶丝交织或与涤纶丝交织,氨纶丝用 22tex、33tex、44tex,在织物中氨纶丝的含量为 5% ~ 10%。弹力布用于缝制内衣、运动衣和休闲服等。

(二)罗纹组织面料

1. 罗纹组织面料的结构

罗纹组织面料是由正面线圈纵行和反面线圈纵行相间配置而成的,它是使用最广泛的双面纬编针织面料。

根据正面线圈纵行数和反面线圈纵行数的配比不同,通常分为 1+1、2+2、3+2 等罗纹组织面料,前面的数字表示一个完全组织中的正面线圈纵行数,后面的数字表示反面线圈纵行数。有时也用 1×1、1:1 或者 1-1 等方式表示。由于正面线圈纵行凸出于面料表面,反面线圈纵行凹进于面料表面,所以罗纹组织面料正面反都呈现出纵条纹外观,如图 6-2 所示。

2. 罗纹组织面料的特性

(1)延伸性和弹性:在横向拉伸时,罗纹组织面料具有良好的延伸性和弹性。与纬平针组

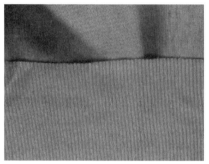

图 6-2　罗纹组织面料的结构

织面料的横向延伸性相比,任何一种罗纹组织面料的横向延伸度都大于纬平针组织面料的横向延伸度。

(2)脱散性:罗纹组织面料也产生脱散的现象,但它在边缘横列只能逆编织方向脱散,顺编织方向一般不脱散。当某一线圈纱线断裂时,罗纹组织面料也会发生线圈沿着纵行从断纱处梯度脱散的现象。

(3)卷边性:在正反面线圈纵行数相同的罗纹组织面料中,由于造成卷边的力彼此平衡,并不出现卷边现象。在正反面线圈纵行数不同的罗纹组织面料中,存在卷边现象但不严重。在2+2、2+3等宽罗纹组织面料中,同类纵行之间可以产生卷曲的现象。

(4)纬斜性:在罗纹组织面料中,由于正反面线圈纵行相间配置,线圈的歪斜方向可以相互抵消,所以织物就不会表现出歪斜的现象。

3. 罗纹组织面料的品种及应用

罗纹组织面料又称罗纹弹力布,品种很多,

通常把 1+1 罗纹称为罗纹弹力布;2+2 罗纹称为灯芯弹力布;2+3、3+4 等罗纹称为阔条弹力布等。所用原料有棉纱、毛纱、腈纶纱、真丝、绢丝、涤纶丝和人造丝等。罗纹弹力布适宜缝制背心、三角裤、合体弹力衫、游泳衣、体操服、运动衣以及春秋冬季内衣等。这类产品(除合成纤维为原料的产品外)具有吸湿、柔软、合体等良好服用性能。如果罗纹组织面料中交织 5%~10%的氨纶丝,织物弹性更佳。

此外,罗纹组织织物常用于制作内衣、毛衫、袜品等的边口部段,如领口、袖口、裤腰、裤脚、下摆、袜口等。由于罗纹组织顺编织方向不能沿边缘横列脱散,所以这些收口部段可直接织成光边,不需要缝边或者拷边。

(三)双反面组织面料

1. 双反面组织面料的结构

双反面组织面料是由正面线圈横列和反面线圈横列交替配置而成,它是一种双面纬编针织面料。

在 1+1 双反面组织面料中,是由一个正面线圈横列和一个反面线圈横列交替编织而成,线圈的圈弧向外凸出,圈柱向里凹陷,使织物两面都表现出线圈反面的外观。如果改变正反面线圈横列配置的比例关系,还可以形成 2+2、3+3、2+3 等双反面组织面料,呈现明显的凹凸横向条纹,如图 6-3 所示。

2. 双反面组织面料的特性

双反面组织面料由于横列线圈的凸出,织物纵向缩短,厚度及纵向密度增加,纵向拉伸有很大的弹性和延伸度,使双反面组织具有纵横向延伸度相近的特点。双反面组织的卷边性是随着正面线圈横列和反面线圈横列组合的不同而不同,对于 1+1 和 2+2 这种由相同数目正反面线圈横列组合的双反面组织,因卷边力相互

图6-3 双反面组织面料的结构

抵销,不会产生卷边现象。与纬平针组织一样,双反面组织在织物的边缘横列顺、逆编织方向都可以脱散。

3. 双反面组织面料的品种及应用

双反面组织面料主要用于婴儿衣物及手套、袜子、羊毛衫等成形服装的编织。由于双反面组织只能在双反面机或具有双向移圈功能的双针床圆机和横机上编织,这些机器的编织机构较复杂,机号较低,生产效率较低,所以双反面组织不如纬平针组织、罗纹组织和双罗纹组织应用广泛。

(四)双罗纹组织面料

1. 双罗纹组织面料的结构

双罗纹组织面料又称棉毛布,是由两个罗纹组织彼此复合而成,即在一个罗纹组织的反面线圈纵行上配置另一个罗纹组织的正面线圈纵行。在面料的两面都只能看到正面线圈,即

使在拉伸时,也不会显露出反面线圈纵行,它是一种最常用的纬编变化组织面料,如图6-4所示。

图6-4 双罗纹组织面料的结构

2. 双罗纹组织面料的特性

由于双罗纹组织是由两个罗纹组织复合而成,因此在未充满系数和线圈纵行的配置与罗纹组织相同的条件下,其延伸性较罗纹组织小,尺寸稳定性好。同时边缘横列只可逆编织方向脱散。当个别线圈横列断裂时,因受另一个罗纹组织线圈摩擦的阻碍,不易发生线圈沿着纵行从断纱处分解脱散的梯脱现象。与罗纹组织一样,双罗纹组织也不会卷边,线圈不歪斜。

3. 双罗纹组织面料的品种及应用

按原料种类不同分为纯棉棉毛布、真丝棉毛布、羊毛棉毛布、腈纶棉毛布、化纤长丝棉毛布、混纺棉毛布以及氨纶弹力棉毛布等;按织物染整加工特点分为本色棉毛布、染色棉毛布、印花棉毛布和色织棉毛布等。

(1)本色棉毛布:纯棉本色棉毛布是用18tex或15tex棉纱编织成的,不经过漂、染工艺加工,而只进行汽蒸、定幅(又称轧光)整理的针织面料。该面料保持了棉纤维原有的天然色泽,故称本色棉毛布,其风格是布面丰满,手感松软,线圈纹路清晰,织物保暖性和吸湿性好。

本色棉毛布主要用于缝制棉毛衫裤、三角裤等内衣。

(2)染色棉毛布:染色棉毛布是指坯布经过煮练、漂白、染色工艺加工后,获得某种均匀一致颜色的棉毛布。

染色棉毛布的颜色习惯上分为深色、浅色和中色三类。原料有棉纱、真丝、腈纶纱、涤纶丝和混纺纱等。染色棉毛布应用十分广泛,染色纯棉棉毛布主要用于棉毛衫裤等内衣;染色涤纶或混纺棉毛布用于缝制衬衫、T恤衫等;染色腈纶棉毛布用于缝制运动衫裤或童装等;染色真丝棉毛布用于缝制内衣、T恤衫、连衣裙等。

(3)印花棉毛布:印花棉毛布是指白色或浅色棉毛布上经印花工艺加工,表面有色彩花纹图案的棉毛布。印花方式有衣片印花和坯布印花两种。这类棉毛布主要用于缝制内衣、运动衣、童装和T恤衫等。

(4)色织棉毛布:色织棉毛布是指用色纱或色丝编织的棉毛布。用不同的色纱搭配可以编织出闪色、夹色、小方格和彩横条等不同风格的色织棉毛布。彩横条棉毛布是新颖色织产品,可用于缝制T恤衫、运动衣等。

(5)氨纶弹力棉毛布:氨纶弹力棉毛布是用氨纶丝与棉纱或其他原料交织而成的棉毛布。织物具有较好的延伸性和弹性,适宜缝制内衣、紧身衣、运动衣等。

(五)提花组织面料

1. 提花组织面料的结构

提花组织是将纱线垫放在按花纹要求所选择的某些织针上编织成圈,而未垫放纱线的织针不成圈,纱线呈浮线状浮在这些不参加编织的织针后面所形成的一种花色组织,按照这种组织编织而成的面料为提花组织面料,分为单面和双面提花组织面料,如图6-5所示。

图6-5　提花组织面料的结构

2. 提花组织面料的特性

由于在进行提花编织时会出现不参加编织的浮线,这些浮线相当于机织面料中的纬纱,使提花组织面料的横向延伸性和弹性减小,面料尺寸稳定性增加。又因为提花线圈纵行或横列是由几根纱线形成的,纱线与纱线之间的接触面增加,具有较大的摩擦力,当某个线圈断裂时,有相邻纱线形成的线圈承受外加负荷,可以阻止线圈的脱散,所以提花组织面料的脱散性小,单位面积重量大、厚度大。单面提花组织面料的卷边性同纬平针组织面料相同,而双面提花组织面料不卷边。

3. 提花组织面料的品种及应用

根据提花组织面料的薄厚,弹性的大小及花纹效应等情况,提花组织面料可以用于不同季节、不同用途的服装。利用纤维素纤维纱线或吸湿排汗纤维纱线编织的单面提花组织面料多用于夏季的T恤衫或女式休闲装;双面提花组织面料大多用于色彩设计,使之产生各色图案花纹或用于得到凹凸效应的立体花纹,均可以用于外衣面料或装饰用布如沙发布或小汽车的座椅外套等。

（六）集圈组织面料

1. 集圈组织面料的结构

集圈组织是一种在针织物的某些线圈上，除套有一个封闭的旧线圈外，还有一个或者几个未封闭悬弧的花色组织，按照这种组织编织而成的面料为集圈组织面料。根据编织集圈组织的地组织不同分为单面集圈面料和双面集圈面料两种。单面集圈是在单面组织基础上编织，双面集圈一般是在罗纹组织或者双罗纹组织的基础之上进行集圈编织。

2. 集圈组织面料的特性

由于悬弧的存在使织物纵密变大，横密变小，长度缩短，宽度增加，并且较纬平针和罗纹组织面料厚；横向延伸性较纬平针和罗纹组织面料小；集圈组织面料中与线圈穿套的除了线圈外还有悬弧，即使断了一个线圈，也会因其他线圈的支持而不致向四周漫延，在逆编织方向脱散线圈时，会受到悬弧的挤压阻挡，不易脱掉，所以集圈组织面料脱散性较纬平针组织面料小；但集圈组织面料当线圈大小差异太大时，表面会高低不平，故其强力较纬平针和罗纹组织面料小，也易起毛钩丝。

3. 集圈组织面料的品种及应用

利用单面集圈织成的六角网眼面料，俗称单面双珠地，利用单面集圈织成的四角网眼面料俗称单面单珠地，该类面料是夏季T恤衫的常用面料，如图6-6所示。若用纯棉或者涤棉混纺纱线编织单面集圈的各种变化组织，则手感柔软、吸湿性好，适宜做夏季衬衫或裙料。

（七）毛圈组织面料

1. 毛圈组织面料的结构

毛圈组织是由平针线圈和带有拉长沉降弧的毛圈线圈组合而成的一种花色组织，按照这种组织编织而成的面料为毛圈组织面料。毛圈

图6-6　集圈组织面料的结构

组织可分为普通毛圈和花式毛圈两类，如图6-7所示，并有单面毛圈和双面毛圈之分。

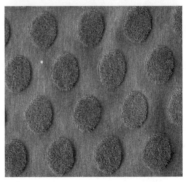

图6-7　毛圈组织面料的结构

2. 毛圈组织面料的特性

由于毛圈组织面料中加入了毛圈纱线，面料较普通平针组织面料紧密、厚实、柔软；毛圈组织面料具有良好的保暖性与吸湿性；毛圈组织面料经割圈和起绒后还可形成天鹅绒、摇粒绒等单双面绒类织物，使织物丰满、厚实、保暖性增加。

3. 毛圈组织面料的品种及应用

不割圈的毛圈组织面料适宜做睡衣、浴衣及休闲服等。

摇粒绒是近年来广泛受人们欢迎的一种纬编针织绒布，手感柔软，质地轻，保暖性好。摇粒绒可以通过毛圈组织面料经割圈和起绒整理后形成，也可以通过衬垫组织面料经拉毛、刷毛、梳毛、剪毛、摇粒等工艺加工而成。摇粒绒有素色，也有经提花、压花、印花等工艺形成花式效应，如图6-8所示。摇粒绒是秋冬季保暖服装的主要面料。

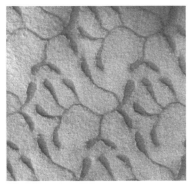

图6-8 摇粒绒面料的结构

天鹅绒表面覆盖有直立的绒毛，可由将起绒纱按衬垫纱编入地组织后经起绒整理而成，也可由毛圈组织经割圈而成，如图6-9所示。天鹅绒手感柔软、织物丰厚、绒毛紧密而直立，织物坚牢耐磨。天鹅绒可用于高档的女士时装面料、休闲服面料、睡衣面料等。

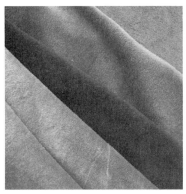

图6-9 天鹅绒面料的结构

(八)长毛绒组织面料

1. 长毛绒组织面料的结构

将纤维束与地纱一起喂入织针编织成圈，使纤维以绒毛状附着在织物表面，在织物反面形成绒毛状外观的组织，称为长毛绒组织。按照这种组织编织的面料为长毛绒组织面料。它一般是在纬平针组织的基础上形成，纤维的头端突出在织物的反面形成绒毛状。

2. 长毛绒组织面料的特性与应用

长毛绒组织可以利用各种不同性质的纤维

进行编织,由于喂入纤维的长短与粗细有差异,使纤维留在织物表面的长度不一,因此可以形成毛干和绒毛两层。毛干较长较粗呈现在织物表面,绒毛较短较细处于毛干层下面紧贴地组织,这种结构接近于天然毛皮而有"人造毛皮"之称,如图6-10所示。长毛绒织物手感柔软,保暖性和耐磨性好,可仿制各种天然毛皮,单位面积质量比天然毛皮的小,而且不会虫蛀。

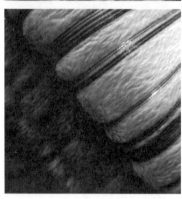

图6-10　长毛绒组织面料的结构

二、经编针织面料

经编针织面料的原料多采用涤纶、锦纶、丙纶等合纤长丝,也有用棉、毛、丝、麻、化纤短纤维及其混纺纱。普通的经编针织面料多采用经平组织、经缎组织、经斜组织等,花式经编针织面料种类很多,常见的有经编网眼面料、绒类面料、毛圈面料、提花面料等。

(一)经平组织面料

1. 经平组织面料的结构

经平组织面料中,同一根纱线轮流在相邻两个线圈纵行编织成圈,每只线圈的延展线都位于该线圈的同一侧,所以面料中线圈纵行呈现曲折形排列,且线圈向延展线相反的方向倾斜,倾斜程度与纱线弹性及织物密度等因素有关。

2. 经平组织面料特性及应用

由于线圈倾斜的存在,当受到横向或纵向拉伸时,倾斜角改变,加上线圈中纱线各部段的转移,使经平组织面料具有一定延伸性。经平组织面料沿纵行在逆编织方向具有脱散性。这种脱散可以造成布面从纵向整个分开,所以一般不单独采用单梳经平组织作服装面料,需要与其他组织结合,用于服装内外衣面料或装饰、家用织物。

(二)经缎组织面料

1. 经缎组织面料的结构

经缎组织面料中,同一根纱线顺序的在相邻的三个线圈纵行编织成圈,然后再反向顺序在这三个相邻的线圈纵行编织成圈。在一个组织循环中,转向线圈的两根延展线在该线圈的一侧呈倾斜状态,中间的线圈,两根延展线分别在两侧,线圈倾斜较小。另外,由于线圈在横列的倾斜方向不同,对光线的反射不同,因而在面料表面形成横向条纹。

2. 经缎组织面料特性及应用

经缎组织面料的拉伸性能类似于纬平针组织面料,在脱散性方面可沿纵行逆编织方向脱散,但不同于经平组织面料分成两片,因为开口线圈的两根延展线分别在线圈的两侧,脱散后是浮线与相邻纵行连接。经缎组织常与其他组织结合形成经编平纹、网眼等面料,用于制作紧身衣、运动衣、游泳衣等。

(三)经编网眼面料

网眼是经编面料的一大特色,形成网眼的方法也多种多样,可采用变化经平组织、经缎、变化经缎组织、经平组织与经缎组织结合等方法。网眼的大小和形状都可以通过组织结构、编织工艺等进行控制,常见的网眼形状如三角形、正方形、长方形、菱形、六角形等,通过网眼的分布,布面呈现直条、横条、方格、菱形、波纹等花纹效应,如图6-11所示。

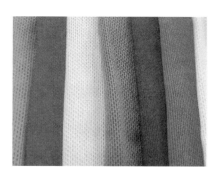

图6-11 经编网眼面料的结构

经编网眼面料结构较稀松、透气性和透光性较好,可用于缝制外衣、内衣、运动服、袜子等。

(四)经编绒类面料

经编绒类面料是经编面料中的一个重要品种,在外衣、运动衣面料上应用广泛,如图6-12

所示。形成绒面效果的方法较多,如在编织工艺中,通过组织结构变化在面料的工艺反面形成较长的延展线,再针对这些较长延展线进行起绒整理;利用氨纶的弹性使长延展线收缩成毛圈,割圈后形成丝绒表面。用这种方法生产的经编丝绒织物也称作"不倒绒"。这种丝绒织物光泽好,富有弹性,手感柔软,用来制作高级时装、紧身服装和装饰用品。常见的经编绒类面料还有经编麂皮绒面料,金光绒、灯芯绒、条绒等面料。

图6-12 经编绒类面料的结构

经编麂皮绒面料是经编织物经磨绒处理而成的外观类似于鹿皮的经编面料,如图6-13所示。经编麂皮绒面料具有毛感丰富、手感柔软、抗拉力强、色牢度好、防水防尘防油、环保等特点。面料也可以经过印花,烫金,复合,压花等后整理加工工艺形成不同的布面纹理。经编麂皮绒面料可用于制作夹克、套装等。

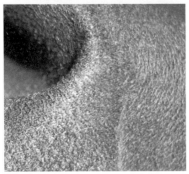

图6-13　经编麂皮绒面料的结构

(五)经编毛圈面料

经编毛圈面料是在带有毛圈沉降片的经编机上编织,可以在单面形成毛圈也可以在双面形成毛圈,加入弹力纤维可生产弹力毛圈面料,采用不同原料也可以在布面产生不同的光泽和风格。织物的手感丰满厚实,弹性、保暖性良好,毛圈结构稳定,具有良好的服用性能。主要用作运动服、睡衣、童装等。

(六)经编提花面料

经编提花面料可以在贾卡经编机上编织也可以在多梳栉经编机上编织而成,形成花纹的方法多种多样,可采用衬纬形成花纹、压纱形成花纹、成圈形成花纹等方法,如图6-14所示。花纹精致、具有三维立体效应,并且底布结构清晰。这类提花面料一般用于高档时装、内衣、泳衣、文胸等服装。

图6-14　经编提花面料的结构

思考题

1. 试述棉织物的主要品种及其风格、服用性能特点和服装适用性。
2. 试述麻织物的风格、服用性能特点和服装适用性。
3. 试述精纺毛织物的主要品种及其风格、服用性能特点和服装适用性。
4. 试述粗纺毛织物的主要品种及其风格、服用性能特点和服装适用性。
5. 试述丝织物的主要品种及其风格、服用性能特点和服装适用性。
6. 试述黏胶纤维织物和涤纶织物的服用性能特点和服装适用性。

第七章
服装用毛皮与皮革

早在远古时期,人类就发现了兽皮可以用来御寒和防御外来伤害,但生皮干燥后干硬如甲,给缝制和穿用带来诸多不便。公元前2500年,出现了硝面发酵法,加工的毛皮皮板轻软,有伸展性,但常因细菌侵蚀而掉毛、变臭、遇水返生(俗称走硝)。史前人为生存而狩猎,猎杀的动物食其肉,衣其皮,动物毛皮是当时人类最好的衣料。在古埃及穿着毛皮成为特权阶层的象征,事实上炎热的埃及按道理是不需要毛皮,因此这就成了用毛皮象征财富和权力的最初例子。如今,毛皮❶与皮革已成为普通消费者喜爱的服装材料之一。

供皮革工业加工的动物皮称为原料皮,它是指从动物体上剥下来有实际经济价值的皮张。制作带毛的产品称为毛皮,又称裘皮。毛皮轻便柔软,坚实耐用,既可用作面料,又可充当里料与絮料,特别是裘皮服装,在外观上保留了动物毛皮自然的花纹,而且通过挖、补、镶、拼等缝制工艺,可以形成绚丽多彩的花色。

不带毛的产品称为皮革。张幅较大、有一定经济价值的动物皮都可以用作制革的原料皮。牛皮、山羊皮、猪皮和绵羊皮是常用的原料皮,爬行动物皮、水生动物皮等也可用于制革。从刚屠宰的动物体上剥下来的皮称鲜皮。鲜皮也是制革的原料皮之一。

皮革经过染色处理后可以得到各种颜色,主要用作服装与服饰面料。不同的原料皮,经过不同的加工方法,能有不同的外观风格。皮革的条块经过编结、镶拼以及同其他纺织材料组合,既可获得较高的原料利用率,又具有运用灵活、花色多变的特点,深受消费者的喜爱。

第一节　毛皮

一、天然毛皮

天然毛皮是动物毛皮经过后加工而制成,又称裘皮。动物毛皮(俗称生皮)是"裘皮"的原料,经过化学处理和技术加工,转换成既柔软又御寒的熟皮。裘皮品种繁多,色彩与纹理各异,风格多变,保暖性能较强,适用于制作冬季保暖类服装。

(一)毛皮的结构

天然毛皮是由皮板和毛被组成。皮板是毛皮产品的基础,毛被是关键。

---

❶ 本书中所涉及的国家重点保护野生动物(包括在园圃中驯化的)不可滥捕滥杀。在此仅作为毛皮知识予以介绍。

1. 皮板结构

皮板的垂直切片在显微镜下观察,可以清楚地分为三层,即表皮层(上层)、真皮层(中层)和皮下组织(下层)。

2. 毛被的组成和形态

(1)毛被的组成:所有生长在皮板上的毛总称为毛被。毛被由锋毛、针毛、绒毛按一定比例成簇有规律地排列而成。也有的毛被由一种或两种类型的毛组成。

锋毛也称箭毛,是毛被中最粗、最长、最直,弹性最好,数量最少的一类毛,占毛被总量的0.5%~1%。锋毛在每组毛中最多一根,弹性极好,呈圆锥形。

针毛又称刚毛、盖毛、粗毛、枪毛,是毛中较粗、较长、较直,弹性、颜色、光泽较好的一类毛。直径52~78μm,针毛占总毛量的2%~4%。有的毛皮的针毛带有毛节,构成毛被特有的颜色。针毛长于绒毛,在绒毛上形成一个覆盖层,起到保护绒毛的作用。针毛有一定的弯曲,形成毛被的特殊花弯。针毛的质量、数量、分布状况决定了毛被的美观和耐磨性能,是影响毛被质量的重要因素。

绒毛是毛被中最细、最短、最柔软、数量最多的毛。上下粗细基本相同,并带有不同的弯曲。绒毛的颜色较差,色调较一致,占总毛量的95%以上,在动物体和外界之间,形成了一个体温不易散失,外界空气不易侵入的隔热层,这是毛皮御寒的重要因素。

两性毛指具有两种形态的毛。在一根毛中既有绒毛特性又有针毛特性,毛的粗细差异很大,髓质层是断断续续的,或一端有髓质层而另一端无髓质层。

触毛通常位于头部,分布于唇、眼和颊上。触毛粗、硬、长而且特别显著,呈圆锥形。在生产全皮产品中则应予以保留。

(2)毛被的形态:按毛组成的类型不同分为以下三种形态:具有三种毛型的毛被由锋毛、针毛、绒毛组成,如山兔的毛皮;具有两种毛型的毛被由针毛、绒毛组成,如水貂皮;单一类型的毛被,如美利奴羊皮只有绒毛,鹿皮只有针毛。

(二)毛皮的加工过程

毛皮加工包括鞣制和染整。

1. 鞣制

鞣制就是将带毛的生皮转变成毛皮的过程。鞣制前,生皮通常需要浸水、洗涤、去肉、软化、浸酸,使生皮充水、回软,除去油膜和污物,分散皮内胶原纤维。绵羊皮通常采用醛—铝鞣,细毛羊皮、狗皮、家兔皮采用铬—铝鞣,也有个别类型需要采用铝—油鞣。为使毛皮柔软、洁净,鞣后需水洗、加油、干燥、回潮、拉软、铲软、脱脂和整修。鞣制后,毛皮应软、轻、薄、耐热、抗水、无油腻感,毛被松散、光亮,无异味。

2. 染整

染整是对毛皮进行整饰,包括染色、褪色、增白、剪绒和毛革加工等。包括以下主要工序:

(1)染色:是指毛皮通过染料改色或着色的过程。水貂皮可增色成黑灰色调。毛皮染色通常使用氧化染料、酸性染料、活性染料、酸性媒染染料和直接染料等。染色方法有浸染、刷染、喷染、防染等,可使毛被产生平面色、立体色(如一毛三色)和渐变色的效果。毛皮染色后,颜色鲜艳、均匀、坚牢,毛被松散,光亮,皮板强度高,无油腻感。

(2)褪色:在氧化剂或还原剂的作用下,使深色的毛被颜色变浅或褪白。黑狗皮、黑兔皮褪色后,可变成黄色。

(3)增白:白兔皮或滩羊皮使用荧光增白剂处理,可消除黄色,增加白度。

(4)剪绒:染色前或染色后,对毛被进行化学处理(涂刷甲酸、酒精、甲醛和水等)和机械加工(拉伸、剪毛、熨烫),使弯曲的毛被伸直、固定并剪平。细毛羊皮可剪绒。剪绒后要求毛被平齐、松散、有光泽,皮板柔软、不裂面。

(5)毛革加工:毛革是毛被和皮板两面均进行加工的毛皮。根据皮板的不同,有绒面毛革和光面毛革之分。毛皮肉面磨绒、染色,可制成绒面毛革。肉面磨平再喷以涂饰剂,经干燥、熨压,即制成光面毛革。对毛革的质量要求是毛被松散,有光泽;由于毛革服装不需吊面直接穿用,因此要求皮板软、轻、薄,颜色均匀,涂层滑爽,热不粘,冷不脆,耐老化,耐有机溶剂。20世纪80年代,西班牙年产毛革8000万~9000万张,产品质量居世界首位。

(三)毛皮的质量与检测

原料皮的质量包括毛被和皮板的质量。毛被的质量更为重要。质量检测评价以感官鉴定为主,定量分析检测为辅的方法。

毛被质量的检测指标有长度、密度、粗细、颜色和色调、花纹、光泽、弹性、强度、柔软度、耐用性以及成毡性等,通过这些指标综合评定毛被的质量。

皮板的质量由皮板的厚度和面积决定。

原料皮的强度包括毛的强度、皮板的强度和毛与皮板的结合牢度。

毛被的天然颜色,在鉴别毛皮品质时起重要作用。不同的毛皮有其独特的毛被色调。因此,毛色正不正,在于毛皮的颜色是否与动物的毛皮色相符。凡是毛色一致的动物,全皮的毛色纯正一致,不允许带异色毛,色调周身一致,不应有深有浅。而毛被是由两种以上颜色毛绒组成的,应当搭配协调,构成自然美丽的色调;带有斑纹和斑点的动物,应当是斑纹、斑点清晰明显;对于带有花弯、花纹的制裘皮,要求花弯紧实,花纹多而明显;分布面积大、带花弯的,应毛绺抱扭紧实,

弯曲多而均匀、明显,绒毛少,这种毛皮是以美观为主,保暖为辅。因为它们具有独特的花纹和斑点,因而其形状分布状况及数量多少,就成为决定这类毛皮质量高低的重要指标之一。

(四)毛皮的主要品种及其特点

1. 天然毛皮的分类

(1)根据毛的长短和皮板的厚薄分类,大致可以分为四类:

①小细毛皮:是一种毛短而珍贵的毛皮。

②大细毛皮:是一种长毛、价值较高的毛皮。

③粗毛皮:主要指各种羊皮,如山羊皮等。

④杂毛皮:包括猫及各种兔类的毛皮。

在天然毛皮中,中、细裘皮是使用价值最高的一类,在天然裘皮中颇为珍贵,是耗量最大且最具有代表性的高贵品。

(2)根据季节分类:可分为冬皮、秋皮、春皮和夏皮。

①冬皮:由立冬到立春所产的毛皮,具有毛被成熟、针毛稠密、整齐和底绒丰厚、灵活、色泽光亮、板质肥壮、细致等特点,质量好。

②秋皮:由立秋到立冬所产的毛皮。特征是早秋皮针毛粗短,夏毛未脱尽,皮板硬厚。中晚秋皮针毛较短,短绒较厚,光泽较好,皮板较厚,质量较好。

③春皮:由立春到立夏所产的毛皮。特征是底绒欠灵活,皮板稍厚,正春皮,针毛略显弯曲,底绒粘接,干涩无光,皮板较厚。晚春皮真皮枯燥、弯曲、凌乱,底绒粘接,皮板厚硬。

④夏皮:由立夏到立秋所产的毛皮。特征是无底绒或底绒较少,干枯无油性,皮板枯薄。

2. 毛皮的品种与特征

毛皮原料中应用较多的有羊皮、家兔皮、狗皮、家猫皮、牛皮和马皮等。

(1)羊皮:包括绵羊皮、小绵羊皮、山羊皮和

小山羊皮。绵羊皮分粗毛绵羊皮、半细毛绵羊皮和细毛绵羊皮。粗毛绵羊皮毛粗直，纤维结构紧密，如内蒙古绵羊皮、哈萨克绵羊皮和西藏绵羊皮等。巴尔干绵羊皮多为粗毛绵羊皮。我国的寒羊皮、月羊皮及阗羊皮为半细毛绵羊皮。细毛绵羊皮毛细密，纤维结构疏松，如美丽奴细毛绵羊皮。经杂交的改良种细毛绵羊皮以我国新疆细毛绵羊皮和东北细毛绵羊皮最著名。小绵羊皮又称羔皮，我国张家口羔皮、库车羔皮、贵德黑紫羔皮，毛被呈波浪花纹的浙江小湖羊皮，毛被呈7~9道弯的宁夏滩羔皮和滩二毛皮，均在世界上享有盛誉。波斯羔皮又称卡拉库尔皮，我国称三北羔皮，毛呈黑色、琥珀色、白金色、棕色、灰色及粉红色等，以毛被呈卧蚕形花卷者价值最高，主要产自俄罗斯、阿富汗等国。我国内蒙古山羊绒皮，皮板紧密，针毛粗长，绒毛稠密。小山羊皮又称猾子皮，有黑猾皮、白猾皮和青猾皮之分。我国济宁青猾皮驰名中外（图7-1~图7-3）。

图 7-1　羔羊毛皮的皮板和毛被

图 7-2　美利奴羊毛皮

图 7-3　绵羊毛皮

（2）家兔皮：皮板薄，绒毛稠密，针毛脆，耐用性差。有本种兔皮、大耳白兔皮、大耳黑油兔皮、獭兔皮、安哥拉兔皮等（图7-4~图7-7）。

图 7-4　白色兔子毛皮

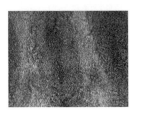

图 7-5　浅咖啡色兔子毛皮

图 7-6　兔子毛皮帽子

图 7-7　灰色兔子毛皮

（五）毛皮成品的常见缺陷

1. 毛被的缺陷

（1）配皮不良，等级毛性搭配不合理：成品裘皮服装，尤其是主要部位，不同等级、不同毛性的皮配在一起，出现毛绒高低不平，毛疏密不均的现象。把服装挂在模特身上，顺光线观察以及提起底摆转动模特,毛疏密不均这一缺陷很容易发现。凡有伤残的皮,伤残部位有凹陷。毛绒低的皮条整体下陷。串刀裘皮大衣表现为有的毛条高,有的毛条低,折光不均,明暗不匀。其他裘皮服装也因皮张等级、毛性的不同出现光泽不均衡、不良皮凹陷的情况。

(2)毛被发暗,颜色、底绒深浅不一:不同颜色的皮或同一颜色(针毛)而底绒颜色不同的皮配在一起,就会出现服装颜色不一致、毛面发花的情况,尤其是染色毛皮的毛被,颜色深浅不一。在检验时要注意底绒的颜色,用手逆向轻握毛针或用嘴吹,观察底绒颜色是否相同,是鉴别这类缺陷的好办法。

(3)花纹搭配不协调:有些动物皮张带有花纹,在制成服装时应把花纹大小、深浅、图案类似的配在一件衣服上,否则影响整体服装的美观。

(4)做工不佳:除了大的做工毛病如领子不正、袖子前后长短不一致,底襟豁、翘外,常见的缺陷如下:

①排节不顺直:裘皮服装应根据做法,将排节尽可能地对齐,中脊线应从上到下贯穿一线,整皮或拼皮的同部位应当相对称,横向也应对应整齐,这样的服装穿起来才美观。

②刀路痕迹明显:裘皮服装在制作过程中常需走刀,但在成品大衣上刀路不应明显,串刀做法应拼接合适,尤其是头部常有露刀现象,表面看起来和洗衣板的纹理一样。

③锁毛未梳出:大衣拼缝处有很深的凹痕,毛绒内陷,或载线将毛锁住,毛面呈现出小的凹陷。这类缺点可用针梳或衣针将毛梳出或挑出即可。

④衣里吃纵不均:衣里做工不好,裘皮服装档次也下降。翻开门襟,看衣里吊制是否平顺,有无松紧不一、打褶起皱现象,吊牌是否齐全,名贵的大衣,衣里边应加花条。

⑤毛被的缺陷:结毛,即毛绒相互缠结在一起。掉毛,即毛根松动或毛从毛被上脱落。毛尖钩曲,毛被干枯粗涩、发黄,缺乏光泽和柔软性。毛被缺乏松散性和灵活性。

2. 皮板的缺陷

(1)硬板:皮板发硬,摇之发响。多见于老板、陈板、瘦板、油板等。

(2)贴板:毛皮经鞣制干燥后纤维粘贴在一起,皮板发黄发黑,干薄僵硬。

(3)糟板:皮板抗张强度很小,轻捅出洞,一撕即破,失去了针刺缝纫强度,无加工价值。

(4)缩板:毛皮经鞣制后,皮板收缩变厚,发硬,缺乏延伸性。

(5)油板:指含油脂量过多的皮张。油板主要是鞣制前脱脂不够或加脂不当,致使成品的油脂含量超过规定所造成。油板制成的皮衣污染衣里面料,长期贮存,皮板容易糟烂。

(6)反盐:在皮板表面有一层盐的结晶,并使皮板变得粗糙、沉重。

(7)裂面:毛皮鞣制干燥后,用力绷紧皮板以指甲顶划时,有轻微的开裂声。此缺陷常见于细毛羊皮、猾子皮。

二、人造毛皮

(一) 人造毛皮的制造

人造毛皮是以化学纤维为原料,并经机械加工而成。人造毛皮的生产方法可以分为针织法和机织法两大类。针织法又分为纬编法(包括毛条喂入法和毛纱割圈法)、经编法、缝编法等。

(二) 人造毛皮的基本组织

(1)毛条喂入法生产:是将毛条经梳理头梳理成网状纤维后,由道夫喂入织针,与地纱一起弯纱成圈而成。

①平针组织:地纱线圈相互穿套联结形成

地组织,从道夫喂入织针的纤维束与地组织的圈干一起成圈,纤维束两端从地组织的针编弧间伸出,形成毛绒。特点是结构简单,具有一定的延伸性,编织方便。

②花式组织:将不同颜色的纤维或不同性质的纤维,按花型要求有选择地喂入织针,然后与地纱一起编织成圈的一种组织。其地组织一般为平针组织,也可为变化组织。

③复合组织与衬垫组织:复合组织是平针线圈横列与不完全平针线圈横列复合而成的一种组织结构。衬垫组织是以一根衬垫纱按一定的比例在某些线圈上编织成不封闭的悬弧,在其余的线圈上呈浮线配置在地组织的工艺反面而形成的一种组织。

④花式空针组织:在长毛绒的编织过程中,按照图案花纹的要求,在某些针上不喂入纤维束,而在另一些针上喂入纤维束的组织。这种组织形成的凹凸部分按一定的规律组合起来,就可使织物具有珍贵裘皮镶嵌和浮雕以及雍容华贵的仿真效果。

（2）毛纱割圈法生产:

①"V"型组织:以纬平针组织为地组织,而纱线按一定间隔在织物地组织的某些线圈上形成不封闭的悬弧,相邻两个悬弧间的毛纱由刀针割断,形成开口毛绒呈现在地组织的工艺反面。特点是织物较紧密,毛丛成交错排列、不露底,毛高较低,织物柔软。

②"W"型组织:毛纱和地纱一起编织成圈,地纱形成的地组织为平针组织,毛纱每参加两个线圈的编织后,在织物的工艺反面形成一个拉长的圈弧,被刀割断形成"W"型的毛绒。

（3）经编法生产:一般用双针床拉舍尔经编机编织。采用五把或六把梳栉,其中四把梳栉分别在前、后针床上编织彼此独立的地组织,另一把或两把梳栉交替在前、后针床上垫纱,从而

将两层织物联系起来,形成双层经编织物,经中间割绒后分成两块单层经编毛绒织物。

（4）缝编绒生产:缝编绒是非织造布技术中的毛圈缝编组织,一般用纤维网、纱线层或地布作为地组织经缝编制得。由浮起的缝编线的延展线形成毛圈,然后经拉绒或割圈等后整理形成毛绒。

（三）人造毛皮的性能特点

目前多数人造毛皮是将腈纶作为毛绒,棉或黏胶纤维等机织物及针织物作为地组织的制品,特点是质量轻、光滑柔软、保暖、仿真皮性强、色彩丰富、结实耐穿、不霉、不易蛀、耐晒、价廉、可以湿洗;缺点是容易产生静电,易沾尘土,洗涤后仿真效果变差。

第二节 皮革

一、天然皮革

（一）皮革的分类

1. 按用途分

皮革按用途分可分为鞋用革、服装手套用革、箱包用革、皮件用革、家具及汽车座椅用革、装具用革、马具用革、帽子用及帽圈用革、球用革、乐器用革、文化用品用革、工业用革等。

2. 按鞣制方法分

可分为铬鞣革、植物鞣革、铝鞣革、醛鞣革、油鞣革、各种结合鞣革等。

3. 按原料皮的种类分

可分为猪皮革、山羊皮革、马皮革、鳄鱼皮革、草鱼皮革等。

4. 按制革工业习惯分

可分为轻革和重革。轻革主要指张幅较小

和重量较轻的革,成品革销售时以面积计算,如鞋面革、服装革、手套革等。重革主要指张幅较大和重量较重的革,成品革销售以重量计算的,如鞋底革等。

(二)皮革的加工过程

由于皮革的用途各异,加工方法也有所不同,一般来说生皮加工成革同毛皮一样需要经过准备、鞣制和整理等工序。制革的加工过程如下:

1. 准备工序

这道工序是除去生皮上的毛被、表皮和皮下脂肪,保留必要的真皮组织,并使它的厚度和结构适于制革工艺的要求。生皮经过准备工序处理后取得的皮层称为"裸皮"。准备工序具体包括:

(1)浸水:生皮在保存期要进行干燥和防腐,皮内胶原发生不同程度的脱水,浸水以后可以使生皮恢复到鲜皮状态并除去表面污物。

(2)脱毛:一般采用酶剂,使表皮基层和毛根鞘及毛球裂解,将毛从表皮上除去,并部分皂化皮内的类脂物质。

(3)膨胀:使用液体烧碱浸渍生皮,松散原皮的纤维,增加皮的厚度和弹性,方便割层的进行。

(4)片皮:即对皮革进行剖层,可以增加皮的张幅,还可以把残存于皮中的毛干切断,保证成品革光滑美观。

(5)消肿:用铵盐中和皮中的碱,降低皮的碱度,以利于鞣制。

(6)软化:一般服装革都要进行软化,通常用酶做软化剂,使粒面洁白细腻,皮质柔软、滑润似丝绸手感。

(7)浸酸:在裸皮中加入适量食盐和硫酸,从而进一步降低皮的碱度,使皮纤维松散,便于鞣剂的渗入。

2. 鞣制工序

将裸皮浸在鞣液中,使皮质和鞣剂充分结合,以改变皮质的化学成分,固定皮层的结构。采用不同鞣料鞣制的皮革,其服用性能也有所不同。常用的鞣制方法有植鞣法、铬鞣法、结合鞣法。

(1)植鞣法:植鞣法是利用植物单宁做鞣剂与皮纤维结合。在植鞣过程中鞣质先渗入皮层扩散到纤维的表面,然后通过胶体结合与化学结合双重作用使之成为一体,皮纤维向有较多鞣质处沉淀,从而改变了皮革的性能。植鞣革一般呈棕黄色,组织紧密,抗水性强,不易变形,不易汗蚀,但抗张强度小,耐磨性与透气性差。

(2)铬鞣法:铬鞣法是用铬的化合物加工裸皮使之成革。常用的铬化合物有:重铬酸盐、铬明矾、碱式硫酸铬等。采用三价铬的化合物直接鞣皮称为"一浴法";先以六价铬酸盐渗入皮内,再还原为三价碱式铬盐与皮结合鞣皮称为"二浴法"。"一浴法"鞣制的革结实,"二浴法"鞣制的革丰满。铬鞣革一般呈青绿色,皮质柔软,耐热耐磨,伸缩性、透气性好,不易变质,但组织不紧密,切口不光滑,吸水性强。

(3)结合鞣法:结合鞣法是同时采用两种或多种鞣法制革,可以改变皮革的性能,制成革的特点取决于不同鞣法各自鞣制的程度,常用铬—植复鞣的方法。

3. 整理工序

制革的整理工序是对皮革进一步的加工,改善其外观。整理工序通常分为湿态整理和干态整理。

(1)湿态整理。湿态整理包括:

①水洗:除去鞣好的革中影响革的质量和整理工序的物质。

②漂洗和漂白:漂洗是对湿革进行清理,漂

白只用于制白色面革。

③削匀：对皮革厚度不匀性进行调整。

④复鞣：采用另一种鞣制方法来弥补主鞣中的缺陷，从而改善成革的性质。

⑤填充：在皮革内加入硫酸镁和葡萄糖，使革质饱满，富有弹性，增强耐热性。

⑥中和：是用弱碱中和除去湿革中多余的酸，并使铬盐更好地固定。

⑦染色：皮革染色的方法有浸染、刷染、喷染等。

⑧加脂：对染色后的皮革加脂，可以使纤维增加柔韧性、强度和延伸性。一般植鞣革用表面涂油法加脂，铬鞣底革用浸油法，轻革用乳液加油。

（2）干态整理。干态整理包括：

①平展与晾干：平展是为了使革面平整，并固定革的延伸率和面积，晾干后利用空气自然干燥。

②干燥：在皮革生产过程中需进行几次干燥，目的是去除湿革中多余的水分，并使鞣质与皮进一步固结，使皮革定性定形。

③涂饰：用作正面革的坯在干燥后经过适当涂饰可以增加革面的美观，改善粒面的细致程度，掩盖粒面的缺陷。涂饰使用的材料有成膜剂、着色剂、光亮剂。

（三）皮革的质量评定

皮的种类和制革工艺是决定皮革质量的两个主要因素。皮革的质量可以从外观质量、化学性能、物理性能、试用试验和利用率等方面进行评定。

1. 外观质量

包括革身的丰满、柔软、弹性、色泽、革面粒纹、绒毛以及鞣透程度等。用眼看、手摸的方法凭经验检验。

2. 化学性能

化学性能主要包括水分、油脂、灰分、氧化铬、皮质、结合鞣质、水溶物等的含量和酸碱值等。

3. 物理性能

主要是指革的抗张强度、伸长率、撕裂强度、崩裂强度、曲挠强度、透气性、吸水性、耐磨度、耐老化性、耐汗性、涂层耐干湿摩擦性能以及收缩温度（要求植鞣革65℃以上，铬鞣革95℃以上）等。

4. 试用试验

将革加工成革制品，在试用过程中观察革的变化，判断其适用性和使用寿命。

5. 利用率

根据缺陷的轻重程度及其分布状况，计算出缺陷的总面积，确定革的利用率。利用率是评定革的等级的主要依据之一。

（四）服用皮革的主要品种及其性能特点

1. 主要品种

（1）猪皮革：猪皮的粒面凹凸不平，毛孔粗大而深，明显三点组成一小撮，具有独特风格。猪皮的透气性比牛皮好，粒面层很厚。纤维组织紧密，作为鞋面革较耐折，不易断裂，作为鞋底革较耐磨，特别是绒面革和经过磨光处理的光面革是制鞋的主要原料。猪皮革的特点是皮厚粗硬，弹性较差。

（2）牛皮革：用于制鞋及服装的牛皮原料主要是黄牛皮。皮的各部位皮质差异大，背脊部的皮质最好。该处的真皮厚而均匀，毛孔细密，分布均匀，粒面平整，纤维束相互垂直交错或倾斜成菱形网状交错，坚实致密。黄牛皮耐磨、耐折。吸湿透气较好，粒面磨后光亮度较高，绒面革的绒面细密，是优良的服装材料。牛皮革中还包括水牛皮和小牛皮。水牛皮厚度较黄牛皮厚,组织结构较松散,毛孔粗大,粒面粗糙,成品不及黄牛革美观耐用。小牛皮柔软、轻薄、粒面致密,是制作服装的上乘材料。

(3)羊皮革:羊皮革的原料皮可分为山羊皮和绵羊皮两种。山羊皮的皮身较薄,皮面略粗,毛孔呈扇圆形,斜伸入革内,粒纹向上凸,几个毛孔成一组似鱼鳞状排列。成品革的粒面紧实,有高度光泽、透气、坚牢、柔韧。绵羊皮的表面较薄,粒面层较厚,甚至超过网状层。网状层的胶原纤维束较细,排列疏松,成革后透气性、延伸性较好,手感柔软,表面细致平滑,但强度不如山羊皮,做成的服装不经穿。

2. 性能特点

经脱毛和鞣制等物理、化学加工所得到的已经变性、不易腐烂的动物皮再经修饰和整理,即为成革,又称皮革。皮革是由天然蛋白质纤维在三维空间紧密编织构成的。皮革的表面有一种特殊的粒面层,具有自然的粒纹和光泽,手感舒适。天然皮革具有下列性能:

(1)较高的机械强度,如抗张强度、耐撕裂强度、耐曲折等,耐穿耐用。

(2)一定的弹性和可塑性,易于加工成型。用于生产各种革制品,在使用过程中不易变形。

(3)易于保养,使用中能长久保持其天然外观。

(4)耐湿热稳定性好,耐腐蚀,对一些化学药品具有抵抗力,耐老化性能好。

(5)优良的透气(汽)、吸湿(汗)、排湿性能,因而穿着卫生、舒适。

由于天然皮革具有上述性能,直到现在仍然广泛用于制成各类革制品,供军需、工农业和民用。随着科学技术的发展,出现了各种人造皮革、合成皮革等,作为天然革的补充,用于制作皮鞋及其他皮革制品,但尚不具备天然皮革那种卫生性能和舒适感。

二、人造皮革

(一)人造皮革的制造

早期生产的人造皮革是将聚氯乙烯涂于织物制成的,服用性能较差。近年来开发了聚氨酯合成革的品种,使人造皮革的质量获得显著改进。特别是底基用非织造布,面层用聚氨酯多孔材料仿造天然皮革的结构及组成的合成革,具有良好的服用性能。下面分别介绍两种不同类型的人造皮革。

1. 聚氯乙烯人造革的生产方法

聚氯乙烯人造革是用聚氯乙烯树脂、增塑剂和其他助剂组成混合物后涂敷或贴合在基材上,再经过适当的加工工艺过程而制成。根据塑料层的结构,可分为普通革和泡沫人造革两种。人造革的基布主要是平纹布、帆布、针织汗布、非织造布等。聚氯乙烯人造革的生产方法有直接涂刮法、间接涂刮法和压延法。

(1)直接涂刮法:将聚氯乙烯树脂与增塑剂及各种配合剂按配方混合,制成糊状的胶料,把这种胶料用刮刀直接涂刮在经过预处理的基布上,然后进入烘箱熔融塑化,再经过表面处理而制得人造革。

(2)间接涂刮法:将聚氯乙烯树脂与增塑剂及其他配合剂混合制得的糊状胶料用逆辊或刮刀涂布于载体上,使基布在不受张力的情况下复合在凝胶的料层上,再经过塑化,冷却,并从载体上剥离而得到人造。这种方法适用于以针织布或非织造布为基布的人造革的生产,产品质量较好,可用作服装面料。

(3)压延法:先在压延机上制得聚氯乙烯薄膜,再与基布贴合制得人造革。

聚氯乙烯泡沫人造革的生产,是采用发泡剂作配合剂,把发泡剂在常温下与聚氯乙烯树脂、增塑剂及其他配合剂混合成均匀的胶料,逐渐加热,使之熔融,当黏度下降,温度达到发泡剂固有的分解温度时,急剧释放出气体,使此时已熔融的树脂膨胀。由于发泡剂在胶料中的分散相当均匀,树脂层中就形成了许多连续的、互不相通、细小均匀的气泡结构,从而使制得的人造革手感柔软,有弹性,与真皮相近。

2. 聚氨酯合成革的生产方法

以非织造布为底基的合成革主要由用聚氨酯弹性体溶液浸渍的纤维质底基、中间增强层、微孔弹性聚氨酯面层三层组成。非织造布底基是按需要将各种纤维混合后,经过开松、梳棉、成网,再进行针刺,使纤维形成立体交叉,然后经过蒸汽收缩、烫平、浸胶、干燥等工序而制成。聚氨酯微孔弹性体与纤维之间呈点状粘附性联结,因而纤维具有高度的移动性,使合成革的弹性和屈挠强度提高。中间增强层是一层薄的棉织物,用来将微孔层与纤维质底基隔开,可以提高材料的抗张强度,降低伸长率,掩盖底布表面的疵点。微孔性聚氨酯的面层厚度较小,形成合成革的外观,有较好的耐水性和耐磨性,并决定了合成革的物理化学性能。

聚氨酯合成革是以棉或锦纶织物作基布,在基布上涂敷聚氨酯弹性体而成。以热塑聚氨酯为原料的涂层可以在熔融状态下涂于织物,聚氨酯材料成型厚度在 0.2mm 以上;以浇注法成型的聚氨酯涂层,通常厚度为 0.025~0.25mm;由聚氨酯溶液形成的涂层厚度可在 0.12~0.15mm,这种方法可以多次涂层成型,是服装用合成革主要采用的方法。

(二) 人造皮革的性能特点

1. 聚氯乙烯人造革的性能

用作服装和制鞋面料的聚氯乙烯人造革轻而柔软,由于基布采用针织布,因此服装性能较好。人造革中由于增塑剂的含量较高,制品表面易发黏沾污,往往用表面处理剂处理,使表面

滑爽,提高人造革的物理化学性能。

2. 聚氨酯合成革的性能

聚氨酯合成革的性能主要取决于聚合物的类型及涂敷涂层的方法、各组分的组成、基布的结构等。其服用性能优于聚氯乙烯人造革,概括起来有以下优点:

(1)强度和耐磨性高于聚氯乙烯人造革。厚度在 0.025~0.075mm 的聚氨酯涂层就相当于厚度为 0.3~0.5mm 的聚氯乙烯涂层的强度。

(2)聚氨酯合成革的生理舒适性能优良。由于其表面涂层具有开孔结构,涂层薄、有弹性,柔软滑润,可以防水,透水汽性较好,而聚氯乙烯人造革呈明显的不均匀闭孔结构,透水汽性差。

(3)聚氨酯涂层不含增塑剂,表面光滑紧密,可以着多种颜色和进行轧花等表面处理,品种多,仿真皮效果好。

(4)聚氨酯合成革可以在 -40~45℃ 下使用,某些类型可在 160℃ 下使用,在低温度条件下仍具有较高的抗张强度和屈挠强度。

(5)采用单组分物料涂层的聚氨酯合成革耐光老化性和耐水解稳定性好。

(6)聚氨酯合成革柔韧耐磨,外观和性能都接近天然皮革,易洗涤去污,易缝制,适用性广。

三、天然皮革与人造皮革的辨别

"真皮"在皮革制品市场上是常见的字样,是人们为区别合成革而对天然皮革的一种习惯叫法,真皮就是皮革,它主要是由动物毛皮加工而成。真皮即是所有天然皮革的统称。

天然皮革按其种类主要分为猪皮革、牛皮革、羊皮革、马皮革、驴皮革和袋鼠皮革等,另有少量的鱼皮革、鸵鸟皮革等。真皮按其层次分,有头层革和二层革,其中头层革有全粒面革和修面革。全粒面革其表面平细,毛眼小,结构细密紧实,革身丰满有弹性,物理性能好。它不仅

耐磨,而且具有良好的透气性。

修面革,是利用磨革机将革表面轻磨后进行涂饰,再轧上相应的花纹而制成的。此种革几乎失掉原有的表面状态,涂饰层较厚,耐磨性和透气性比全粒面革较差。

二层革,经过涂饰或贴膜等系列工序制成二层革,它的牢度、耐磨性较差,是同类皮革中最廉价的一种。

几种常用皮革的辨别方法:

(1)手感:即用手触摸皮革表面,如有滑爽,柔软,丰满,弹性的感觉是真皮;而一般人造合成革面手感发涩,死板,柔软性差。

(2)眼看:观察真皮革面有较清晰的毛孔、花纹,黄牛皮有较匀称的细毛孔,牦牛皮有较粗而稀疏的毛孔,山羊皮有鱼鳞状的毛孔,猪皮有三角粗毛孔,而人造革,尽管也仿制了毛孔,但不清晰。

(3)嗅味:凡是真皮革都有皮革的气味;而人造革都具有刺激性较强的塑料气味。

(4)点燃:从真皮革和人造革背面撕下一点纤维,点燃后,凡发出刺鼻的气味,结成疙瘩的是人造革;凡是发出烧毛发臭味,不结硬疙瘩的是真皮。

四、皮革服装的保养

皮革服装应注意防潮,一旦受潮发霉,就会失去光泽,影响牢度。如被雨淋湿,必须立即用干毛巾吸干水分,再置于阴凉处风干。如已发霉,可先用毛刷刷去浮尘,再用棉球蘸酒精擦净霉迹,或用淡碱水擦拭,然后用干毛巾揩擦干净,放阴凉处风干。对长期存放的皮革衣物,用毛巾蘸4%浓度的高级香皂洗涤液轻擦一遍,再蘸清水轻轻复擦,晾干,以防发霉。

穿着时,要注意保护皮面,防止硬物或尖物划破皮面。如沾上脏物,应及时用湿布轻轻揩去;不要猛擦,以免伤皮褪色。出现油迹时,可用氨水与酒精、水（配比是1:2:30)的溶液轻揩,如油迹不能一次去除,可按此法重复几次。

皮革衣物要注意防折防裂,不要曝晒,更忌烘烤。不穿时,用衣架挂起,不要折叠存放。如果皮面出现小皱纹,可用毛笔蘸鸡蛋清涂于裂纹处,再涂擦鸡油或鸭油,打光。如果皮面出现皱纹,可在皱纹处覆盖一层牛皮纸,再用电熨斗在牛皮纸上熨烫,熨斗温度掌握在40~50℃,不可太高。烫时熨斗要不停地移动;烫后立即揭去牛皮纸,趁热将衣服拎起,拉挺皱纹,同时口吹轻风,使其迅速冷却定形。

皮革服装不能用鞋油擦拭上光。如果要使其光亮柔软,可用鸡油或鸭油薄而均匀地涂在表层,待10min后再用清洁柔软的布将其擦净即可。有条件者,可送洗染店清洁上光,或用皮革光亮剂自行清洁上光。

思考题

1. 原料皮的质量要求有哪些?
2. 简述天然毛皮与人造毛皮的区别。
3. 毛皮加工程序包括哪些步骤?
4. 如何辨别天然皮革和人造皮革?
5. 如何保养皮革服装?

第八章

服装辅料

服装辅料是指除面料以外构成整件服装所需的其他辅助用料,包括里料、填料、衬料、线料、连接材料及装饰材料等。服装辅料是构成服装整体的重要材料,因此,辅料的功能性、服用性、装饰性、加工性、耐用性、经济性等直接关系到服装的结构、工艺、质量和价格;关系到服装的完美性、实用性及舒适性。在现代服装的设计和生产中,正确选配服装辅料尤为重要。

辅料常见的分类见图8-1。

```
          ┌ 里   ┌ 天然纤维织物(棉布、真丝绸)
          │ 料   ├ 化学纤维长丝织物(尼龙绸、涤丝绸等)
          │      └ 混纺和交织织物(人造毛皮、羽纱、驼绒布等)
          │ 絮   ┌ 天然絮料(棉花、丝绵、羽绒等)
          │ 料   └ 化纤絮料(腈纶棉、太空棉、红外棉等)
          │      ┌ 毛衬(黑炭衬、马尾衬)
          │ 衬   ├ 棉麻衬(棉布衬、麻衬)
          │ 料   ├ 树脂衬(纯棉、涤/棉、纯涤)
          │      ├ 黏合衬(机织、针织、非织造)
   服     │      └ 非织造衬(普通型、水溶型)
   装     │ 垫   ┌ 肩垫(海绵、定形、针刺)
   辅 ────┤ 料   ├ 胸垫(机织、非织造)
   料     │      └ 领垫(机织、针织、针刺)
          │ 线   ┌ 缝纫线(纯棉、化纤、包芯)
          │ 料   └ 工艺装饰线(绣花线、编结线、金银线)
          │      ┌ 拉链(注塑、螺旋、金属)
          │ 扣   ├ 纽扣(不饱和聚酯、注塑、珠光、贝壳、木、石)
          │ 紧   ├ 金属扣件(四件扣、装饰扣、按扣、气眼、线钉等)
          │ 材   └ 带类(松紧带、罗纹带、尼龙搭扣、裤带等)
          │ 料
          │ 商 标 ┌ 商标(纺织品、纸制、编织、革制、金属等)
          └ 标 志 └ 标志(品质、使用、尺寸、条码、环保等)
```

图8-1 服装辅料分类

第一节 服装衬料

衬料,又称衬布,是介于服装面料和里料之间的材料,它是服装的骨骼。衬料使服装造型丰满,穿着舒适,特别是现代衬料的应用,可使服装造型更趋完美,缝制工艺更加精简,服装更趋轻盈、美观、舒适和挺括。

衬料的作用大致可归纳为以下几个方面:

(1)便于服装的造型、定形、保形。

(2)增强服装的挺括性、弹性,改善服装立体造型。

(3)改善服装悬垂性和面料的手感,改善服用舒适性。

(4)增加服装的厚实感、丰满感,提高服装的保暖性。

(5)给予服装局部部位以加固、补强。

衬料的种类很多,有传统的布衬、麻衬、毛衬、非织造衬和树脂衬,也有近年迅速发展起来的各类新型黏合衬料。由于衬料的种类繁多,功能多样,因此选择和使用各类黏合衬料已成为服装技术人员的一项重要任务。

一、衬料的分类

衬料的种类很多,分类的方法也有多种。

（一）按基布的种类及加工方式分（图8-2）

棉麻衬
- 麻衬——纯麻衬、混纺麻布衬
- 棉衬——软衬（未上浆）、硬衬（上浆）

马尾衬
- 普通马尾衬——树脂整理马尾衬、未树脂整理马尾衬
- 包芯马尾衬

黑炭衬
- 硬挺型——上浆衬、树脂整理衬
- 薄软型——树脂整理衬、低甲醛树脂整理衬
- 夹织布型——包芯马尾夹织衬、黏纤夹织衬
- 类炭衬——白色衬、黑色衬

树脂衬
- 麻织衬——全麻树脂衬、混纺树脂衬
- 纯棉衬——漂白纯棉衬、半漂白纯棉衬
- 化纤混纺衬——漂白混纺衬、半漂白混纺衬
- 纯化纤衬

黏合衬
- 非织造黏合衬
- 机织黏合衬
- 针织黏合衬
- 多段黏合衬
- 黑炭黏合衬
- 双面黏合衬

腰衬
- 裁剪型衬——树脂型衬、黏合型衬
- 防滑编织衬

领带衬
- 裁剪型衬——树脂型衬、黏合型衬
- 防滑编织衬

非造织衬
- 一般非织造衬
- 水溶型非织造衬

（服装衬布）

图8-2　材料按基布的种类及加工方式分类

（二）按服饰品种分类

衬料可分为9类：外衣用衬，衬衫用衬，裘皮服装用衬，丝绸服装用衬，针织服装用衬，裙、裤用衬，领带用衬，鞋、帽用衬，其他服饰用衬。

（三）按衬料的加工工艺分

分传统衬布和黏合衬布两大类。

二、传统衬布

（一）棉衬、麻衬

棉衬分软衬和硬衬两种，采用中、高特棉纱

织成本白棉布，不加浆或加浆料制成。麻衬用麻平纹布或麻混纺平纹布制成，麻纤维刚度大，有较好的硬挺度。

棉衬与麻衬均系传统衬料，用于西装、大衣、制服等类服装的前身、门襟等。由于棉、麻衬厚重，易缩水、易起皱，目前已很少使用。

（二）毛衬

黑炭衬以棉或棉混纺纱线作经纱，以牦牛毛、山羊毛等粗毛混纺纱作纬纱，以平纹组织交织成基布，再经烧毛、定形、柔软或硬挺整理等加工而成。由于黑炭衬经纱密度较稀，纬纱采用毛纱，因而衬料经向悬垂性好，而纬向有优良的弹性。根据黑炭衬的基布及后整理工艺不同，黑炭衬有厚、薄、软、硬之分。

黑炭衬多用于外衣类服装，并以毛料服装为主，男女西服、套装、制服、大衣、礼服等都要使用黑炭衬。在服装中，黑炭衬一般常用于服装的前身、胸部、肩部、驳头等部位，使服装造型丰满、合体、挺括。

1. 毛衬的分类

一般毛衬按基布材质和基布重量分类。

（1）按基布的纤维材质分类，分类方法见表8-1。

表8-1　毛衬按基布材质的分类

类　别	基布材质
黑炭衬	经纱为棉纱，纬纱为毛或毛混纺纱
类炭衬	经纱用棉纱，纬纱为化纤长丝或混纺纱
夹织衬	经纱用棉纱，纬纱用包芯马尾纱夹织
纯棉马尾衬	经纱用棉纱，纬纱为马尾纱
涤棉马尾衬	经纱用涤棉混纺纱，纬纱用马尾纱
包芯马尾衬	经纱用棉纱，纬纱用包芯马尾纱

（2）按基布重量分,分类方法见表8-2。

表8-2　毛衬按基布重量的分类

类　别	基布重量（g/m²）
超薄型	155 以下
轻薄型	156～195
中厚型	196～230
超厚型	230 以上

（3）按毛衬的成型分类,可分为半胸衬、全胸衬、肩衬、袖窿衬。

2. 毛衬的应用

黑炭衬的选用应根据面料的厚薄、手感特性及服装款式和应用部位来选配,通常,厚重面料应选配厚型衬,薄型面料选配轻薄型衬;手感挺括面料选用硬挺型衬,手感柔软面料应选用软挺型衬;制服、礼服类应选配硬挺型衬,休闲服应配软挺型衬;盖肩衬、造型衬应选配硬挺型衬。

选配黑炭衬还应考虑衬料缩率与面料缩率的匹配。

马尾衬是用棉或棉混纺纱作经纱,马尾鬃毛作纬纱交织,再经定形和树脂硬挺整理加工而成。马尾衬刚度好,弹性好,常用于西服的盖肩衬和女装的胸衬,价格较贵。

（三）树脂衬

树脂衬是以纯棉、棉混纺或化纤纱线为原料,以平纹组织织成基布,经漂白或染色整理后浸轧树脂而成。由于树脂的不同配方及不同焙烘工艺,使树脂衬又分为软、中、硬三种不同手感的衬料。

1. 树脂衬的分类

树脂衬通常可按基布纤维种类、手感软硬、染整方式来分类。

（1）按基布纤维种类分类:可分为纯棉树脂衬、混纺树脂衬、纯化纤树脂衬三大类。

（2）按手感软硬分:可分为硬挺型、软挺型、软薄型三类。

（3）按衬料染整方式分类:可分为本白树脂衬、半漂树脂衬、漂白树脂衬和双色树脂衬四类。

2. 树脂衬的应用

树脂衬主要用于衬衫、外衣、大衣、风衣、西裤等服装的前身、衣领、门襟、袖口、裤腰等部位。

树脂衬选配应根据服装面料特性、使用部位及服用要求。例如,衬衫领衬应选用硬挺型、尺寸稳定性好、经漂白处理的纯棉或涤/棉树脂衬;衬衫袖口可选用手感稍软的树脂衬;薄型毛料上衣前身应选软薄型纯棉树脂衬,腰衬可选用硬挺型涤/棉或纯涤纶树脂衬。

随着黏合衬的发展,树脂衬逐步被黏合衬所替代,树脂衬也多以黏合衬方式用于服装。

（四）非织造布衬布

非织造布是近代迅速发展起来的一种不经纺纱织布而使纤维呈定向排列或杂乱排列的纤维网的制造形式。非织造布的产品种类繁多,规格万千。

非织造布用作衬料与传统的棉衬、麻衬、毛衬、树脂衬等相比有如下几个特点:

（1）重量轻。

（2）裁剪后切口不脱散。

（3）缩率小,保形性良好。

（4）回弹性优良。

（5）保暖性好,透气性好。

（6）价格低廉。

但非织造布衬布不耐搓洗,抗拉强度低,硬挺性不如机织基布的衬料。

1. 非织造布衬布的分类

按非织造布衬布的加工和使用性能,用作服装的非织造布衬布大致可分为:一般非织造布衬布(各向同性型和各向异性型)、水溶性非织造布衬布和黏合型非织造布衬布(永久黏合型、暂时黏合型和双面黏合型)。

2. 非织造布衬布性能及应用

(1)各向同性型:各向同性型非织造布衬布是指非织造布布面的各个方向上的强度、弹性、拉伸性能基本相同,因此,这种衬布使用时无严格的方向要求,裁剪方便,衬布伸缩性、回弹性好(表8-3)。

表8-3 各向同性型非织造布衬布的种类与用途

种类	平方米重量 (g/m²)	用途
薄型	15~30	薄型、柔软的毛、丝、针织料服装的衣领、上衣前身等部位
中厚型	30~50	夏季男女服装、童装、大衣等的前身、驳头等部位
厚型	50~80	春秋衫、男女外衣等的前身、驳头等部位

(2)各向异性型:各向异性型非织造布衬布有一定方向性,经向强度大于纬向,经向伸缩率小于纬向,裁剪、使用时应考虑方向性(表8-4)。

(3)水溶性非织造布衬布:水溶性非织造布衬布是由水溶性纤维聚乙烯醇和黏合剂制成的特种非织造布,在一定温度的热水中能迅速溶解消失,可用作绣花服装和水溶花边的底衬,故又称为绣花衬。

绣花衬常见的品种规格为 $20\sim40g/m^2$,门幅140cm左右。

表8-4 各向异性型非织造布衬布的种类与用途

种类	平方米重量 (g/m²)	用途
轻薄型	15~30	薄型合纤、丝、棉的套装、连衣裙、衬衫、罩衫的前身、衣领、口袋、袋盖、袖口等部位
中厚型	30~50	雨衣、风衣、大衣、夹克、工作服、劳动服等的前身、衣领、口袋、袖口等部位
厚型	50~80	厚料大衣、学生服的前身、衣领、裤腰、腰带等部位

非织造布衬布规格品种多,适用性广,价格低廉,适合于各类服装选配。近年来,非织造布衬布多以黏合型的热熔黏合非织造布衬形式用于服装,是服装主要使用衬料之一。

三、黏合衬

黏合衬的出现与应用使传统的服装加工业发生了巨大的变革,它简化了服装的缝制工艺,提高了缝制水平,使服装获得轻盈、挺括、舒适、保形等多方面的效果,大大提高了服装的外观质量和内在品质。

我国的黏合衬生产和应用起步较晚,20世纪70年代末仅有少量的生产和应用,80年代黏合衬的生产和应用飞跃发展,进入90年代,衬料的需求量迅速增加,服装用黏合衬比例上升至50%以上,同时国产黏合衬的品种也有了很大发展,质量有了很大的提高。当然,和先进国家相比,在产品档次、质量和衬料的系列配套上,还存在着较大差距。随着我国服装业的迅速成长,衬料向高档化发展已成必然,相信这种差距将会越来越小。

(一)黏合衬的分类

黏合衬的品种很多,分类的方法也有多种,

一般可按基布种类、热熔胶类别、涂层方法和用途分类。

1. 按基布种类分类

可分为机织黏合衬、针织黏合衬和非织造布黏合衬。

2. 按热熔胶类别分类

可分为聚酰胺（PA）黏合衬、聚乙烯（PE）黏合衬、聚酯（PET）黏合衬和乙烯—醋酸乙烯（EVA）及改性（EVAL）黏合衬。

3. 按热熔胶涂层方式分类

可分为粉点黏合衬、浆点黏合衬、双点黏合衬和撒粉黏合衬。

4. 按黏合衬用途分类

可分为衬衫黏合衬、外衣黏合衬、丝绸黏合衬和裘皮黏合衬。

（二）黏合衬的基本性能

黏合衬是以机织物、针织物、非织造布为基布，以一定方式涂热熔胶而制成，因此黏合衬的基本性能主要取决于基布、热熔胶和涂层方式。

1. 基布

基布是黏合衬的基础材料，又称底布。服装用黏合衬的基布有三大类：机织基布、针织基布和非织造布基布。

（1）机织基布：机织基布一般以纯棉织物为主，也有涤棉混纺织物、黏胶纤维混纺织物、毛麻衬及黑炭衬等作为黏合衬基布。

机织基布一般以中特棉纱为经纬纱，用平纹或斜纹组织织造，经纬密度相近，织物较疏松，以降低织物缩水率，并便于起绒整理及热熔胶的浸润。

机织基布的特点是尺寸稳定性好，经硬挺整理的基布挺括而有弹性，不皱不缩；经柔软整理的基布，手感柔软，悬垂性好。

（2）针织基布：针织基布分经编和纬编两类。

经编基布以衬纬经编织物为主，其基布性能与机织物相似，有较好的尺寸稳定性，有优良的悬垂性和柔软的手感。衬纬经编基布大多为薄型织物，一般经纱为锦纶长丝或涤纶长丝，线密度为 55~83dtex（50~70 旦），纬纱为 36~26tex 黏胶纤维或涤/黏短纤纱，基布重量为 70~100g/m²。衬纬经编衬料纵向悬垂性好，纬向弹性好，重量轻，手感柔软，所以多用作外衣前身衬。

纬编基布由锦纶长丝编织而成，织物手感柔软，弹性好。纬编衬料多用于针织服装或轻薄型面料的服装。

（3）非织造布基布：非织造布基布品种多样，按其重量可分为：薄型（18~30g/m²）、中厚型（30~50g/m²）、厚型（50~80g/m²）；按非织造布中纤维排列形态可分为定向和非定向两种；按纤维网加固方式可分为化学黏合法、针刺法、热轧法、缝编法。由于成型方法不同，各种非织造布性能也有不同。化学黏合法手感较硬，不耐水洗；针刺法和热轧法手感柔软，强度低，不耐洗；缝编法经向强度高，手感柔软，尺寸稳定性好。

非织造布基布重量轻，弹性好，裁剪缝纫简便，透气性好，价格低廉，是黏合衬的主要基布之一。

2. 热熔胶

热熔胶性能主要包括两个方面：一是热性能，即熔融温度和黏度（以熔融指数来表征），这决定了黏合衬的压烫条件；二是黏合牢度和耐洗性能，即耐水洗和耐干洗的性能。常用的热熔胶有四大类，其主要应用性能见表 8-5。

表8-5 常用热熔胶的主要应用性能

热熔胶名称	热性能		耐洗性能		抗老化性能	用 途	特 点
	熔融温度（℃）	熔融指数（g/10min）	耐水洗	耐干洗			
高密度聚乙烯（HDPE）	128~135	8~20	优	可	良	衬衫	硬挺、耐水洗
低密度聚乙烯（LDPE）	90~110	70~200	可	差	良	裘皮、皮革、鞋帽	不耐洗、黏合温度低
外衣用聚酰胺（PA）	110~135	18~20	可	优	优	西装、外衣	柔软、有弹性、耐干洗
皮革用聚酰胺（PA）	78~90	68~90	差	优	优	皮革、裘皮	黏合温度低、不耐洗
聚酯（PET）	108~130	18~30	良	良	良	外衣、衬衫及丝绸服装	牢度高
乙烯—醋酸乙烯（EVA）	70~90	70~150	差	差	良	皮革	黏合温度高、不耐洗
皂化乙烯—醋酸乙烯（EVAL）	100~120	60~80	良	可	良	外衣、便服	黏合温度低、牢度差

3. 热熔胶涂布方式

常见的热熔胶涂布方式有下列四种：

（1）撒粉法：撒粉法是将热熔胶粉通过振动刷（筛）均匀地撒在基布上，然后通过加温焙烘，使热熔胶熔融黏结于基布上成为黏合衬，如图8-3所示。由于撒粉法易产生胶粒大小及分布上的不匀，因此撒粉法黏合衬的剥离强度不匀率高，易产生渗料，只适用于低档衬料的生产。

（2）粉点法：粉点法是通过雕刻辊上的坑眼将热熔胶粉压印到基布上，如图8-4所示。粉点大小一致，分布均匀，并且粉点的大小、密度可根据用胶量多少来设计布置。粉点法黏合衬黏合效果好，产品规格品种多，应用最广。

（3）浆点法：浆点法是先将热熔胶调制成浆

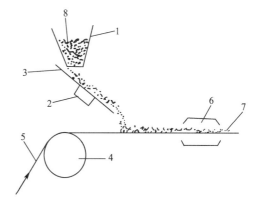

图8-3 撒粉法涂布示意图

1—漏斗 2—振动器 3—斜板 4—加热器
5—基布 6—烘房 7—黏合衬 8—胶粉

液，然后通过圆网和刮刀将浆点涂布到基布上，经焙烘熔结于基布上而成，如图8-5所示。浆点黏合衬胶点分布均匀，黏合效果好，适于各类基布，产品档次高。

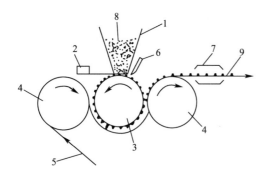

图8-4　粉点法涂布示意图

1—漏斗　2—振动器　3—雕刻辊　4—加热辊

5—基布　6—刮刀　7—烘房　8—胶粉　9—黏合衬

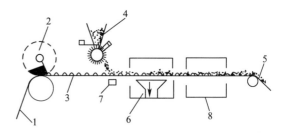

图8-6　双点法涂布示意图

1—基布　2—浆点涂布装置　3—浆点衬

4—撒粉涂布装置　5—双点黏合衬　6—吸粉装置

7—振动装置　8—烘房

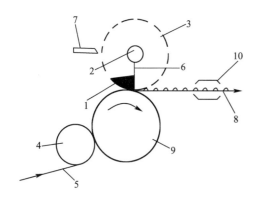

图8-5　浆点法涂布示意图

1—胶浆　2—浆管　3—圆网筒　4—加热辊

5—基布　6—内刮刀　7—外刮刀　8—黏合衬

9—支承辊　10—烘房

（4）双点法：双点法是根据基布和面料不同的黏合性能而设计的，它采用两种不同黏合性能的热熔胶重叠涂布于基布上，图8-6所示为双点法加工黏合衬的示意图。胶点下层与底布黏结，上层与面料黏合，以适应不同性质的面料，使其获得最佳黏合效果。

双点法常见的有双粉点法、双浆点法、浆点撒粉法。双点法黏合衬生产难度大，黏合质量好，是较高档的黏合衬。

4. 黏合衬的选配

黏合衬的种类很多，功能也不尽相同。因此，黏合衬选配是否得当与服装的外观造型和内在质量密切相关。正确选择黏合衬应考虑以下几个方面：

（1）根据不同服装类型对衬料的要求选配：棉布、化纤面料等服装以水洗为多，穿着周期短，用衬部位少，可选用聚酯或聚乙烯类非织造布黏合衬。

呢绒类服装如西服大衣、套装以干洗为主，要求有较好的造型保形性，穿用周期长，手感柔软而有弹性，一般应选择质量较好的聚酰胺类黏合衬。

丝绸类服装手感滑爽，悬垂性好，轻盈飘逸，一般可选配轻薄的非织造布或针织基布黏合衬。

针织服装弹性伸长率大，手感柔软，一般应选用针织纬编基布或非织造布黏合衬。

童装穿着周期短，要求穿着柔软舒适，故常选配非织造布黏合衬。

裘皮、皮革类服装不宜高温压烫，应选低熔点的聚酰胺和低密度聚乙烯或乙烯—醋酸乙烯低熔点黏合衬。

（2）根据服装不同部位对衬料的要求选配：前身衣片要求造型饱满挺括，尺寸稳定，手感柔软而有弹性，悬垂性好，一般应选配机织布黏合衬或衬纬经编基布黏合衬。

领衬要求硬挺而有弹性，一般应选配经树脂硬挺整理的平纹机织基布黏合衬；男衬衫领衬应选耐水洗的聚乙烯类黏合衬。干洗类衬衫应选聚酰胺类黏合衬。

服装的底边、袖口、脚口等部位应选轻薄的非织造布黏合衬；用作补强的牵带应选薄型的机织布黏合衬。

（3）根据服装面料的不同特性选配：厚的面料应选配厚型黏合衬，薄的面料选配薄型黏合衬，一般黏合衬总是比面料轻薄些。

悬垂性好的面料应选配弹性好、重量轻的非织造布黏合衬。

不耐热的面料应选配黏合温度低的黏合衬。

弹性面料应选择弹性好的针织布黏合衬。

细洁轻薄的面料应选黏合性能好，胶点分布细、密的黏合衬。

粗厚的面料可选择胶点分布稀、大，用胶多的黏合衬。

涤纶面料可选聚酯类黏合衬。

（4）根据价格档次来选配：高档服装应选用高档黏合衬。

使用寿命长的服装应选用较好的黏合衬。

穿着周期短、用衬部位小可选价廉的非织造布黏合衬。

5. 黏合衬选配实例

（1）男西服上衣黏合衬选配：男西服多以毛料织物为面料，服装以干洗为主，故应选配耐干洗的聚酰胺类（PA）热熔胶黏合衬。表8-6列出了目前服装生产中常用的男西服上衣用衬选配情况。

表8-6　男西服上衣用衬选配

用衬部位	黏合衬类别	使用方法	效果作用
前身衣片	机织或经编基布粉点	衬料比衣片小0.2~0.5cm	造型、保形、平挺
挂　面	黏合衬	衬料小0.2~0.5cm	平　挺
挺胸衬	黑炭衬、复合胸衬	斜裁，附于前身	挺胸、造型
领　尖	非织造布衬	黏合于领尖反面	平挺、补强
领　面	机织硬挺衬	黏合于领底线背面	造型、硬挺
驳　头	黑炭衬或机织硬挺衬	黏合于驳头尖部	硬　挺
肩缝线	机织薄型嵌条衬	黏合于肩缝线	防止伸长、变形
袖　窿	机织薄型嵌条衬	黏合于袖窿周围	防止伸长、变形
袋　口	非织造布衬	黏合于袋口	防止纱线脱散
袋　盖	薄型非织造布衬	黏合于袋面	平挺、有弹性
袋口嵌线	非织造布衬	黏合于嵌线布料上	平挺、加固
下　摆	薄型机织嵌条衬	黏合于下摆翻边处	防伸长、平伏
袖衩、摆衩	非织造布衬	黏合于开衩处	平　挺

（2）男衬衫黏合衬选配：男衬衫多用纯棉或涤棉混纺面料，以水洗为主，故应选用耐水洗的聚乙烯类（HDPE）热熔胶黏合衬。目前服装生产中常用的男衬衫用衬选配情况见表8-7。

6. 各类黏合衬的压烫工艺

各类黏合衬的压烫工艺可参见表8-8。

表8-7　男衬衫用衬选配

用衬部位	黏合衬类别	使用方法	效果作用
上领主衬	机织漂白硬挺衬	比领面小0.2cm	造型、保形、硬挺
上领辅料	机织硬挺衬	比主衬略小，黏合于主衬上	造型、保形、硬挺
领尖	领尖硬衬	黏合于辅料上	硬挺
袖口	机织漂白硬挺衬	黏合于袖口面料反面	硬挺、保形
门襟	机织硬挺衬	缝合于门襟上	硬挺、保形

表8-8　各类黏合衬的压烫工艺参数

应用范围	用衬类型	辊式压烫条件		
		温度（℃）	压力（MPa）	时间（s）
外衣	PA	140~160	0.3~0.5	15~20
男女衬衣	PET	140~160	0.3~0.5	10~16
男衬衣	HDPE	160~170	0.3~0.7	10~15
服装小件	LDPE	120~140	0.3~0.5	10~15
皮衣	PA	100~130	0.1~0.4	6~20
裘皮服装	EVA	80~120	0.1~0.3	8~12

第二节　服装里料

服装里料是服装的里层材料，俗称夹里布。服装配用里料是为了保护面料、方便穿脱、保持造型，使服装更为整洁、美观、舒适，并且可以增加服装的保暖性。

一、里料的分类

服装里料的种类很多。按织物组织可分为机织物、针织物。机织物又分为平纹、斜纹、缎纹及提花里料；按织物后整理分有染色、印花、轧花、防水涂层、防静电、防羽绒里料等；按织物原料又可分为天然纤维、化学纤维、混纺和交织里料。

（一）天然纤维里料

1. 棉纤维里料

棉纤维里料的特点是吸湿性和透气性比较好，不易产生静电，穿着舒适，但不够滑爽，缩水率较大。

2. 真丝里料

真丝里料滑爽柔软，轻薄而富有光泽，吸湿性、透气性优良，但不坚牢，易皱，缩水率较大。

（二）化学纤维里料

1. 黏胶纤维里料

黏胶纤维里料手感柔软滑爽，有光泽，吸湿性强，透气性好，但湿强较低，缩水率大，保形性差，不宜用于制作需要经常水洗的服装里料。

2. 醋酯纤维、铜氨纤维里料

用醋酯纤维或铜氨黏胶丝织成的里子绸，比黏胶纤维里料的丝绸感更强，弹性好，但也有湿强较低和缩水率大的缺点,不宜用于制作需要经常水洗的服装里料。

3. 涤纶里料

涤纶里料坚牢挺括、尺寸稳定、不皱不缩、穿脱滑爽、耐热耐光性好,但涤纶里料吸湿性差,易产生静电。

4. 锦纶里料

锦纶里料强力高、耐磨性好、不缩水、手感柔软滑爽,吸湿性虽优于涤纶,但仍然比较差,有静电问题,而且,锦纶里料不挺括,耐热性较差。

5. 混纺和交织里料

(1)涤/棉里料:涤/棉里料采用涤棉混纺纱或涤经棉纬交织而成,织物坚牢耐磨,吸湿性较纯涤纶里料好,但织物不够滑爽亮丽。

(2)黏/棉交织里料:经纱采用黏胶长丝,纬纱用全棉纱交织而成,织物质地坚牢、手感厚实、色彩亮丽、吸湿性优良,但缩水率较大。

二、常见里料的品种与特性

常见里料的规格见表8-9。

表8-9　常见里料的规格表

品　　名	经纬密度[根/10cm (根/英寸)]	经纱[tex(旦)]	纬纱[tex(旦)]	地　组　织
蜡线羽纱	150(38)×110(28)	13.2(120)有光黏胶丝	18(32英支)棉纱	变化斜纹
蜡线羽纱	177(45)×110(28)	13.2(120)有光黏胶丝	28(21英支)棉纱	$\frac{3}{1}$斜纹
羽　纱	188(48)×102(26)	13.2(120)有光黏胶丝	28(21英支)棉纱	$\frac{3}{1}$斜纹
美丽绸	216(55)×110(28)	13.2(120)有光黏胶丝	13.2(120)有光黏胶丝	$\frac{3}{1}$斜纹
美丽绸	165(42)×114(29)	13.2(120)有光黏胶丝	13.2(120)有光黏胶丝	$\frac{3}{1}$斜纹
光缎羽纱	196(50)×122(31)	13.2(120)有光黏胶丝	13.2(120)有光黏胶丝	五枚缎纹
美丽绸	283(72)×139(37)	13.2(120)有光黏胶丝	13.2(120)有光黏胶丝	$\frac{3}{1}$斜纹
新羽缎	196(50)×126(32)	13.2(120)有光醋酯丝	13.2(120)有光醋酯丝	五枚缎纹
闪色里子绸	255(65)×150(38)	13.2(120)有光黏胶丝	8.3(75)醋酯丝	$\frac{2}{2}$斜纹
醋酯绸	196(50)×130(33)	6.7(60)醋酯丝	7.2(65)醋酯丝	平　纹
铜氨斜纹绸	181(46)×114(29)	8.3(75)铜氨黏胶丝	11.1(100)铜氨黏胶丝	斜　纹
尼丝纺	165(42)×130(33)	7.8(70)半光锦纶丝	7.8(70)半光锦纶丝	平　纹
涤纶斜纹绸	228(58)×138(35)	7.5(68)半光锦纶丝	8.3(75)有光涤纶丝	$\frac{1}{2}$斜纹
230^{T}尼丝纺	196(50)×157.5(40)	7.8(70)半光锦纶丝	7.8(70)半光锦纶丝	平　纹
210^{T}尼丝纺	181(46)×142(36)	7.8(70)半光锦纶丝	7.8(70)半光锦纶丝	平　纹

品　名	经纬密度[根/10cm（根/英寸）]	经纱[tex(旦)]	纬纱[tex(旦)]	地　组　织
250^{T}尼丝纺	228(58)×157(40)	7.8(70)半光锦纶丝	7.8(70)半光锦纶丝	平　纹
190^{T}涤纶塔夫绸	165(42)×130(33)	7.5(68)半光涤纶丝	7.5(68)半光涤纶丝	平　纹
210^{T}涤纶塔夫绸	181(46)×142(36)	7.5(68)半光涤纶丝	7.5(68)半光涤纶丝	平　纹
230^{T}涤纶塔夫绸	196(50)×157(40)	7.5(68)半光涤纶丝	7.5(68)半光涤纶丝	平　纹
细纹绸	220(56)×138(35)	7.5(68)半光涤纶丝	8.3(75)涤纶低弹丝	$\frac{1}{2}$斜纹
星月缎	346(88)×150(38)	5.5(50)有光异形丝	8.7(75)涤纶低弹丝	五枚缎纹
寒星缎	259(66)×126(32)	8.3(75)有光异形丝	11.1(100)涤纶低弹丝	五枚缎纹
锦益缎	259(66)×126(32)	8.3(75)有光异形丝	11.1(100)涤纶低弹丝	五枚缎纹
电力纺	236(60)×165(42)	2.2(20)桑蚕丝	2.2(20)桑蚕丝	平　纹
洋纺	199(50)×157(40)	2.2(20)桑蚕丝	2.2(20)桑蚕丝	平　纹
中平布	236(60)×228(58)	28(21英支)棉纱	28(21英支)棉纱	平　纹
防羽绒布	530(135)×400(92)	14.5(40英支)棉纱	14.5(40英支)棉纱	平　纹

(一) 羽纱

羽纱是用 13.2tex(120 旦) 有光黏胶长丝作经纱,28tex 棉纱作纬纱,以三上一下的经面斜纹组织交织而成。由于经纱采用了有光黏胶丝,正面光滑亮丽,反面暗淡无光。羽纱色彩丰富、质地坚牢、手感滑爽、吸湿透气性好,但比较厚实,易缩易皱、尺寸稳定性差,缩水率约 6%。一般羽纱可用作中厚毛料服装的夹里布、裤腰里布等。

短线羽纱的经纱采用有光黏胶丝,纬纱采用棉蜡线,比普通羽纱光泽更亮,手感更光滑。

(二) 美丽绸

美丽绸是一种纯黏胶丝斜纹绸,它的经纬纱全部采用 13.2tex(120 旦) 黏胶长丝,织物组织采用三上一下经面斜纹组织,织物手感柔软滑爽,吸湿透气性好,绸面斜纹纹路清晰而富有光泽,但尺寸稳定性差,缩水率约为 5%。

美丽绸常用作毛料服装里料,其品质稍优于羽纱。

(三) 尼丝纺

尼丝纺是以锦纶长丝为原料的平纹组织织物,产品有漂白、染色、印花、涂层等不同的外观织物。

尼丝纺质地坚牢、光滑耐磨、不缩易洗,具有轻、薄、软的特点,常用作各类男女上衣、西装的夹里、裤膝绸等。

尼丝纺经化学涂层处理后,具有耐久的防水性,保暖不透气,可作运动装、羽绒衫、夹克的面里料。

(四) 电力纺

电力纺是以桑蚕丝为原料织成的平纹织物,具有光滑柔软、轻薄亮丽、吸湿透气性好等优点。但弹性差、易皱,缩水率约为5%。

电力纺常用作裤膝绸、丝绸时装里料等。

(五)新羽缎

新羽缎是采用13.2tex(120旦)有光醋酯长丝作经纬纱,缎纹组织,缎面光泽柔和,手感柔软光滑,缩水率小,吸湿透气,不易产生静电,不起毛起球,但不耐磨。

新羽缎可作毛料服装、西服、时装等服装的里料,品质优于羽纱和美丽绸。

(六)防羽绒布

防羽绒布是一种结构紧密的纯棉平纹布,坯布经树脂和防水处理,使织物的交织空隙充填,起到防羽绒、防风和防水等效果。

防羽绒布质地坚牢、布面匀整,手感柔滑,适于作羽绒、中空棉服装的内胆或面料,缩水率约4%。

三、服装里料的选配

服装里料与面料搭配合适与否直接影响服装的整体效果及服用舒适性。因此,在选配里料时要充分考虑以下因素:

(一)里料的颜色

里料的颜色应与面料相谐调。通常里料颜色应与面料相近或略浅于面料,以防止面料沾色,并应注意里料本身的色差和色牢度。

(二)里料的缩水率

里料的缩水率应与面料相匹配,缩水率过大的里料应进行预缩处理,并在缝制时应留有适量的缩缝。

(三)里料的悬垂性

里料过于硬挺,致使面、里料间不贴切,服用感不良,易造成衣服起皱。通常里料应轻薄柔软于面料。

(四)里料的吸湿透气性

里料应尽可能选择吸湿透气性好的织物,以减少穿着后静电的产生,有利于改善服装舒适性。

(五)里料的服用和加工性能

里料的耐热性与服装湿热加工有关,经常需熨烫加工的服装应选择耐热性较好的里料,以免熨烫时损坏里料;里料的抗静电性能应好,高档服装里料要做防静电处理;里料的耐洗性能应与面料相配;里料的厚薄也要与面料风格及服装款式相匹配。

第三节 填料

一、絮填料

为了提高服装的保暖性,人们在冬季防寒服装的面、里料之间充填上絮填材料。传统的絮填材料有棉花、羊毛、驼毛、羽绒等。随着科学技术的发展,可选用的保暖材料越来越丰富,如纯棉絮片、热熔絮片、喷胶棉絮片、针刺棉絮片、复合絮片、太空棉等,近年来,新发展起来的远红外棉复合絮片更具保暖和保健之功效于一体,很有发展前景。

常用絮填材料的种类很多,按材料性质大致可分为:

(一)纤维絮填料

1. 棉花

棉花是传统的保暖填料,保暖性好、穿着舒

适、价格低廉。但棉花受压、受潮后弹性与保暖性降低,水洗后容易板结变形,铺填均匀度变差。

2. 动物绒毛

羊毛和骆驼毛是高档的保暖填充料,吸湿性好,环境较干燥时,保暖性好、穿着舒适,但长时间使用易毡结,易产生铺填不匀现象。

3. 合纤絮料

腈纶有人造羊毛之称,弹性好、轻而保暖;中空涤纶弹性好、手感滑爽、保暖性优良。

4. 丝绵

由桑蚕丝茧缫出的生丝作为絮片状絮料,光滑柔软,质量轻,吸湿性好,环境较干燥时,保暖性好,穿着舒适。但价格高,并且长时间穿着易板结。

(二) 天然毛皮、羽绒

1. 天然毛皮

由于天然毛皮吸湿性好,皮板密实挡风。环境较干燥时,因毛绒间保持了大量静止空气,所以毛皮的保暖性很好。毛皮手感轻柔滑爽,穿着舒适。但毛皮缝制复杂,价格昂贵。

2. 羽绒

羽绒主要是鸭绒,也有鹅、鸡等毛羽。羽绒轻而蓬松,导热系数很小,是人们十分喜爱的防寒保暖絮料。羽绒的品质以其含绒率的高低来衡量。含绒率越高,保暖性越好,价格越贵。羽绒的充填较繁复,面里料需用防羽绒布,以防毛羽外窜。

(三) 絮片

合成纤维絮料多见于絮片状,由非织造布工艺加工而成。絮片蓬松柔软,富有弹性,厚薄均匀,裁剪简便,价廉物美,被广泛用于各类保暖服装。

常见的絮片可分为五类:

1. 热熔絮片

热熔絮片的全称是热熔黏合涤纶絮片,是以涤纶为主,混入一定比例的低熔点纤维,采用热熔黏合工艺加工而成。此类絮片蓬松度好、透气性好、保暖性强、价格便宜。

2. 喷胶棉絮片

喷胶棉絮片以涤纶为主,也可混入其他种类纤维,经梳理成网后喷洒上黏合剂,再经热压处理后黏结成絮片。此类絮片蓬松度好,价格便宜,透气性好,保暖性强,但强度低。

3. 金属涂膜复合絮片

金属涂膜复合絮片是以纤维絮片、金属涂膜为原料,经针刺复合加工而成,通常又称金属棉、太空棉。金属棉拉伸强度好、保暖性强,但透气、透湿性差,弹性伸长性差,不耐洗,服用舒适感较差。

4. 毛型复合絮片

毛型复合絮片是以羊毛或毛与其他纤维混合材料为絮层原料,以单层或多层薄型材料为复合基,经针刺复合加工而成。毛型复合絮片充分利用各类纤维特性,提高了保暖性,改善了服用性,是较为理想的保暖絮片,但价格较贵。

5. 远红外棉复合絮片

远红外涤纶或丙纶复合絮片是最新开发的多功能高科技产品。该产品除了具有毛型复合絮片的特点外,还利用远红外纤维吸收和发出的远红外波对人体起到保健作用,是很有前景的新型保暖材料。

不同种类的保暖絮片性能比较列于表 8-10。

表8-10　保暖絮片性能比较

保暖絮料	保暖性	透湿性	透气性	强力	耐洗性	缩水性	应用范围	原料来源	价格
热熔絮片	较好	好	好	一般	差	差	少	多	低
喷胶棉絮片	较好	好	好	一般	一般	差	少	多	稍低
毛型复合絮片	好	好	一般	好	差	差	多	较少	贵
远红外棉絮片	好	好	好	好	好	好	多	少	稍贵

二、垫料

使用垫料是为了弥补人体某些部位的不足,使服装穿着更合体、美观、舒适。服装上使用垫料的部位较多,但主要的有胸垫、肩垫等。

(一)胸垫

胸垫又称胸绒、胸衬。主要用于西服、大衣等类服装的前胸,使服装胸部造型丰满,立体感强,挺括而又有弹性,保形性好。早期的胸垫采用棉麻毛织品,用手工加工而成,胸垫厚、重、硬、弹性差,易皱、易缩、易变形。随着非织造布制造技术的迅速发展,非织造布胸垫问世,特别是针刺技术的应用,使胸垫材料的规格、品种及性能都有了很大的发展和提高。

非织造布制作的胸垫与其他织物胸垫相比有很多的优点,主要表现为:重量轻,裁剪切口不脱散,保形性好,回弹性良好,不缩水,保暖性好,透气性好,使用简便,手感舒适,价格便宜。

常用的胸垫分类如图8-7所示。

图8-7　常用的胸垫分类

非织造布胸垫规格一般为 $100 \sim 160 g/m^2$,颜色有白色、灰色、蓝色、黑色等。

复合胸垫又称组合衬,它由针刺胸垫(绒)覆上黑炭衬再加上盖肩衬组合而成,是西装、大衣的常用胸垫。

胸垫的选择应根据服装款式、面料厚薄及面料的特性来选配。

(二)肩垫

肩垫俗称攀丁,用于肩部的衬垫。由于服装面料多种多样,服装款式造型千变万化,所以对肩垫的要求也不尽相同。

1. 肩垫的种类

不同的服装对肩垫的材料选用、大小厚薄、形状作用、加工工艺等都有不同的要求,因而肩垫的品种有数百种之多,按肩垫的材质、制作工艺及特性大致可分为三大类:

(1)针刺肩垫:针刺肩垫是以棉絮或涤纶絮片、复合絮片为主,辅以黑炭衬或其他硬挺衬料,用针刺方法将絮片与衬料复合加固而成。针刺肩垫厚实而有弹性,耐洗耐压烫、尺寸稳定、经久耐用。适用于西服、制服、大衣等。

(2)定形肩垫:定形肩垫是采用EVA热溶胶粉作黏合剂,将针刺棉絮片及海绵通过加热黏合定形而成。肩垫质轻而富有弹性、耐洗性能好、尺寸稳定、造型优美、规格品种多样。适用于插肩袖服装、时装、夹克、风衣等。

（3）海绵肩垫：海绵肩垫由泡沫塑料切削成一定形状而制成，在外面要包上包布。海绵肩垫制作方便，轻巧，价格低，但弹性较差，保形性较差，价格较便宜。多用于女衬衫、时装、羊毛衫等。

2.肩垫的选用

肩垫应根据服装的款式特点和服用性能要求来选用。平肩服装应选用齐头肩垫；插肩一般选用圆头肩垫；厚重的面料应选用尺寸较大的肩垫，轻薄面料应选用尺寸较小的肩垫；西服大衣应选用针刺肩垫，使之耐洗耐压烫；时装、插肩袖服装、风衣应选用造型丰满、富有弹性的定形肩垫；衬衫、针织服装可选用轻巧简便价廉的海绵肩垫。

第四节　扣紧材料

一、纽扣

纽扣除了具有传统连接功能之外，更多地体现在对服装的装饰功能上。纽扣以特有的色彩、材质、造型及在服装上的位置，体现它的作用与价值。

（一）纽扣的种类和特点

纽扣的种类繁多，根据纽扣的材质大致可分为四类，见图8-8。

1.合成材料纽扣

合成材料纽扣是目前品种最多、用量最多、最为流行的一类，特点是色泽鲜艳、造型丰富、品种多样、价廉物美。但在耐高温、耐化学试剂的性能上不如天然材料纽扣好。

常见的合成材料纽扣有：

（1）树脂扣：是合成纽扣中质量较好的一种，耐热性较好，花式多样，色泽鲜艳，仿真性强，价格低廉，使用量最多。

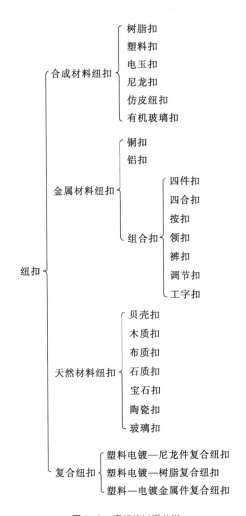

图8-8　纽扣的材质分类

（2）塑料扣：多用聚苯乙烯注塑而成，可以制成各种形状和颜色，但是较脆且不耐高温，不耐有机溶剂。因其价格便宜和颜色多样，故多用于低档女装和童装。

（3）电玉扣：又称脲醛树脂扣、胶木扣，使用历史较长，耐热性好，硬度高，耐有机溶剂性好，但色彩单调。

（4）尼龙扣：由聚酰胺注塑而成，纽扣韧性好，强度高，表面光亮，耐有机溶剂性能好，耐热性也可，价格适中。

（5）仿皮纽扣：是将丙烯酸酯—丁二烯—苯乙烯共聚塑料（ABS塑料）注塑成扣坯，涂仿皮涂料而制成,皮纹表面富有皮质感,色彩丰富,价格便宜,但耐洗性、耐热性、耐磨性较差。

(6)有机玻璃扣:由聚甲基丙烯酸甲酯加入珠光颜料制成棒材或板材,经切削加工而成。它色泽艳丽,有珍珠般光泽,极富装饰性,但耐热性、耐化学试剂性、耐磨性较差。

2. 天然材料纽扣

天然材料纽扣有悠久的使用历史,取之于自然,贴近人类,既满足了现代人回归大自然的心理要求,同时它具有的许多特点为任何人工合成材料所不及。天然材料纽扣具有优良的耐热性、耐有机溶剂性,有自然的色泽和手感。

天然材料纽扣种类很多,常见的有贝壳扣、木质扣、布质扣、宝石扣、陶瓷扣等。

贝壳扣又称真贝扣,由贝壳制成,光泽晶莹,手感滑爽,耐热性好,质地坚硬,质感高雅,耐化学药剂洗涤,但价格较高。用于高档衬衫、T恤衫、丝绸服装等。

木质扣由木材、毛竹、椰壳等材料切削加工而成,木质扣淳朴大方,色泽、纹理自然,手感舒适,耐热耐洗性较好。木质扣适于各类外衣、时装、休闲服装使用。

布质扣常见的有盘花扣,为我国传统纽扣,由布绳盘结而成,形态多样,如琵琶纽、桃子纽、玫瑰纽等,手工制作,产品较少,价格不菲。它是中式棉袄、中式服装、旗袍等最佳搭配。

宝石扣通常指人造水晶、人造宝石制成的扣子,色泽晶莹透亮,造型别致,装饰性强。

陶瓷扣由陶瓷材料制作,色彩鲜艳,硬度高,光滑耐磨,耐热耐洗,但价格较高。

3. 复合纽扣

复合纽扣由两种以上不同材料复合制成,常见的有塑料电镀—尼龙件复合纽扣、塑料电镀—树脂复合纽扣、塑料—电镀金属件复合纽扣等。复合纽扣层次丰富、立体感强、功能全面、造型多样富有装饰性,适用于各类时装、制服等。

4. 金属材料纽扣

金属材料纽扣由铜、铝、铁、镍等金属材料制成,常见的有按扣、四合扣、裤扣、调节扣等,金属材料纽扣耐高温,抗腐蚀,造型别致,立体感强,用途多样,价廉物美。

四件扣和四合扣均由面扣、母扣、子扣和底扣组成。有铁质和铜质两种,由模具冲压成型,经抛光、镀层、喷塑、氧化、涂漆等处理而成。扣面图案多样、立体感强、色彩丰富,大多使用于较厚面料的服装上,如夹克、工作服、牛仔服、滑雪衫、皮装等,也有用于薄料服装。

裤扣有两件扣和四件扣两种,两件扣需要用线缝钉,四件扣为暗式铆合,牢固可靠、美观平整。

调节扣由金属材料冲压或弯曲成型,形态多样,可用于调节衣裤绳带松紧长短,或用作装饰,常用于牛仔背带裤、夹克、童装等。

工字扣又称牛仔扣,由面扣和铆钉组成,常用于牛仔服装,也可与调节扣配合使用于背带裙、背带裤等。

(二)纽扣的选择

纽扣是服装的眼睛,选择适当的纽扣,可以起到"画龙点睛"的效果,因此选配纽扣要考虑它的色彩、造型、材质等。

纽扣的颜色应与面料颜色统一协调,或者与面料主要色彩相呼应;纽扣的造型应与服装的款式造型谐调;纽扣的材质与轻重应与面料厚薄、轻重相配伍。纽扣的大小应主次有序,纽扣的大小尺寸选择应与纽眼相一致。

纽扣的尺寸在国际上有统一型号,如果纽扣不是圆形的,则测量其最大直径,同一型号有固定尺寸,各国之间是通用的。纽扣型号与纽扣外径尺寸之间的关系如下：

纽扣外径(mm)= 纽扣型号×0.635

各种型号纽扣的外径尺寸如表8-11所示。

表8-11 纽扣型号与外径尺寸对照

纽扣型号	14	16	18	24	28	32	34	36	40	44	54
纽扣外径(mm)	8.89	10.16	11.43	15.24	17.78	20.32	21.59	22.86	25.40	27.94	34.29

二、拉链

拉链用于服装开口部位的扣合、衣片的连接等,既简化服装的加工工艺,又方便实用操作,使用广泛。

(一)拉链的结构

拉链的结构如图8-9所示。拉链牙齿是形成拉链闭合的关键部件,其材质决定拉链的形状和性能。头止和尾止用以防止拉链头及牙齿从头端和尾端的脱落,边绳织于底带的边沿,作为牙齿的依托,而底带依托牙齿并借以与服装

连接。底带由纯棉、涤/棉或纯涤纶纱线织成并经定形整理,其宽度则随拉链号数的增大而加宽。

拉链头用以控制拉链的开启与闭合,拉链是否能锁紧,则靠拉襻上的小挚子来控制。插针、针片和针盒用于开尾拉链,在闭合拉链前,靠插针与针盒的配合将两边链牙对齐,以对准牙齿和保证服装的平整定位,而针片用以增加底带尾部的硬挺,以便针插入针盒时准确定位和操作方便。拉链的大小以号表示,由拉链牙齿闭合后的宽度 B 的毫米数而定。例如,拉链闭合后齿宽 B 为5mm,则该拉链为5号。号数越大,则拉链牙齿越粗,闭合后扣紧力越大。

(二)拉链的分类与特点

1. 按拉链的使用功能分类

可分为闭尾拉链、开尾拉链和隐形拉链三类。

(1)闭尾拉链:一般常见于拉链两布带下端以尾止衔接,另一端为分离式,如裤、裙门襟拉链等。双头闭尾型上、下两端均以头止衔接两布带,成为封闭开口式的拉链,如用于腰部紧合的衣袋、口袋、皮包等。

(2)开尾拉链:即两拉链布带可完全分离的拉链。使用时将插针插入拉头及针盒中,便可拉合开口。适用于夹克等外套前衣襟。还有双头拉链,两端均装有插针、拉头及针盒,可由任何一端或两端同时开合。

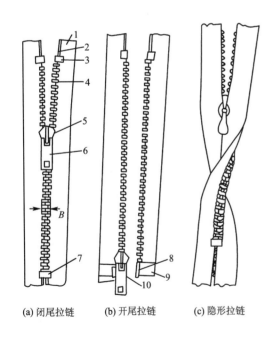

(a) 闭尾拉链　(b) 开尾拉链　(c) 隐形拉链

图8-9 拉链结构示意图

1—底带　2—边绳　3—头止　4—拉链牙齿　5—拉链头
6—拉襻　7—尾止　8—插针　9—针片　10—针盒

（3）隐形拉链：即拉合后不露拉链齿带，仅露出拉头的拉链，常用于裙装、裤子等服装。

2. 按拉链牙的材质分类

可分为非金属拉链和金属拉链两大类，具体见图8-10。

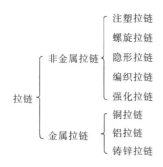

图8-10 按拉链牙的材质分类

（1）注塑拉链：拉链牙采用聚甲醛注塑而成，质地坚韧、耐磨损、抗腐蚀、色泽丰富、规格多样。适用于中厚面料的服装，如夹克、滑雪衫、工作服、童装等。

（2）螺旋拉链：由涤纶、尼龙单丝圈编而成型，拉链表面光滑，色泽鲜艳，薄而轻巧，柔软而有挠性，价格便宜。近年来，螺旋拉链镀金、银技术的应用，更使其应用范围拓宽。螺旋拉链广泛应用于各类服装，特别是内衣和各类轻、薄面料的女式衣裙、裤子等，由于它有较好的挠性，还可用于脱卸式羽绒、皮夹克等服装的内胆连接。缺点是耐高温性稍差、强度低。

（3）隐形拉链：隐形拉链由尼龙单丝圈编而成。隐形拉链拉合后不露拉链齿带，适用于女裙、裤，连衣裙等。

（4）编织拉链：编织拉链也是由尼龙单丝圈编而成。因无中心线而使链牙变薄、变轻柔，成为高档服装选用的拉链。

（5）金属拉链：由铜、铝等金属材料冲压成链牙而制成。铜质拉链开合滑爽，强力高，高雅

庄重、经久耐用，但价格较高，重量偏重。铝质拉链与铜质拉链相比，强力稍低，耐用性稍差，但质轻价廉。

铜质拉链主要用于高档夹克、皮衣、牛仔服、滑雪衫等。铝质拉链用于中低档夹克、西裤、休闲装等。

各种开尾拉链与闭尾拉链的用途见表8-12和表8-13。

表8-12 开尾拉链的用途

类别	型号	用途范围
金属	4,5	男装T恤衫、大衣、夹克、运动服、牛仔服、雨衣等
	8,10	大衣、睡袋、航空套装等
注塑	4,5	夹克、大衣、罩衣、雨衣等
	8,10	大衣、羽绒服、劳保服装等
螺旋	2,3	男装T恤衫、衬衫、罩衣等
	4,5,6	夹克、大衣、套装、劳保服装等
	8,9,10	大衣、睡袋、航空套装、劳保服等

表8-13 闭尾拉链的用途

类别	型号	用途范围
金属	2	女装、童装、T恤衫、裙、衬衫、手袋等
	3,4,5	牛仔裤、西裤、大衣、袋口、鞋、靴等
	8,10	行李袋、皮手袋、工业物件
注塑	3,4,5	衫袋、袖口、手袋等
	8,10	行李袋、袋口等
螺旋	2,3	女装、童装、T恤衫、裙、衬衫、女裤、套装、袋口、袖口
	4,5,6	浴袍、手袋、鞋、靴、背包、行李袋等
	8,9,10	行李袋、柜架及工业用途

(三) 拉链的选配

(1) 根据服装类型、拉链使用部位及使用功能选择。

(2) 根据拉链底带的色泽和材质来选择：拉链底带的颜色一般应选择与面料颜色一致或近似；底带的材质有全棉、涤/棉及纯涤纶，其缩水率和柔软度不同，应根据面料性能来选配。全棉服装应配以全棉底带拉链。

(3) 拉链拉头的选择：不同类型的拉头使用功能不同。拉头的选用一般应根据服装的款式、用途而定。上衣门襟处应选用自锁拉头，裤门襟处应选用针锁拉头，对强力要求高的裤门襟也可选用自锁拉头。双面穿用的上衣，可选用回旋拉头。一般服装上横向的口袋等可选用无锁拉头。

三、绳带

用于服装上的绳带，起着紧固和装饰作用。品种繁多，常见的有：

(一) 松紧带

松紧带是采用弹性材料交织的一种扁平带状物，质地紧密，表面平挺，手感柔软。松紧带具有较好的弹性，纵向伸长可达原长的 $1 \sim 2$ 倍，带子宽窄有不同规格，一般窄的可用于内衣裤，宽的可用于夹克下摆等。

随着新型纺织材料的不断发展与应用，各种材料的松紧带日益增多，比如氨纶带、弹力锦纶带、镂空花边带等作为松紧带已广泛用于女性胸罩、内衣、童装等，既有实用功能，又有很强的装饰性。

(二) 罗纹带

用棉纱与纱包橡胶线交织成弹性带织物，表面呈罗纹状，有较好的弹性，常见的颜色有藏青色、元色、咖啡色等，宽度一般为 6cm，主要用于夹克下摆、袖口、领口等。

(三) 缎带

缎带以黏胶丝、缎纹组织编织的带状织物，带面平挺，色泽艳丽，手感柔软，无弹性。常用作女衬衫、童装的装饰，也可用于编织女式工艺衫。

(四) 针织彩条带

采用锦纶弹力丝织成的有彩色条纹的带状织物。彩条带的宽度大约在 $1 \sim 6$ cm 之间，有较好的弹性，主要用于运动服装，起装饰和加固的作用。

(五) 黏扣带

又称尼龙搭扣，由钩面带与圈面带组合而成，由锦纶单丝织成钩面带，经涂胶和定形处理，而圈面带用锦纶复丝成圈，经热定形、涂胶和磨绒等后处理。两者略加轻压，即能黏合在一起，使用方便，别具一格。黏扣带宽度有 16mm、20mm、25mm、30mm、50mm、100mm 等规格，颜色有漂白、大红、元色、浅绿、淡黄等色。黏扣带常用于童装、童鞋、滑雪衫、内袋口、活动垫肩等处。

(六) 编织绳

编织绳有无芯和有芯两类。常用原料有黏胶丝、涤纶低弹丝、锦纶丝、棉纱等，一般素色，也可嵌入花色纱线编织花式绳。质地紧密，手感柔软，外观有交织纹路，常用作羽绒服、夹克、风雨衣、童装等服装的紧扣件或装饰绳。

(七) 松紧绳

松紧绳采用锭编织机织制，中间为弹性

橡胶丝芯线,外包棉线或黏胶丝,呈圆形,有较好的弹性,常用于运动服、内衣、衬裤等束口。

第五节　线料

缝纫线除缝合功能之外,还起着装饰的作用。缝纫线的用量和成本在整件服装中所占的比例不大,但直接影响着缝纫效率、缝制质量和外观品质。

缝纫线按纤维种类可分为下面几类。

一、天然纤维缝纫线

天然纤维缝纫线常用的有两类。

(一)棉缝纫线

棉缝纫线由棉纱制成,强度较好,有优良的耐热性,适应于高速缝纫和耐久的压烫,但其弹性和耐磨性稍差。

棉缝纫线品种有软线、蜡光线和丝光线三种。

1. 软线

棉纱不经过烧毛、丝光、上浆等处理制成的缝纫线称软线。软线有本白、漂白、染色三类。软线表面毛羽多,光泽暗淡,线质柔软,延伸性较好。

常见的软线品种有精梳或普梳两种。棉线规格有 7.3tex、9.7tex、13tex、14.5tex、18.2tex 和 28tex 等;缝纫线的股数有 3 股、4 股和 6 股;卷装的形式有纸芯线、绞线、宝塔线等。

软线表面较毛糙,强力稍低,适用于低速缝纫,常用于低档棉织品或对外观质量要求不高的产品。

2. 蜡光线

棉线经过上浆、上蜡和刷光处理,线体表面光滑而硬挺,捻度稳定,强度和耐磨性有所提高,减少了缝纫时的摩擦阻力。

常见品种的规格有 9.7tex、14tex、18.2tex 和 28tex 等;缝纫线的股数有 2 股、3 股、4 股和 6 股;卷装形式有绞线、纸芯线、宝塔线等。

蜡光线适用于硬挺面料或皮革等面料的缝纫。

3. 丝光线

精梳棉线经氢氧化钠溶液进行丝光处理后制成线,经丝光处理的棉线外表富有光泽,强力也有所提高,线质柔软,品质高于软线。丝光线的品种规格有 7.3tex、9.7tex、13tex、14tex、14.8tex 和 20tex 等;缝纫线的股数有 2 股、3 股、4 股和 6 股。

丝光线质地柔软,外观光洁,手感滑爽,适用于缝制中高档棉制品。常见丝光线规格和用途列于表 8-14。

表 8-14　丝光线规格与用途

规格[tex(英支)]	捻度(捻/10cm)	用途
7.3×3(80/3)	108~112	薄型棉织衫裤
7.3×4(80/4)	90~94	薄型棉织衫裤
9.7×3(60/3)	93~96	各种棉织衫裤、手帕缝边
9.4×3(60/4)	52~56	卡其、灯芯绒服装
11.7×6(50/6)	86~90	厚棉织衫裤
14×3(42/3)	78~79	内外衣包边、衬衣裤
14×6(42/6)	50~54	制鞋、订书
19.5×2(30/2)	82~86	包边、衬衣裤

(二)丝缝纫线

丝缝纫线是用天然桑蚕长丝或绢丝制成,光泽极好,其弹性、强度和耐磨性均优于棉缝纫线。适用于丝绸及其他高档面料的缝纫。

丝线的品种有7.8tex×3(70旦×3)、10tex×3(90旦×3)、13.4tex×3(122旦×3)、14.6tex×3(133旦×3)等。

由于丝缝纫线价格高,耐热性差,强力低于涤纶长丝线,因而逐步被涤纶长丝线替代。

二、合成纤维缝纫线

(一)涤纶缝纫线

涤纶缝纫线具有强度高、耐磨性好、缩水率低、耐热性好等优点,广泛用于棉织物、化纤织物和混纺织物的服装缝制。

按涤纶不同,涤纶线可分为涤纶短纤维缝纫线、涤纶长丝缝纫线和涤纶低弹丝缝纫线。

1.涤纶短纤维缝纫线

由涤纶短纤维纺成,又称棉型涤纶缝纫线,线质柔软,耐磨性好,强力高,是目前使用最多的一种缝纫线。用于缝制各类棉、化纤、毛及涤棉等混纺织物的服装。主要品种规格和用途如表8-15所示。

表8-15　涤纶短纤维缝纫线规格和用途

规格[tex(英支)]	捻度[捻/10cm]	用　途
7.4×3(80/3)	84～88	各种薄型涤/棉织物、化纤织物、棉织物
8.5×3(70/3)	82～86	各种涤/棉织物、各种薄型化纤织物
9.8×3(60/3)	80～82	各类棉、化纤、毛及涤棉等混纺、中长织物等
11.8×3(50/3)	78～82	涤卡、较厚的毛及毛混纺织物、中长织物等

2.涤纶长丝缝纫线

由涤纶长丝制成的仿蚕丝缝纫线。该线强度高,弹性好,线质柔软,可缝性好,线迹挺括。

常见的品种规格有8.7tex×2(78旦×2)、8.7tex×3(78旦×3)、12.2tex×3(110旦×3)等。

涤纶长丝缝纫线适于缝制滑雪衫、皮装等。涤纶长丝缝纫线的常用规格及用途如表8-16所示。

表8-16　涤纶长丝缝纫线常用规格及用途

规　格	用　途
8.33tex×2、8.33tex×3	衬衫、内衣、雨衣、夹克
7.78tex×2、7.78tex×3	绗缝
13.9tex×3 高强有光	夹克、皮鞋、皮革制品
2.78tex×3 高强有光	运动鞋、帐篷、皮带

3.涤纶低弹丝缝纫线

由涤纶低弹丝制成。弹性好、伸长率大,适用于缝制弹性织物的服装,如针织运动衣、内衣、紧身衣等。

常见品种有12.2tex×2(110旦×2)等。

(二)锦纶缝纫线

锦纶缝纫线耐磨性好,强力高,弹性好,光泽亮,但耐热性稍差,不适宜高速缝纫及高温整烫。

常用的锦纶缝纫线有锦纶长丝缝纫线、锦纶透明缝纫线和锦纶弹力缝纫线三种。

1.锦纶长丝缝纫线

锦纶长丝缝纫线耐磨性好,强度高,光泽亮,适用于一般化纤服装的缝制及各类服装的钉扣、锁纽扣眼等。

2.锦纶透明缝纫线

锦纶透明线无色透明,可用于任何色泽的缝料上,减少缝线配色的麻烦,但目前透明缝纫线线质太硬,耐热性差,还不能适合服装主体的缝制加工,但它是一种很有发展前景的缝纫线。

3. 锦纶弹力缝纫线

锦纶弹力缝纫线采用锦纶6或锦纶66变形弹力丝制成,主要规格品种有 7.8tex×2(70旦×2)、12.2tex×2(110旦×2)等。适用于各类伸缩性较大的弹性织物,如胸罩、内衣裤、针织紧身衣等。

三、混纺缝纫线

(一) 涤棉混纺缝纫线

涤/棉缝纫线由涤棉混纺纱制成,一般涤/棉的混纺比为 65/35。涤/棉缝纫线强力高,耐磨性好,耐热性好,线质柔软,适应高速缝纫。涤/棉缝纫线单纱常见规格品种有 8.4tex、9.8tex、13tex 和 14.6tex,缝线的股数有 2 股、3 股和 4 股。涤/棉混纺缝纫线适用于各类棉织物、化纤织物、针织棉毛织物及厚、薄型各类服装的缝制、包缝等。

(二) 包芯缝纫线

包芯缝纫线以涤纶长丝(或锦纶长丝)作为纱芯,将棉纤维包缠在芯丝上,纺成涤/棉包芯纱,制成包芯缝纫线,线的外表是棉,内芯为涤。因此包芯线强力高,耐热性同于棉线,线质柔软而有弹性,缩水率小,适应于高速缝纫。

涤棉包芯线的主要规格有 11.8tex×2、12tex×2、13tex×2 等。涤/棉包芯线适用于缝制中厚型棉织物、化纤织物等。

四、缝纫线的卷装形式

缝纫线的卷装形式主要有四种。

(一) 木芯线

又称木纱团,木芯上下有边盘,可防止线从木芯脱下,但其卷绕长度较短,一般在200~500m,故适用于手缝和家用缝纫机。为了节省木材,木芯已逐步为纸芯或塑芯取代。

(二) 纤子线

又称纸管线,卷装有 200m 以内及 500~1000m,适于家用或用线量较少的场合。

(三) 锥形管缝纫线

又称宝塔线,卷装容量大,为 3000~20000m 及以上,适合于缝纫线在高速缝纫时的退放,并有利于提高缝纫效率,是服装工业化生产用线的主要卷装形式。

(四) 梯形一面坡宝塔管

主要用于光滑的涤纶长丝,容量为 20000m 以上。为防止宝塔成型造成脱落滑边,常采用一面坡宝塔管。

此外,还有软线球及绞线等。

五、缝纫线品种规格与商标符号

(一) 品种规格

长丝缝纫线有单丝(如透明缝纫线)和复丝[如国产 0.44tex×34(135 旦/34F)]涤纶长丝缝纫线两种。捻向多数用 SZ,也有用 ZS(摆梭式锁缝机和绣花机用)。短纤维纱缝纫线,有 2 股、3 股、4 股和多股复捻线[如 13tex×2(45 英支/2),9.7tex×4(60 英支/4),9.7tex×2×2(60 英支/2/2 等)]以及包芯线、变形线等。缝纫线的粗细、颜色更是多种多样,常用的有几十个品种。

(二) 商标符号

在缝纫线包装的商标上,标志着线的原料、特数、股数及长度。也有用符号来表示,如棉缝纫线,有时以前两位数表示单纱英支数,第三位数表示股数,803 即是代表 80 英支/3 的缝纫线;602 即是代表 60 英支/2 的缝纫线。现都已改用特克斯数(tex)来表示,前者为 7.2tex×2,后者为 9.7tex×2。

六、其他线类

（一）绣花线

绣花线按原料的不同可分为真丝线、棉绣花线、黏胶丝线和毛绣花线四种。

真丝线用桑蚕丝制成，经染色后色彩艳丽，手感柔软滑爽，具有桑蚕丝所特有的优雅悦目的光泽。真丝线一般用作手绣线，生产高档手工艺绣品。

棉绣花线是由棉线经过丝光、烧毛处理，获得丝质般的光泽。丝光线手感柔软、缩水率低、色牢度好，但光泽手感逊于真丝线。

黏胶丝绣花线采用黏胶长丝制成，线体光泽好，手感柔软，但强力稍低。

由于棉绣花线与黏胶丝绣花线耐热性能好，价格便宜，常用于各类服装的机绣线、手绣线。

（二）金银线

金银线是一种工艺装饰线。采用真空镀膜技术，在聚酯薄膜上镀以金银彩色涂层，切制成金银彩色丝线。金银线常与缝线并捻，用作童装、女装的刺绣或局部装饰线等。

七、缝纫线的选用

缝纫线的种类繁多，性能特征、质量和价格各异。为了使缝纫线在服装加工中有最佳的可缝性和使服装具有良好的外观和内在质量，正确地选择缝纫线是十分重要的。原则上，应与服装面料有良好的配伍性。

选择缝纫线的依据有下述几方面。

（一）根据面料种类与性能

缝纫线与面料的原料相同或相近，才能保证其缩率、耐化学品性、耐热性以及使用寿命等相配伍，以避免由于线与面料性能差异而引起的外观皱缩弊病。缝线的粗细应取决于织物的厚度和重量。在接缝强度足够的情况下，缝线不宜粗，因粗线要使用大号针，易造成织物损伤。高强度的缝线对强度小的面料来说是没有意义的。当然，颜色、回潮率应力求与面料织物相匹配。缝纫线与服装面料的合理配伍选择，可参见表8-17。

表8-17 各类面料所用缝纫线

材料		缝 线	包缝线	扣眼线	缲缝线	攃 线	钉扣线	针迹密度	机 针
棉	薄	蜡光线 丝光线 涤纶线 14.8~9.8 tex×2~3 股 （40~60 英支/ 2~3）	软线 丝光线 14.8~9.8 tex×3~6 股 （40~60 英支/ 3~6）	丝光线 涤纶线 14.8~9.8 tex×2~3 股 （40~60 英支/ 2~3）	同缝线 丝线 透明线 （纱支较缝线稍粗）	软线 19.7~7.5 tex×2~3 股 （30~80 英支/ 2~3）	丝光线 涤纶线 14.8~9.8 tex×2~3 股 （40~60 英支/ 2~3）	16~18	9~11
	中厚	蜡光线 丝光线 涤纶线 14.8~9.8 tex×2~3 股 （40~60 英支/ 2~3）	软线 19.7~9.8 tex×3~6 股 （30~60 英支/ 3~6）	涤纶线 29.5~19.7 tex×3 股 （20~30 英支/3）	同缝线 丝线 透明线 （纱支较缝线稍粗）	软线 19.7~7.5 tex×2~3 股 （30~80 英支/ 2~3）	丝光线 涤纶线 29.5~14.8 tex×3~6 股 （20~40 英支/ 3~6）	15~17	12~14

续表

材料		缝线	包缝线	扣眼线	缲缝线	撬线	钉扣线	针迹密度	机针
毛	薄	丝线 涤纶线 14.8~9.8 tex×2~3股 (40~60英支/2~3)	丝光线 14.8~9.8 tex×3~6股 (40~60英支/3~6)	丝光线 涤纶线 14.8~9.8 tex×2~3股 (40~60英支/2~3)	同缝线 丝线 透明线 (纱支较缝线稍粗)	软线 19.7~7.5 tex×2~3股 (30~80英支/2~3)	丝线 涤纶线 19.7~11.8 tex×2~3股 (30~50英支/2~3)	16~18	9~11
	中厚	丝线 涤纶线 14.8~9.8 tex×2~3股 (40~60英支/2~3)	软线 丝光线 19.7~9.8 tex×3~6股 (30~60英支/3~6)	丝线 涤纶线 29.5~19.7 tex×3股 (20~30英支/3)	同缝线 丝线 透明线 (纱支较缝线稍粗)	软线 19.7~7.5 tex×2~3股 (30~80英支/2~3)	涤纶线 丝光线 锦纶线 29.5~14.8 tex×3~6股 (20~40英支/3~6)	15~17	12~14
	厚	丝线 涤纶线 19.7~11.8 tex×2~3股 (30~50英支/2~3)	软线 丝光线 19.7~9.8 tex×3~6股 (30~60英支/3~6)	丝线 涤纶线 29.5~19.7 tex×3股 (20~30英支/3)	同缝线 丝线 透明线 (纱支较缝线稍粗)	软线 19.7~7.5 tex×2~3股 (30~80英支/2~3)	涤纶线 丝光线 锦纶线 29.5~14.8 tex×3~6股 (20~40英支/3~6)	14~16	14~16
化纤	薄	涤纶线 14.8~9.8 tex×2~3股 (40~60英支/2~3)	软线 涤纶线 14.8~9.8 tex×2~3股 (40~60英支/2~3)	涤纶线 14.8~9.8 tex×3股 (40~60英支/3)	同缝线 丝线 透明线 (纱支较缝线稍粗)	软线 19.7~7.5 tex×2~3股 (30~80英支/2~3)	锦纶线 涤纶线 14.8~9.8 tex×2~3股 (40~60英支/2~3)	16~18	9~11
	中厚	涤纶线 14.8~9.8 tex×2~3股 (40~60英支/2~3)	软线 丝光线 19.7~9.8 tex×3~6股 (30~60英支/3~6)	涤纶线 29.5~19.7 tex×3股 (20~30英支/3)	同缝线 丝线 透明线 (纱支较缝线稍粗)	软线 19.7~7.5 tex×2~3股 (30~80英支/2~3)	锦纶线 涤纶线 29.5~14.8 tex×3~6股 (20~40英支/3~6)	15~17	12~14
	厚	涤纶线 19.7~11.8 tex×2~3股 (30~50英支/2~3)	软线 丝光线 19.7~9.8 tex×3~6股 (30~60英支/3~6)	涤纶线 29.5~19.7 tex×3股 (20~30英支/3)	同缝线 丝线 透明线 (纱支较缝线稍粗)	软线 19.7~7.5 tex×2~3股 (30~80英支/2~3)	锦纶线 涤纶线 29.5~14.8 tex×3~6股 (20~40英支/3~6)	14~16	14~16

续表

材料		缝　线	包缝线	扣眼线	缲缝线	撬　线	钉扣线	针迹密度	机　针
丝绸	薄	丝线 丝光线 涤纶线 9.8~7.5 tex×2~3股 （60~80英支/ 2~3）	丝光线 14.8~9.8 tex×2~3股 （40~60英支/ 2~3）	丝线 丝光线 14.8~9.8 tex×3股 （40~60英支/ 3）	同缝线 丝线 透明线 （纱支较缝 线稍粗）	软线 19.7~7.5 tex×2~3股 （30~80英支/ 2~3）	丝线 丝光线 涤纶线 14.8~9.8 tex×2~3股 （40~60英支/ 2~3）	16~18	9~11
	中厚	丝线 丝光线 涤纶线 14.8~9.8 tex×2~3股 （40~60英支/ 2~3）	软线 丝光线 19.7~9.8 tex×3~6股 （30~60英支/ 3~6）	丝线 丝光线 29.5~11.8 tex×3股 （20~50英支/ 3）	同缝线 丝线 透明线 （纱支较缝 线稍粗）	软线 19.7~7.5 tex×2~3股 （30~80英支/ 2~3）	丝线 丝光线 涤纶线 29.5~11.8 tex×3~6股 （20~50英支/ 3~6）	15~17	12~14
裘皮	薄	锦纶线 涤纶线 19.7~8.4 tex×2~3股 （30~70英支/ 2~3）	—	丝线 涤纶线 锦纶线 29.5~19.7 tex×3股 （20~30英支/ 3）	—	软线 19.7~14.8 tex×2~3股 （30~40英支/ 2~3）	锦纶线 涤纶线 29.5~14.8 tex×3~6股 （20~40英支/ 3~6）	6~10	12~14
	厚	锦纶线 涤纶线 29.7~11.8 tex×2~3股 （20~50英支/ 2~3）	—	涤纶线 锦纶线 29.5~19.7 tex×3股 （20~30英支/ 3）	—	软线 19.7~14.8 tex×2~3股 （30~40英支/ 2~3）	锦纶线 涤纶线 29.5~14.8 tex×3~6股 （20~40英支/ 3~6）	14~16	14~16

（二）根据服装种类和用途

选择缝纫线时应考虑服装的用途、穿着环境和保养方式。例如，弹力服装，需用富有弹性的缝纫线。特别是对特殊功能服装来说（如消防服），就需要经阻燃处理的缝纫线，以便耐高温、阻燃和防水。

（三）根据缝型与线迹的种类

多根线的包缝，需用蓬松的线或变形线，而对于双线线迹，则应选择延伸性较大的缝纫线。特别是现代工业生产中的专用设备，可用于服装的不同部位，这为合理用线创造了有利条件。例如，缲边机，应选用低特或透明线；裆缝、肩缝应考虑缝纫线的坚牢，而扣眼线则需耐磨。

（四）根据缝纫线的价格与质量

虽然缝纫线占成本比例较低，但是若只顾价格低廉而忽视了质量，就会造成缝纫断头率增大，既影响缝纫产量又影响缝纫质量。因此，合理选择缝纫线的价格与质量不可忽视。

第六节 商标标识及装饰辅料

一、花边

花边是服装装饰用的带状织物,多用于女式内衣、羊毛衫、时装、裙装、童装等,可获得活泼漂亮、温馨浪漫的美感。

常见花边可分为编织、机织、刺绣、经编四大类。

(一)编织花边

编织花边又称线边花边,它以棉纱为经纱,以棉纱、黏胶丝或金银线等为纬纱,编织成各种各样色彩鲜艳的花边。

编织花边是目前花边品种中档次较高的一类,常用于时装、内衣、衬衫、羊毛衫、童装、披巾等。

(二)机织花边

机织花边由提花织机织成,花边质地紧密,立体感强,色彩丰富,图案多样。按所用原料不同,机织花边有棉线、黏胶丝、锦纶丝、涤纶丝花边等多种。机织花边常用于各类女时装外衣、裙装、童装及披巾、围巾等。

(三)刺绣花边

刺绣花边由手工或电脑绣花机按设计图案直接绣在服装所需的部位,形成花边。刺绣花边色彩艳丽,美观高雅,但受条件限制而使用不多。

水溶性花边是由电脑绣花机用黏胶长丝按设计图案刺绣在水溶性非织造布基布上,经热

水处理,使水溶性非织造布溶化,留下刺绣花边。水溶性花边图案活泼多样、立体感强,价格便宜,使用方便,广泛应用于各类服装及装饰用品。

(四)经编花边

经编花边由经编机编织,一般花边组织较稀疏有孔眼,透明感强,外观轻盈素雅,柔软有弹性。花边大多以锦纶丝、涤纶丝、黏胶丝为原料,俗称经编尼龙花边。多用于女装、童装和装饰品上。

二、商标、标志

(一)商标

商标,俗称牌子,关系到产品的整体形象和企业的形象。

服装商标的种类很多,材料上有胶纸、塑料、棉布、绸缎、皮革、金属等。商标的印制更是千姿百态,有提花、印花、植绒、压印、冲压等。商标的选配,除了考虑品牌及装饰效果外,还应考虑到服用舒适性,内衣商标要薄、软、小,使穿着者感到舒适;外衣商标可选厚、挺、大;金属、皮革商标有很强的装饰性,可用于牛仔、皮装、夹克的外表面。

(二)标志

用于服装的标志有:品质标志、规格标志、产地标志、使用标志、质量标志等。

标志是用于说明服装原料、性能、使用及保养方法、洗涤及熨烫方法等的一种标牌,常见的有纸质吊牌、尼龙涂层带、塑料胶纸、布质编织标志等。服装标志应清晰、完整,便于消费者使用、查验,还应考虑标志与服装整体的谐调性和装饰性。

思考题

1. 试述服装衬料的种类、特点及其适用性。

2. 里料的作用是什么？选配里料应考虑哪些因素？

3. 扣紧材料包含哪些种类？各有什么特点及适用场合？

4. 列举一套西服所选配的各种辅料，并说明它们的特性和所起的作用。

5. 列举你自己身穿服装所配有的商标、标识材料，并说明它们所起的作用。

第九章
新型服装材料

随着科技的进步,服装材料不断推陈出新,新型服装材料的开发周期越来越短,正确认识和应用这些新型服装材料,对于服装设计者、生产者和消费者来说,无疑很重要。

服装的外观和性能是由纤维、纱线、织物结构和后整理四个方面共同决定的。同样,新型服装材料的开发也源于这四个方面的创新。不过,近年来的新型服装材料主要来自于纤维原料和后整理方面的创新。

第一节　新型天然纤维服装材料

尽管化学纤维发展很快,但天然纤维没有被忽视。随着人们对休闲、舒适、纯天然、安全等的重视,一些新型的天然纤维不断地被开发和利用。

一、新型棉纤维服装材料

通常,期望棉纤维有良好的白度以便在后续加工中可染得所需的颜色。但是,织物的印染过程需要大量的水且产生大量的污水,处理不善容易造成环境污染。

因此,人们设想生产出天然彩色的棉花。

美国和苏联的科学家较早地开展彩色棉的研究工作,埃及、法国、澳大利亚、秘鲁等国家也都开展了彩色棉的研究和种植试验。现已培育出浅黄、紫粉、粉红、咖啡、绿、灰、橙、黄、浅绿和铁锈红等颜色的天然彩色棉。我国自20世纪90年代初从美国引进彩色棉花种子,在敦煌、石河子等地试种,现已培育出深棕色、浅棕色、浅绿色、绿色等彩色棉。

二、新型麻纤维服装材料

近年来,麻纤维面料受到人们的欢迎,麻纤维面料开发的热点主要在于:一是改善传统的苎麻、亚麻面料的舒适性和抗皱性;二是罗布麻、大麻等具有抗菌保健作用的麻类面料的开发。

(一) 传统麻织物的改良

利用先进的制麻工艺和纺纱工艺,降低纺纱线密度,应用生物技术,对麻纤维或织物进行加工处理,开发出柔软、光泽好、抗皱并且具有耐热、防腐、防霉和吸湿性、放湿性好的新型苎麻和亚麻面料,是夏季较高档的服装面料。

(二) 罗布麻面料

罗布麻纤维纵向有横节竖纹,截面呈明显

不规则的腰子形，中腔较小。罗布麻的强度与棉纤维相当，比苎麻和亚麻低，有很好的吸湿性、放湿性能。

罗布麻中因含有麻甾醇等挥发性物质，对金黄色葡萄球菌、绿脓杆菌、大肠杆菌等有不同的抑菌作用，并具有防臭、活血降压等功能，因此迎合了人们追求保健纺织品的心态而成为近年来市场关注的热点。

罗布麻面料多为罗布麻与棉等纤维的混纺和交织面料。

三、新型毛纤维服装材料

近年来，毛纤维服装面料延续着高档、轻薄、多功能的发展方向，并研制开发了多种适用于春夏季节的羊毛服装面料。

（一）丝光羊毛

由于羊毛表面鳞片的存在，使羊毛具有缩绒性。剥除和破坏羊毛鳞片是消除羊毛织物毡缩的最直接也是最根本的一种方法。通常采用氧化剂，如次氯酸钠、氯气、氯胺和亚氯酸钠等，使鳞片变质或损伤，经过处理的羊毛不仅获得了永久性的防缩效果，而且使羊毛纤维变细，纤维表面更加光滑，富有光泽，染色变得容易，色牢度也好，有人称为羊毛丝光处理。

用丝光羊毛加工的羊毛衫，手感柔软、滑糯，抗起毛起球，耐水洗，能达到机可洗的要求，服用舒适无刺痒感，近年来，在中高档羊毛衫市场受到欢迎。

（二）拉细羊毛

随着毛纺产品轻薄化的发展趋势和适应四季穿着的要求，消费者对细羊毛和超细羊毛的需求日益增长。但直径小于18μm的羊毛

产量极少。澳大利亚联邦工业和科学研究院（CSIRO）研制成功羊毛拉细技术，1998年投入工业化生产并在日本推广。拉细处理的羊毛长度伸长、细度变细约20%，如细度为21μm的羊毛经过拉细处理可细化至17μm左右，19μm的羊毛经过拉细处理可细化至16μm左右。拉细羊毛的形态为伸直、细长、无卷曲的纤维，提高了弹性模量、刚性，细度变细。具有丝光、柔软效果，但断裂伸长率下降。

拉细羊毛产品轻薄、滑爽、挺括、悬垂性好、有飘逸感、呢面细腻、光泽明亮。穿着无刺痒感，无粘贴感，成为新型高档服装面料。

（三）轻薄羊毛精纺面料

由于毛纱的上浆和退浆还存在困难，传统上，羊毛精纺面料都采用股线织造，限制了纱线的可纺线密度的降低，从而限制了织物轻薄程度的提高。

近年来，主要采用 Sirofil 和 Sirospun 纺纱技术，降低毛纱的线密度，或采用羊毛与可溶性纤维混纺制成羊毛混纺纱，织成织物后再把可溶性纤维溶解掉，加工出轻薄的羊毛精纺面料。

（四）绵羊绒

绵羊绒是生长在内蒙古草原的乌珠穆沁肥尾羊身上的细绒毛，由于先进的纤维分梳技术的开发，人们已成功地将这种细绒毛分梳出来，成为新型的纤维原料。绵羊绒比山羊绒粗，多用于针织品，如绵羊绒衫。

四、蚕丝新面料
（一）防缩免烫真丝面料

真丝面料有许多优点，但易缩易皱，需要熨烫保养，不适应现代快节奏的生活方式，市场正

在萎缩。新开发的具有抗皱、防缩和免烫的真丝面料,在保持真丝面料原有优点的基础上,兼有抗皱、防缩和免烫的性能,经 50 次家庭洗涤后,仍有良好的抗皱性能。

(二)蓬松真丝面料

通过缫丝时用生丝膨化剂对蚕茧进行处理,并经低张力缫丝与复摇,使真丝具有良好的蓬松性。与普通的真丝相比,直径可增加 20%～30%,可织重磅织物。其织物手感柔软、丰满、挺括、不易折皱且富有弹性,适合制作时装、和服和套装。

第二节 新型再生纤维服装材料

一、新型再生纤维素纤维服装材料

再生纤维素纤维是最早发明的化学纤维,目前仍在化学纤维中占有重要的地位。再生纤维素纤维,尤其是黏胶纤维,在生产过程中产生严重的环境污染,为了克服这个问题,美国的恩卡公司和德国的恩卡研究所研究成功了新的用有机溶剂直接溶解生产再生纤维素纤维的工艺方法,并取得了专利。1989 年,布鲁塞尔国际再生纤维及合成纤维标准局把由这类方法制造的纤维素纤维正式定名为“Lyocell”。1992 年,美国联邦贸易委员会也将这类纤维确定为“Lyocell”。

英国考陶尔公司 1989 年开始工业化生产这类纤维并以商品名 Tencel 投放市场,我国市场称其为“天丝”。

天丝纤维既具有传统的再生纤维素纤维良好的吸湿性和穿着舒适性,强力又有较大的提高,其干强和湿强分别是黏胶纤维的 1.7 倍和 1.3 倍,纤维的生产过程对环境无污染。

由天丝纤维加工的织物具有黏胶纤维织物类似的服用性能,但尺寸稳定性和强力增加。天丝纤维可与各种纤维混纺,制成多种风格的机织物和针织物。

二、新型再生蛋白质纤维服装材料

(一)大豆蛋白纤维及其面料

大豆蛋白纤维是我国最先进行工业化生产的一种再生蛋白质纤维。大豆蛋白纤维为淡黄色,很像柞蚕丝的颜色。大豆蛋白纤维的单纤维断裂强度接近涤纶,比羊毛、棉、蚕丝的强度都高,断裂伸长与蚕丝接近,初始模量和吸湿性都与棉纤维接近,耐热性较差,在 120℃ 左右泛黄、发黏。大豆蛋白纤维的耐酸性好,耐碱性一般。

大豆蛋白纤维目前已经用于开发新型服装面料,主要有大豆蛋白纤维针织内衣、睡衣面料和大豆蛋白纤维衬衫面料。

(二)玉米蛋白纤维

玉米蛋白纤维与其他再生蛋白纤维相近,它们的最大共同特点是在产业用途中具有良好的环保性能。纤维的强度、吸湿性、伸长性以及染色性能和常用的化学纤维相近,玉米纤维除了可以做内衣、外衣和运动服外,更多地可用于产业用纺织品。

Vicara 纤维是美国 Corn Product Refining 公司生产的玉米蛋白纤维。Vicara 纤维耐高温,具有抗生物性,化学性质稳定,在标准大气条件下干强度为 10.58cN/tex,湿强度为 6.17cN/tex,与其他纤维混纺,一方面可降低成本,另一方面可提高稳定性、抗皱性以及柔软性。

第三节 新型合成纤维服装材料

合成纤维服装材料有强力高、保形性好、易洗快干、免烫、易保养、耐用性好、耐化学药品性能好等优良的服用性能，但常规的合成纤维服装材料有诸如吸湿性差、手感差、光泽不佳、染色困难、容易钩丝、容易起毛起球、易起静电等问题。也正是为了解决这些问题，才不断研制开发出新型的合成纤维，并结合合理的纱线和织物结构及新型的后整理，开发出新型的合成纤维服装材料。

一、异形纤维

异形纤维最早是指用非圆形喷丝孔纺制的合成纤维，其特点是纤维横截面不是常规合成纤维所具有的圆形或近似圆形的截面。现在，除了采用异形喷丝孔这种方法外，还有膨化黏结法、复合纺丝法、轧制法和孔形（径）变化法等多种加工异形纤维的方法。

（一）异形纤维的性能特点

与常规合成纤维相比，异形纤维有下面几个优点：

1. 光泽好

异形纤维表面对光的反射强度随入射光的方向而变化。利用这种性质可以制成具有真丝般光泽的合成纤维织物。另外，不同截面的异形纤维的光泽也不同。三角形、三叶形、四叶形截面纤维反射光强度较强，通常具有钻石般光泽。而多叶形（五叶形、六叶形、八叶形）截面纤维光泽比较柔和，闪光小。

2. 耐污性好

异形截面纤维的反射光增强，纤维及其织物的透光性减小，因此织物上的污垢不易显露出来，提高了织物的耐污性。

3. 覆盖性

一般异形纤维的覆盖性比圆形纤维大。

4. 蓬松性和透气性

异形纤维有较好的蓬松性、透气性，织物手感厚实、丰满、质轻。

5. 抗起球性和耐磨性

由于异形纤维比表面积增大，长丝纱线纤维间的抱合力增大，织物经摩擦后不易起毛。即使起毛起球后，因单丝的强度异形化后相对降低，球的根部与织物间连接强度降低，小球容易脱落。试验表明，锯齿形截面纤维游离起球的倾向最小。此外，异形纤维织物表面蓬松，摩擦时接触面积减小，耐磨性也随之提高。

6. 吸放湿性及抗静电性能

因比表面积和空隙增加，异形纤维织物的吸湿性增加，抗静电性能有所改善。此外，异形纤维织物在水中浸湿后的干燥速度也较快。

（二）异形纤维新型面料

近几年，国内服装材料市场上异形纤维应用比较突出的是强调排汗快干性能的夏季面料。

目前，市场上有多种这类具有特殊设计截面的、有很好的液态水传递性能的纤维，如美国杜邦公司的 Coolmax 纤维、我国台湾生产的 Cooltech 纤维、Coolplus 纤维、Topcool 纤维以及韩国晓星开发的 Aerocool 纤维等，被用于运动服装和夏季服装面料的开发。

例如，Coolmax 纤维，不仅截面是独特的四管状，同时可做成中空纤维，而且纤维的管壁透气，这种特殊的结构使它有很好的液态水传递能力,吸湿性增加。Coolmax 纤维被广泛用于运动服装和夏季服装面料,据称有吸湿排汗功能。

二、复合纤维

复合纤维是由两种及两种以上的聚合物或性能不同的同种聚合物,按一定的方式复合而成的纤维。由于这类纤维横截面上同时含有多种组分,因此,可制成三维卷曲、易染色、难燃、抗静电、高吸湿等特殊性能的纤维。

常见的双组分复合纤维的截面结构有放射型、并列型、多芯型、皮芯型、海岛型、多层型等,如图9-1所示。

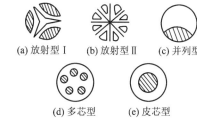

(a) 放射型 I　　(b) 放射型 II　　(c) 并列型

(d) 多芯型　　　(e) 皮芯型

图 9-1　复合纤维的截面结构

(一)并列型复合纤维

并列型复合纤维最重要的特征是能够产生类似羊毛的、永久的三维卷曲,如三维卷曲腈纶复合纤维和聚酰胺/聚酯并列型复合纤维。并列型复合纤维所选用的组分多要求具有一定的性质差异,这样可以通过收缩性质的不同而产生永久性的三维卷曲。

永久性三维卷曲纤维比原来的填塞箱法卷曲纤维性能好得多,制成的产品外观更蓬松、手感更丰满、更富有弹性,回弹性和保暖性更好。

(二)皮芯型复合纤维

皮芯型复合纤维结构方式主要用于导电纤维、优质帘子线、热黏合纤维、自卷曲纤维等。

1. 有机导电纤维

美国杜邦公司生产了一种有机导电纤维。它由含有炭黑的聚乙烯为芯层,聚酰胺66为皮层制成复合纤维,其电阻率为$10^{-3} \sim 10^{-5}\Omega \cdot cm$。它只需按1%~2%的比率与聚酰胺丝一起进行变形加工制成 B. C. F 膨体混纤丝,就能解决锦纶的抗静电问题。

2. 热黏合纤维(ES纤维)

这种纤维也称为热塑性纤维,是用聚乙烯和聚丙烯复合制成的,皮层为聚乙烯(熔点为110~130℃),芯层为聚丙烯(熔点为160~170℃)。这种纤维经热处理后,皮层部分熔融而起黏合作用,芯层保留纤维状态。它已广泛用于服装的非织造布、热熔衬、絮料等。

3. 高吸水性纤维Hygra

此类纤维是由日本开发的新型复合纤维,它以网络构造的吸水聚合物为芯层、聚酰胺为皮层,吸收水分的能力可达自身重量的3.5倍,人们在穿着这种纤维制成的服装时,汗被芯层的吸水聚合物吸收,而表面的聚酰胺,即使润湿也无发黏的感觉。由于该纤维的吸湿能力和速度均优于天然纤维,其服装面料穿着舒适,抗静电性能优良而不易沾污。

(三)多层型、放射型复合纤维

利用对多层型和放射型复合纤维进行溶解,剥离制取超细纤维或极细纤维是超细纤维生产的一种重要方法。

日本可乐丽公司开发的"郎普"聚酯/聚酰胺并列多层复合纤维,由11层组成。剥离后总线密度为8.25tex和5.5tex,单纤维线密度为0.22~0.33dtex(0.2~0.3旦)。这种纤维纤细、柔软,有光泽。用于织成高密织物,经过砂洗等处理后,呈现出桃皮绒般的表面效果,用于滑雪衫、防风运动服、衬衫、夹克等服装面料。

（四）海岛型复合纤维

海岛型复合纤维结构也广泛地应用于制造超细纤维和抗静电纤维。

三、超细纤维

对超细纤维的定义各国尚无统一标准。目前，微细纤维较通用的分类方法主要有两种：

（一）按与蚕丝细度接近或超越程度分类

一般可分为细特纤维和超细纤维两种。

1. 细特纤维

线密度大于 0.44dtex（0.4 旦）而小于 1.1dtex（1.0 旦）的纤维称为细特纤维，或细旦纤维。细特纤维组成的长丝称为高复丝。细特纤维多用于仿丝绸面料。

2. 超细纤维

单纤维线密度小于 0.44dtex（0.4 旦）的纤维称为超细纤维。超细纤维组成的长丝称为超复丝。超细纤维主要用于人造麂皮、仿桃皮绒等面料。

（二）按纤维的生产技术和性能分类

大致分为细旦丝、超细旦丝、极细旦丝、超极细旦丝四类。

1. 细旦丝

单丝线密度为 0.55dtex（0.5 旦）~1.4dtex（1.3 旦）的丝称为细旦丝。以涤纶为例，其单纤维直径在 7.2~11.0μm。细旦丝可以用常规的纺丝方法和设备生产。细旦丝的细度和物理性能与蚕丝比较接近，可用传统的织造工艺加工，产品风格与真丝绸比较接近，所以多用于仿真丝织物。

2. 超细旦丝

单丝线密度为 0.33dtex（0.3 旦）~0.55dtex（0.5 旦）的丝称为超细旦丝。以涤纶为例，其单纤维直径在 5.5~7.2μm。超细旦丝可以用常规的纺丝方法生产，但技术要求较高。另外，它可以用复合分离法生产。超细旦丝主要用于高密防水透气织物和高品质的仿真丝织物。

3. 极细旦丝

单丝线密度为 0.11dtex（0.1 旦）~0.33dtex（0.3 旦）的丝称为极细旦丝。以涤纶为例，其单纤维直径在 3.2~5.5μm。极细旦丝需要用复合分离法或复合溶解法生产。极细旦丝主要用于高级人造皮革、高级起绒织物和拒水织物等高新技术产品。

4. 超极细旦丝

单丝线密度在 0.11dtex（0.1 旦）以下的纤维为超极细旦丝。现已有单丝线密度为 0.00001dtex（0.00001 旦）的超极细旦丝实现工业化生产。超极细旦丝大多采用海岛纺丝溶解法或共混纺丝溶解法进行生产，织物多为非织造布，主要用于高级仿麂皮、高级人造皮革、过滤材料和生物医学领域。

四、易染纤维

除聚酰胺纤维和共聚丙烯腈纤维较易染色外，大多数合成纤维染色都很困难。改善染色性是合成纤维改性的一项重要内容。

易染纤维是指可用不同类型的染料染色，并且染色条件温和，色谱齐全，染出的颜色色泽均匀，色牢度好。

（一）常温常压无载体可染聚酯纤维

普通聚酯纤维一般要在高温、高压或载体存在的条件下才能用分散染料染色。这种染色工艺麻烦且不经济。

常温常压无载体可染聚酯纤维能在一定程度解决上述问题。这类易染纤维采用共聚、共混等方法,使聚酯纤维在不用载体,染色温度低于100℃的情况下可用分散染料染色。例如,聚对苯二甲酸乙二酯与聚乙二醇的共混纤维、聚对苯二甲酸丁二酯纤维(PBT 纤维)。

(二) 阳离子可染聚酯纤维

与分散染料相比,阳离子染料具有色谱齐全、色泽鲜艳、价格低、染色工艺简单等优点。阳离子可染聚酯纤维与天然纤维如羊毛的混纺织物,可采用同浴染色,使染色工艺大大简化;阳离子可染聚酯纤维与普通聚酯纤维混纺,可加工为混色织物。

五、高吸湿性纤维

纤维材料的吸湿性对服用织物有重要意义。普通合成纤维的吸湿性一般较差,尤其是聚丙烯纤维和聚酯纤维。

提高合成纤维的吸湿性,过去用共聚法和接枝共聚法,但效果不够明显。新的方法是使纤维多孔化。纤维多孔化后,在纤维内部形成了许多大小不一的孔隙。这些孔隙可以吸收和保留相当多的水分,使疏水性合成纤维的吸湿性、透水性大大提高。

(一) 多孔聚丙烯腈纤维

聚丙烯腈纤维在正常大气条件下的回潮率为2%左右,在加工和使用中仍有静电问题。

德国拜尔公司研制的多孔聚丙烯腈纤维"Dvnova"和日本钟纺公司研制的多孔聚丙烯腈纤维"Aqualon"都具有很高的吸湿性和透水性,而且没有黏湿感,即使吸湿后也有很好的透气性和保温性。这类纤维的强伸度和普通腈纶相当,是一种理想的内衣和运动服面料用的纤维原料。

(二) 多孔聚酯纤维

日本帝人公司开发的吸汗聚酯短纤维"Wellkey"和吸汗聚酯长丝"Wellkey Filament",是以聚酯为基础聚合物制成。在该纤维上,直径为 $0.01 \sim 0.03 \mu m$ 的微孔均匀地分布在纤维的表面和中空部分。这些从表面通向中空部分的微孔通过毛细管作用吸收汗液。吸收的汗液通过中空部分扩散,并进一步从微孔蒸发到空气中去。汗液吸收的速度和扩散的速度比棉快,因而汗液不会留在皮肤上,使皮肤保持干燥,提高舒适性。适宜制作紧身衣、内衣、训练服、衫衬及夏季服装。

(三) 多孔聚酰胺纤维

日本可乐丽公司用共混法制造的多孔聚酰胺纤维"Clarino",是以聚酰胺为海组分,以另一种聚合物为岛组分,用特定的溶剂溶去岛组分后形成的多孔聚酰胺纤维。其微孔沿纵向排列,微孔尺寸较长,有时可形成连续的孔道。孔道一般不与表面成径向贯穿。

意大利 Sino Fiber 公司开发的"Fiber-S"纤维也是一种高吸湿性聚酰胺纤维,其吸湿性与棉相似,强度高,手感柔软。适宜制作内衣、训练服、衬衫及夏季服装。

六、聚对苯二甲酸丁二酯纤维

聚对苯二甲酸丁二酯纤维即 PBT 纤维。这是一种新型聚酯纤维,原来主要用于塑料工业。由于 PBT 纤维具有弹性好、染色性好、洗可穿性好、挺括、尺寸稳定性好等优良性能,近年来在纺织行业得到广泛应用,可用作游泳衣、体操服、网球服、弹力牛仔服等面料。

七、高收缩纤维

合成纤维中一般的短纤维沸水收缩率不超

过5%,长丝为7%~9%。通常把沸水收缩率在20%左右的纤维称为收缩纤维,把沸水收缩率大于35%的纤维称为高收缩纤维。

(一)高收缩型聚丙烯腈纤维

高收缩型聚丙烯腈纤维的加工方法比较简单,主要有以下方法:

(1)在高于腈纶玻璃化温度下多次拉伸,使纤维中的大分子链舒展,并沿纤维轴向取向,然后骤冷,使大分子链的形态和应力被暂时固定下来。在松弛状态下湿热处理时,大分子链因热运动而蜷缩,引起纤维在长度方向的显著收缩。

(2)增加第二单体丙烯酸甲酯的含量,能大幅度提高腈纶的收缩率。

(3)采用热塑性的第二单体与丙烯腈共聚也可明显提高腈纶的收缩率。

高收缩腈纶的最主要用途是与普通腈纶混纺制成腈纶膨体纱,或者与羊毛、麻、兔毛等混纺或纯纺,制成的各种织物,具有质轻、蓬松、柔软、保暖性好等特点。

(二)高收缩型聚酯纤维

高收缩型聚酯纤维的加工方法有两种:一是采用特殊的纺丝与拉伸工艺,如低温拉伸、低温定形等;二是采用化学改性的方法,如以新戊二醇制取共聚聚酯,用这种方法制得的高收缩涤纶的沸水收缩率很小,因此可以用精梳毛条或纱线方式染色,制成织物后在180℃左右温度下才发生收缩,收缩率可达40%。

高收缩涤纶可用于与普通涤纶、羊毛、棉纤维等混纺或与涤纶、涤/棉、纯棉纱线交织,生产独特风格的织物,如机织泡泡纱、凹凸织物、条纹织物等,或提高仿毛、仿丝织物的蓬松度和丰满度。

八、弹力纤维

弹力纤维是指具有高断裂伸长率(400%以上)、低模量和高弹性回复率的合成纤维。

在弹力纤维中,聚氨酯系的弹性纤维占重要地位,是弹力纤维的主要品种,亦称斯潘德克斯(Spandex),由氨基甲酸酯嵌段共聚物组成,在我国简称为氨纶。其他的弹力纤维主要是丙烯酸酯系的弹力纤维。

(一)聚氨酯弹力纤维

聚氨酯弹力纤维又分为聚酯型和聚醚型两种。美国橡胶公司生产的维林(Vyrene),是一种聚酯型的聚氨酯弹性纤维,而美国杜邦公司生产的莱卡(Lycra)是一种聚醚型的聚氨酯弹性纤维。

氨纶的断裂伸长率大于400%,甚至高达800%,伸长到500%时,弹性回复率为95%~100%。氨纶的染色性尚好,用于锦纶的大多数染料都可染氨纶。通常用分散染料、酸性染料或络合染料等。

氨纶的使用方式有5种:

(1)裸丝。

(2)由一根或两根普通纱(丝)与氨纶丝合并加捻而成的加捻丝。

(3)以氨纶为芯纱,外包其他纤维的纱(丝)制成包芯纱。

(4)以氨纶为芯纱,外缠各种纱线制成的包缠纱。

(5)纺丝时与其他聚合物一起纺制成皮芯型复合纤维。

目前使用最多的是氨纶包芯纱。

近年来,含氨纶的弹性织物,尤其是含杜邦公司生产的莱卡(Lycra)纤维的服装面料广受市场的欢迎。由氨纶或其包芯纱通过针织、机织方法可制成游泳衣、弹力牛仔布和灯芯绒等面料,并且其弹性方向和大小都可以根据服装的要求来确定。

(二)丙烯酸酯系的弹力纤维

它是以丙烯酸乙酯、丙烯酸丁酯等为原料。丙烯酸酯弹力纤维称为阿尼达克斯(Anidex),商品名为阿尼姆/8(Anim/8)。

丙烯酸酯系的弹力纤维比氨纶问世晚。它具有优良的耐老化性能、耐日光性、耐磨性、抗化学药剂性及阻燃性,这些性能都优于氨纶。与氨纶相比,丙烯酸酯系的弹力纤维的弹性与氨纶差不多,强力比聚酯型氨纶略小,吸湿性介于聚酯型氨纶和聚醚型氨纶之间,耐热性优于氨纶。

第四节 功能型服装面料

一、防水透湿面料

消费者越来越重视服装的舒适性。对于冲浪、滑雪、野外作业等环境下穿着的服装,人们希望这些服装面料兼有防水性和透湿性。

防水透湿织物有三种:
(1)经拒水整理的高密织物。
(2)层压防水透湿织物。
(3)涂层防水透湿织物。

(一)拒水整理的高密织物

由超细纤维制得的具有防水透湿功能的高密织物,其织物密度可达普通织物的 20 倍,不经拒水整理可耐 $9.8 \times 10^3 \sim 1.47 \times 10^4$ Pa 水压,通过拒水整理后,可达到更高要求。

利用高密织物制成的服装,由于轻薄耐用,广泛用于户外体育活动的运动服装面料,同时,由于高密织物有很好的防风性能,又广泛用于制作防寒服。由于其耐水压不高,只能用于防水要求不高的场合。

(二)层压防水透湿织物

这类织物是使用一种功能性的隔离层与织物"胶合",织物本身具有一定的结构,利用特殊的黏合剂将层压膜胶合于织物上。该类织物一般使用圆网印制法、喷涂法和网状层压法。这类织物中最著名的有美国 W. Lgore & Associates 公司开发的 Gore-tex 织物,Akzo Nobel公司开发的 Sympatex 织物,英国 Porvair 公司开发的 Porelle 膜等。

1. Gore-tex 织物

Gore-tex 织物是最早应用层压法制造的防水透湿织物,产品关键部分是有微孔的聚四氟乙烯(Polytetra Fluoroethylene, PTFE)薄膜。薄膜厚度约 25μm,气孔率为 82%,每平方厘米有 14 亿个微孔(每平方英寸有 90 亿个微孔),平均孔径 0.14μm,孔径范围 0.1~5μm,大约是水滴的 1/2000,因此水滴不能通过,而且 PTFE 薄膜是拒水的。孔径比水蒸气分子大 700 倍,水蒸气可以通过,因此,这样的薄膜具有优良的防水透湿性能。用其制成的服装,随着服用时间的增长,防水透湿性能逐渐变差,甚至会出现面料渗水现象。而且还存在缝纫针孔漏水的问题。

第二代 PTFE 膜是由 PTFE 膜和拒油亲水组分聚氨酯构成的复合膜。虽然透湿性有所下降,但聚氨酯组分具有高度选择透过性,它仅让水蒸气分子通过,其他的液体都不能通过,即具有高选择性的渗过性膜,克服了第一代产品的缺点。

2. Sympatex 织物

Akzo Nobel 公司生产的 Sympatex 织物的层

压膜是含20%~50%的聚环氧乙烷和对苯二甲酸丁二酯的烷化挤压出的共聚酯膜。该膜的结构是均一相,并且无孔,水蒸气可渗透性是共聚高分子固有的性质,在水洗和干洗时,不存在孔被灰尘和其他物质堵塞的问题,透气性也不会受到影响。

Sympatex标准膜的厚度是10μm,目前已开发出超薄和超厚的品种,这些膜的厚度范围是5~100μm。

(三)涂层防水透湿织物

涂层法制成的防水透湿织物根据所用的涂层剂不同可分为微孔结构的涂层和无孔亲水涂层两种。

20世纪60年代后期及70年代初开发了微孔涂层织物,它是目前生产和应用较多的防水透湿织物。它是在织物表面施加一层连续的微孔膜,微孔直径是水滴的1/5000~1/2000,是水蒸气的700倍左右,因而最小的雨滴也不能通过。在穿着过程中,由于衣服内部和外界环境存在温度差和水汽压差,水汽可顺利地从内侧向外侧逸出。同时,涂层采用疏水性物质,则孔径越小,开孔率越大,对水蒸气的透过率也越大,使织物具有良好的防水透湿性。此类涂层的涂层剂主要为聚氨酯类涂层剂。此外,美国一家公司也开发出聚偏氟乙烯涂层材料,涂层微孔直径仅0.1μm。制作该类孔膜结构的涂层方法有泡沫涂层和湿法涂层,如Ciba-Geigy公司的Dicrylan系列产品采用的是泡沫涂层,而Toray公司生产的Entrant产品和Burlington公司生产的Ultrex产品采用的是湿法涂层。

二、智能型抗浸服面料

智能型抗浸服面料采用在纤维表面引入刺激响应性高分子凝胶层。利用水凝胶吸水溶胀、脱水退溶胀的特性,针对抗浸服的具体工作环境,通过实验设计,将某种适合的凝胶单体在织物上进行接枝聚合。

在干燥状态下,接枝凝胶层收缩,织物上形成大量的孔隙,可保证人体散发的汗气透过,满足穿着舒适性的要求;当浸入水中时,接枝凝胶层快速溶胀,将孔隙封闭,从而具备良好的抗浸性能。使"防水"与"透湿"两种性能在不同的环境下分别得到满足,具有一定的"智能"。

三、新型医用防护服面料

目前所使用的医用防护服面料根据加工方法大致可分为高密机织物、多层复合织物和非织造布三大类。在我国,传统的棉织物仍是医用防护服的主要面料,但它不能阻挡血液的渗透,难以保护医务人员免受血液病菌的感染。因此,用于保护医务人员不受血液病菌侵害的医用防护服面料成为开发的热点。

这种新型的医用防护服面料根据天然高拒液材料——荷叶的表面存在着大量微小乳头凸起,并外覆一层蜡质薄膜的特点,利用一定的织物组织形成凹凸的表面结构,利用纤维的收缩形成的蓬松的线圈保持较多的空气,以增大复合表面的拒液性能。然后,再通过织物的拒液整理,使织物表面覆盖一层高度拒液的整理剂进一步提高织物的拒液性。为使织物获得良好的综合性能,织物由外层拒液层、中间吸湿层和内层导湿层构成。

四、热防护服面料

(一)金属镀膜布

在高温负压下利用蒸着法将金属(如铝)镀在化纤或真丝布上,而后再经过涂覆保护层整理。由于金属镀膜特有的镜面效果,使其对可见光和近红外线具有较强的反射能力。因此，用金属镀膜布和中层夹用耐高温树脂和隔热材料制成的服装，可供高温环境作业及室外热辐射环境作业使用。既轻便又柔软，不感到热，也不会灼伤。

(二)耐热阻燃防护服新面料

1. 碳纤维和凯夫拉(Kevlar)纤维混纺面料

用碳纤维和凯夫拉纤维混纺面料制成的防护服，人们穿着后能短时间进入火焰中，对人体有充分的保护作用，并有一定的防化学品性。

碳纤维是以聚丙烯腈纤维或黏胶纤维为原料，经预氧化和碳化处理得到的一种高性能纤维，具有高强、高模量、耐高温、耐磨、耐腐蚀、导电、不燃、热膨胀系数小等特点。

凯夫拉纤维是美国杜邦公司生产的聚对苯二甲酰对苯二胺纤维，属于芳族聚酰胺纤维，我国称这类纤维为芳纶1414。是一种高强、高模量、耐高温、耐腐蚀、难燃的纤维。

2. 聚苯并咪唑(PBI)纤维和凯夫拉纤维混纺面料

用PBI纤维和凯夫拉纤维混纺面料制成的防护服，耐高温、耐火焰，在温度450℃时仍不燃烧、不熔化，并保持一定的强力。

PBI纤维是由美国最早研制成功的一种高性能纤维。这种纤维有优良的耐热性，在350℃以下可长期使用；它的极限氧指数为41%，在空气中不燃烧；它有很好的化学稳定性；它的回潮率为15%，穿着舒适性好；其强度和延伸性与黏胶纤维枉近，纺织加工性能优良。

第五节　纳米科技与服装材料

纳米科技是20世纪80年代末期新崛起的一门高新技术。纳米技术在纺织领域，如制造纺织新原料、改善织物功能等方面，都有着较大的开发价值和发展前途。

纳米(Nanometer)是一种长度计量单位，$1nm = 10^{-9}m$，一个原子约为0.2~0.3nm。纳米结构是指尺寸在1~100nm的微小结构。纳米技术是在100nm以下的微小结构对物质和材料进行研究处理，即用单个原子、分子制造物质的技术。

纳米材料是一种全新的超微固体材料，它是由尺寸为1~100nm的纳米微粒构成的。纳米材料的特征是既具有纳米尺度(1~100nm)，又具有特异的物理化学性质。

一、纳米微粒的效应

(一)表面和界面效应

表面和界面效应是指纳米微粒表面原子数与总原子数之比随纳米微粒尺寸的减小而大幅度增加，粒子的表面能及表面张力都发生很大的变化，由此而引起的各种特异效应。主要表现为纳米微粒具有很强的化学反应活性。

(二)小尺寸效应

小尺寸效应是指纳米微粒尺寸减小，粒子内的原子数减少而造成的效应。粒子的声、光、电、磁、热力学性质等均会呈现出新的特性，为实用技术开拓了新领域。

（三）量子尺寸效应

量子尺寸效应是指当粒子尺寸下降到一定值时，费米能级附近的电子能级由准连续能级变为离散能级的现象。这会导致纳米微粒的磁、光、声、热、电以及超导电性与宏观特性的显著不同。

二、纳米材料的特性

（一）光学特性

与晶体相比，纳米材料对光的吸收能力增强，表现出宽频带、强吸收、反射率低等特点。例如，各种块状金属有不同颜色，但当其细化到纳米级的颗粒时，所有金属都呈现出黑色。有些物体如纳米硅，还会出现新的发光现象。

（二）磁学特性

当微粒尺寸减小到临界尺寸时，常规的铁磁性材料会转变为顺磁性，甚至处于超顺磁状态。

（三）电学特性

纳米材料颗粒尺寸减小，导电性特殊，金属会显示出非金属特征。

（四）热学性能

纳米材料由几个原子或分子组成，原子和分子之间的结合力减弱，改变三态所需的热能相应减小，因此纳米材料的熔点降低，最明显的是金的熔点在 $1000℃$ 以上，但纳米金在常温下就会熔化。

（五）表面活性和高吸附性

纳米材料比表面积较大，使得其对其他物质吸附性很强。且纳米材料表面活性极强，可

用作高效催化剂。例如，以粒径小于 $0.3\mu m$ 的镍和铜—锌合金的超细微粒为主要成分制成的催化剂，可使有机物氢化的效率达到传统镍催化剂的 10 倍。

三、纳米服装材料

在纺织领域主要是把具有特殊功能的纳米材料与纺织材料进行复合，制备具有各种功能的纺织新材料。

（一）制备功能纤维

在化纤纺丝过程中加入少量的纳米材料，可生产出具有特殊功能的新型纺织纤维。

1. 抗紫外线纤维

某些纳米微粒（如 TiO_2、ZnO）具有优异的光吸收特性，将其加入到合成纤维或再生纤维中，可制成抗紫外线纤维。目前主要的抗紫外线功能纤维有涤纶、腈纶、锦纶和黏胶纤维等，用其制作的服装和用品具有阻隔紫外线的功效，可防止由紫外线吸收造成的皮肤病。

2. 抗菌纤维

将某些具有一定杀菌性能的金属粒子（如纳米银粒子、纳米铜粒子）与化纤复合纺丝，可制得多种抗菌纤维，比一般的抗菌织物具有更强的抗菌效果和更好的耐久性。例如，采用抗菌母粒与切片共混纺丝工艺生产丙纶抗菌纤维，其中母粒中含复合抗菌粉体 10%，共混切片中含抗菌母粒 6%～20%，纺丝工艺与普通丙纶基本相同。

3. 抗静电、防电磁波纤维

在化纤纺丝过程中加入金属纳米材料或碳纳米材料，可使纺出的长丝本身具有抗静电、防微波的特性。例如，将纳米碳管作为功能添加剂，使之稳定地分散于化纤纺丝液中，可以制成具有良好导电性或抗静电的纤维和织物。

另外,在合成纤维中加入纳米 SiO_2 等可以制得高介电绝缘纤维。目前已有抗电磁波的服装上市。

4. 隐身纺织材料

某些纳米材料(如纳米碳管)具有良好的吸波性能,将其加入纺织纤维中,利用纳米材料对光波的宽频带、强吸收、反射率低的特点,可使纤维不反射光,用于制造特殊用途的吸波防反射织物(如军事隐形织物等)。

5. 高强耐磨纺织材料

纳米材料本身就具有超强、高硬、高韧的特性,将其与化学纤维融为一体后,化学纤维将具有超强、高硬、高韧的特性。在航空航天、汽车等工程纺织材料方面有很大的发展前途。

6. 其他功能纤维

利用碳化钨等高比重材料能够开发超悬垂纤维,如日本东丽公司的"XY—E"、旭化成公司的"Gulk"和东洋纺公司的"Pyramidal"等。利用铝酸锶、铝酸钙的蓄光性可以开发荧光纤维,日本开发的以铝酸锶、铝酸钙为主要成分的蓄光材料,其余晖时间可达 10h 以上;某些金属复盐、过渡金属化合物由于随温度变化而发生颜色改变,可利用其可逆热致变色的特征开发变色纤维。

(二)制备纳米纤维

纳米纤维是指直径小于 100nm 的超微细纤维。这样的纤维直径为纳米级,而长度可达千米,因而在某些性能上会产生突变。当纤维直径为 100nm 时,比表面积要比纤维直径为 $10\mu m$ 的大 30 多倍。利用纳米纤维的低密度、高孔隙度和大的比表面积可做成多功能防护服。这种微细纤维铺成的网带有很多微孔,能允许蒸汽扩散,即所谓的"可呼吸性",又能挡风和过滤微细粒子。它对气溶胶的阻挡性提供了对生物武器、化学武器以及生物化学有毒物的防护性,其可呼吸性又保证了穿着的舒适性。

采用静电纺制备聚对苯二甲酰对苯二胺纳米纤维,其直径为 40nm 至几百个纳米,而常规纺得的纤维直径一般为 $10\mu m$ 数量级。

(三)功能整理

纳米材料除能直接添加到化纤中制备功能纤维外,也可加到织物整理剂中,采用后整理的方法与织物结合,制成具有各种功能的纺织品,且涂层更加均匀。另外,还可采用接枝法将纳米材料接枝到纤维上。接枝技术主要用于天然纤维织物后整理,可使纺织品具有永久性功能。

例如,纳米 ZnO 微粒不仅具有良好的紫外线遮蔽功能,而且也具有优越的抗菌、消毒、除臭功能,因此把纳米 ZnO 微粒作为功能助剂对天然纤维进行后整理,可以获得性能良好的抗菌织物。

纳米材料在纺织领域的应用才刚刚起步。近年来,已通过向合成纤维聚合物中添加某些超微或纳米级的无机粉末的方法,经过纺丝获得具有某种特殊功能的纤维。另外,还利用纳米材料的特殊功能开发多功能、高附加值的功能织物。目前在国外,用静电纺制备微细旦纤维和对这种微细旦纤维性能及应用的研究已成为热点。

思考题

1. 调查面料市场和服装市场,发现了哪些新型的服装材料?它们有哪些特点?

2. 新型再生纤维素纤维面料有哪些?它们有哪些优点和缺点?适合做什么服装?

3. 列举一些新型合成纤维面料,谈谈它们的性能特点及服用性能。

4. 制作环保服装或生态服装,其服装材料的选择要考虑哪些因素?

5. 列举几种功能服装,叙述每种功能服装的材料选择,指出选择的材料存在哪些不足。

第十章
服装的标识与保养

在服装的生产、流通、消费和保养过程中，为了维护服装生产者的合法权益，保护服装经销者的正当利益，指导服装消费者的合理消费，对于市场上销售的服装，服装生产者有义务以规范的形式对其服装产品进行正确的标识，如准确标明服装号型、保养说明和纤维含量等，以利于服装经销者认知产品，帮助服装消费者了解服装产品，从而能够正确地消费和保养服装。

第一节　服装纤维含量的标识

服装纤维种类及其含量是服装标识的重要内容之一，也是消费者购买服装制品的关注点。因此，正确标识服装产品的纤维名称及纤维含量，对保护消费者的权益、维护生产者的合法利益、打击假冒伪劣产品、提供正确合理的保养方法等有着重要的实际意义。

一、纤维含量表示的范围

国家标准《消费品使用说明　纺织品和服装使用说明》（GB 5296.4—1998），对纺织品和服装的使用说明提出了具体要求。规定国内市场上销售的纺织品（包括纺织面料与纺织制品）和服装以及从国外进口的纺织品和服装的纤维含量表示都适用此标准。

凡在国内市场上销售的纺织品和服装，无论是国内企业（包括国有企业、独资企业、合资企业、集体企业、乡镇企业、个体企业等）生产的且在国内市场上销售的产品，还是国外企业生产，进入我国国内市场上销售的产品（即进口产品），其纤维含量的标识都应符合我国国家标准的规定。出口产品应根据出口国的要求或合同进行标注。

二、纤维名称的标注

化纤名称的标注，GB/T 4146—1984 规定了工业化生产的各种化学纤维名称，日常流通领域多使用其简称。

天然纤维名称的标注，GB/T 11951—1989 规定了纺织用天然纤维的名称和定义，分为动物纤维、植物纤维和矿物纤维三大类。

纤维名称的标注，既不应使用商业名称标注，也不允许用外来语等标注，还要注意纤维名称不应与产品名称混淆。例如，仿羊绒产品，其纤维含量应标明其真实的纤维种类（如羊毛仿羊绒标为羊毛、腈纶仿羊绒标为腈纶），而不能标羊绒。

三、纤维含量的表示
（一）纤维含量的计算

某种纤维的含量是指织物中该纤维的重量

占织物总重量的百分比(%)。

纯纺产品,通常指某一纤维含量占100%的纺织产品,但某些产品也允许混用少量其他原料。混纺产品,由两种或两种以上纤维组分混纺或交织的产品,按照纤维含量递减的顺序列出纤维名称和对应的含量。例如,某涤棉混纺织物面料,重量为50g,其中含有涤纶32.5g,棉纤维17.5g,则涤纶含量为65%,棉纤维含量为35%,可表示为涤纶65%,棉35%。

一件西服,其面料的纤维含量是指构成面料的某种织物本身所含有的纤维种类及其比例,并非指面料中某种纤维重量占整件服装重量的百分比。

(二) 纤维含量的标注

1. 纯纺衣料

一般指由同一纤维加工制成的纺织品和服装,其产品的纤维含量标识为"100%"或"纯"××纤维。

例：| 100% 棉 | 或 | 纯 棉 |

2. 混纺或交织衣料

(1)列出纤维的名称和含量:通常按照纤维含量递减的顺序,列出每种纤维的名称,并在每种纤维名称前列出该种纤维占产品总体含量的百分率。

例：
| 55% | 黏纤 |
| 45% | 涤纶 |

(2)集中标明为"其他纤维"及这些纤维含量的总量,若这些纤维含量的总量不超过5%,可不提及具体纤维名称。

例：
| 95% | 羊毛 |
| 5% | 其他纤维 |

3. 由地组织和绒毛组成的纺织品和服装

对于这类产品,应分别标明产品中每种纤维的含量,或分别标明绒毛和基布中每种纤维的含量。

例：
绒毛	75%	棉
	25%	锦纶
基布	100%	涤纶

4. 有里料的纺织品和服装

含有里料的产品应分别标明面料和里料的纤维含量。

例：
| 面料 | 纯棉 | |
| 里料 | 100% | 涤纶 |

5. 含有填充物的纺织品和服装

对于含有填充物的产品,应标明填充物的种类和含量。羽绒填充物还应标明含绒量和充绒量。

例：
面料	65%	棉
	35%	涤纶
里料	100%	锦纶
填充物	100%	灰鸭绒
含绒量	80%	
充绒量	200g	

6. 由两种或两种以上不同质地的面料构成的单件纺织品或服装

对于由两种或两种以上不同质地的面料构成的单件纺织品或服装,应分别标明每个部位面料的纤维名称及含量。

例：
| 身 | 100% | 涤纶 |
| 袖 | 100% | 锦纶 |

第二节　服装使用信息的标识

一、服装产品的使用说明

服装产品的使用说明是服装生产者或经销者向服装消费者出示的产品规格、产品性能、使用方法等使用信息，多采用吊牌、标签、包装说明、使用说明书等形式。

(一) 使用说明的形式与内容

根据我国的国家标准，规定产品使用说明应该能够使消费者清楚地认知产品，了解产品的性能和使用、保养方法。如果没有使用说明，或因使用说明编写不规范，或因其使用说明信息量不足甚至有误，而给消费者造成损失时，生产或经销部门应承担相应责任。因此，生产或经销者在经销产品时必须提供规范的使用说明。

1. 服装产品使用说明的形式

(1) 缝合固定在产品上的耐久性标签。

(2) 悬挂在产品上的吊牌。

(3) 直接将使用说明印刷或粘贴在产品包装上。

(4) 随同产品提供的说明资料。

2. 服装产品使用说明的内容

标签是向消费者传递产品信息的说明物。标签标注规定的内容较多，如厂家名称和地址、产品名称、洗涤说明、纤维含量、产品标准等，并且规定了标签形式，悬挂或粘贴位置等。

厂家可根据产品特点自行选择使用说明的形式，但产品的号型或规格、原料的成分和含量、洗涤方法等内容按规定必须采用耐久性标签。其中原料的成分和含量、洗涤方法宜组合标注在同一标签上。服装的耐久性标签包括服装领子上的号型标签、有关洗涤熨烫和纤维成分三项内容。

耐久性标签的位置要适当，通常是服装号型或规格等标签可缝在后衣领居中。其中大衣、西服等也可缝在门襟里袋上部或下部；裤子、裙子可缝在腰头里子下部；衣衫类产品的原料成分和含量、洗涤方法等标签一般可缝在左侧缝中下部；裙、裤类产品可缝在腰头里子下部或左边裙侧缝、裤侧缝上部；围巾、披肩类产品的标签可缝在边角处；领带的标签可缝在背面宽头接缝或窄头接缝处；家用纺织品上的标签可缝在边角处。

(二) 使用说明的示例

服装使用信息的标识符号参照例1及例2标注，详细内容见国家标准《纺织品和服装使用说明的图形符号》(GB/T 8685—1988)。

1. 男西服

吊牌

产品名称	男西服
号　　型	175/92A
纤维成分	面料：纯毛
	里料：黏纤 100%
洗涤方法	
执行标准	GB/T 2644—1993
产品等级	优等品
检验合格证	
生产企业	×××××××
地　　址	×××××××

耐久性标签

175/92A

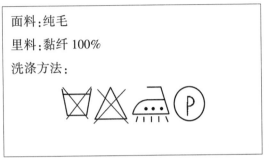

面料:纯毛

里料:黏纤 100%

洗涤方法:

注　吊牌上号型、纤维成分和洗涤方法可省略,但必须在耐久性标签中说明。

二、使用说明的图形符号

不同的国家对服装使用说明的标识表示和标识内容不尽相同。为了规范我国的服装使用说明的标注方法,我国国家标准 GB/T 8685—1988 规定了服装使用说明的图形符号及其含义。按照该标准,我国服装制品使用说明的图形符号见表 10-1~表 10-6。

2. 针织 T 恤衫

吊牌或包装袋

产品名称	针织 T 恤衫
规　　格	100×70
纤维成分	主　体:棉 100%
	罗纹边:涤 80%
	棉 20%
洗涤方法	
执行标准	FZ/T 73008—1997
产品等级	优等品
检验合格证	检
生产企业	××××××
地　　址	××××××
电　　话	××××××

注　包装盒(袋)中的规格可省略,号型、纤维成分和洗涤方法必须在耐久性标签中说明,规格项也可用号型表示。

表 10-1　使用说明的基本图形符号

名　称		图　形　符　号	说　明
中　文	英　文		
水　洗	Washing		用洗涤槽表示机洗和手洗
氯　漂	Chlorine-based Bleaching		用等边三角形表示
熨　烫	Ironing And Pressing		用熨斗表示
干　洗	Dry Cleaning		用圆形表示
水洗后干　燥	Drying After Washing		用正方形或悬挂的衣服表示

注　若在图形符号上面加"×",即表示不可进行此图形符号所示动作。

表 10-2　水洗图形符号

图形符号	说　明
（洗槽 95）	最高水温:95℃ 机械运转:常规 甩干或拧干:常规
（洗槽 95 下横线）	最高水温:95℃ 机械运转:缓和 甩干或拧干:小心
（手洗图）（不可机洗图）	手洗,不可机洗,用手轻轻揉搓、冲洗 最高水温:40℃ 洗涤时间:短
（不可拧干图）	不可拧干
（不可水洗图）	不可水洗

注　表中并列的图形符号系同义符号。洗槽下横线表示洗衣机的机械动作应缓和。

表 10-3　氯漂图形符号

图形符号	说　明
（三角形）（三角形 Cl）	可以氯漂
（划叉三角形）（划叉三角形 Cl）	不可氯漂

注　表中并列的图形符号系同义符号。

表 10-4　熨烫图形符号

图形符号	说　明
（熨斗 •••）（高）	熨斗底板最高温度:200℃
（熨斗 ••）（中）	熨斗底板最高温度:150℃
（熨斗 •）（低）	熨斗底板最高温度:110℃
（熨斗 波浪线）	垫布熨烫

图形符号	说　明
（熨斗 竖线）	蒸汽熨烫
（划叉熨斗）	不可熨烫

注　表中并列的图形符号系同义符号。

表 10-5　干洗图形符号

图形符号	说　明
（圆）（圆 干洗）	常规干洗
（圆 下横线）（圆 干洗 下横线）	缓和干洗
（划叉圆）（划叉圆 干洗）	不可干洗

注　图形符号下的横线,表示干洗机的机械动作需缓和。

表 10-6　水洗后干燥图形符号

图形符号	说　明
（正方形内切圆）	以正方形和内切圆表示转笼翻转干燥
（划叉正方形内切圆）	不可转笼翻转干燥
（悬挂晾干图）	悬挂晾干
（滴干图）	滴　干
（平摊干燥图）	平摊干燥
（阴干图）	阴　干

注　表中并列的图形符号系同义符号。

这些图形符号,既可以直接织制或印刷在纺织品或服装上,也可制作成标签缝合、悬挂或粘贴在服装制品或其包装上。根据纺织品或服装制品的性能要求,依照水洗、氯漂、熨烫、干洗、水洗后干燥的顺序进行标注。表中并列的图形符号系同义符号,可以根据销售对象选用。对于出口服装产品,应根据协议规定进行标注。

第三节 服装的洗涤和整烫

服装在穿着过程中,不可避免地会受到灰尘、人体分泌物等外来污物污染。为了除去污染物,使服装回复原始状态,达到长期使用的目的,必须对受污染的服装进行洗涤。洗涤后,通过对服装进行必要的整烫,可使服装的形态等性能得以回复。

一、服装的洗涤

(一) 衣料的洗涤缩水

衣料在织制过程中,纤维始终处于张力作用之下。若织造时经纱一直被绷得很紧,织成的布也是紧紧地卷在织轴上的,而染整的各种处理,衣料会受到更大的张力作用。这些在紧张条件下产生的拉伸形变,在松弛状态下会慢慢发生回缩。大多数合成纤维衣料在通常的使用条件下,只要熨烫温度适当,一般没有收缩。在考虑新衣料的使用时,应特别注意棉、麻、丝绸织物和毛织物的缩水问题,在裁剪时要留有余量,当然,最好是将衣料在湿热条件下进行预缩后再裁剪。

不同的面料,不同的加工工艺,其缩水率大小不尽相同。表10-7是常见面料的缩水率参考值。

表 10-7　常见面料的缩水范围参考值

类型	品　种			缩水率(%)
棉布	印染布	丝光	平　布	3~4
			府　绸	T 4~5/W 2~3
			斜纹、哔叽、贡呢	T 4~5/W 3~4
			麻　纱	3~4
			卡其、华达呢	T 5~6/W 2~3
		本光	平　布	T 6~7/W 2~3
			斜纹类	T 7~8/W 2~3
			防缩织物	1~3
			灯芯绒	5~6
	色织布		预缩产品	3~5
			线　呢	8~10
			府　绸	T 5/W 2
			绒　布	6~7
			劳动布	9~10
			被单布	T 8~10/W 6
丝织品			桑蚕丝织品	T 5/W 2
			绉线、绞纱织品	T 10/W 3
			黏胶长丝织品	T 8/W 3
			桑蚕丝、黏胶长丝交织	3~5
			黏胶长丝、棉交织	T 10/W 4
			合　纤	T 5/W 2
毛织品	精纺		纯毛及含毛70%以上	3~4
			含涤40%以上	2
			含锦40%以上或含腈50%以上	3~4
			一般织品	3~5
	粗纺		呢　面	3~4
			绒　面	4~5
			松结构	5~10
化纤及其混纺织物			涤/棉(涤60%以上)	1~2
			涤/黏、涤/腈、棉/丙	2~3
			黏胶长丝织品	T 8/W 3
		棉/维	平纹	3~5
			斜纹	T 5~5/W 2~3
			涤/腈中长	1
			黏　纤	8~10
			纯涤丝	1~2
			毛涤(含涤45%以上)	1~2

注　T—经向,W—纬向。

(二)服装的洗涤剂

服装的洗涤剂是指具有洗涤去污作用的有机和无机化合物的总称,主要成分是表面活性剂。服装用洗涤剂不仅要求能够除去污垢,还要在洗涤后,能够对服装起到一定的后整理作用。

1. 表面活性剂

表面活性剂是指在液体中溶解分散,并选择性地吸附表面,具有某种实用的物理及化学性质的化合物。以表面活性剂为主要成分的洗涤剂(如肥皂、洗衣粉等),具有既亲油又亲水的性能,能够很好地与水溶性污垢和油溶性污垢结合,并分散在洗涤液中,这就是洗涤剂能去污的基本原理。

表面活性剂在服装洗涤和整烫中具有表面活性作用,可以提高洗涤剂对纤维的亲和力,对服装有一定的整理和保养作用。

2. 助洗剂

助洗剂是一种无机盐或有机物。在洗涤剂中,除了表面活性剂外,通常还加入各种各样的助洗剂。助洗剂本身不具有表面活性剂的作用,但与表面活性剂一起使用时,能够提高洗涤能力,并获得较好的洗涤效果。

碱性助洗剂(碳酸盐、硅酸盐等)的存在,能够保持洗涤液呈碱性。铝代硅酸盐助洗剂,能够螯合服装污物和洗涤液中构成硬度成分的钙、镁金属阳离子,消除这些金属离子对洗涤的不良影响。硫酸盐助洗剂的存在,能够帮助表面活性剂形成胶束,提高洗净力。分散剂(如CMC)能够把凝聚于纤维表面的固体污粒分散于溶液中,并与污粒结合,防止污粒与纤维再吸附。加入荧光增白剂或漂白剂,可以提高白色织物的白度。加入适量的柔软剂和香料,可以改善织物的手感和香味。还有洗涤剂的起泡、可溶性及防止固化等,都需要加入一些助洗剂来实现。

3. 洗涤剂的选择

洗涤剂的种类很多,性质各异,因此在洗涤前必须根据服装使用说明,考虑到被洗服装的性质、类型及其要求,合理地选择洗涤剂的种类,以免因洗涤剂选择不当而造成意外损伤。表10-8为常见洗涤剂特点和使用说明。

表10-8 常见的洗涤剂特点和使用说明

洗涤剂类型	特 点	洗 涤 对 象
皂 片	中性	精细丝、毛织物
丝、毛洗涤剂	中性、柔滑	精细丝、毛织物
洗净剂	弱碱性(相当于香皂)	污垢较重的丝、毛、拉毛织品
肥 皂	碱性、去污力强	棉、麻及混纺织品
一般洗衣粉(25型)	碱性	棉、麻、化纤织品及其混纺织物
通用洗衣粉(30型)	中性	厚重丝、毛及合纤织品
加酶洗衣粉	能分解奶汁、肉汁、酱油、血渍等	各类较脏衣物
含荧光增白剂的洗涤剂	增加衣物洗涤后的光泽和白度	浅色织物、夏季衣物、床上用品
含氯洗涤剂	具有漂白作用	丝、毛、合纤及深色、花色织物慎用

棉、麻服装，耐碱性好，选用普通肥皂或一般洗衣粉等碱性洗涤剂，有助于去污。对于丝绸或毛呢服装，因蛋白质纤维不耐碱，洗涤时应选用中性皂片、中性洗衣粉或弱碱性洗涤剂，以免损伤纤维，影响手感。对于有奶渍、肉汁、酱油、血迹的服装，应采用加酶洗衣粉，利用碱性蛋白酶将斑渍分解除去。

采用干洗剂洗涤毛料、丝绸等高级服装及面料，不损伤纤维，无褪色及变形等缺点，能使服装具有自然、挺括、丰满等特点。

（三）洗涤方法

不同的污物，不同材料的服装，其洗涤方法不同。根据洗涤介质不同，衣物的洗涤有水洗和干洗之分。根据洗涤用具，可以分为手洗和机洗。

1. 水洗

水洗是将洗涤剂溶于水中来清洗衣物。由于水的洗涤较为简单、方便且经济，所以，家庭普遍采用水洗。

为达到最佳洗涤效果，洗前把衣物在冷水中浸泡一段时间，可使附着在衣物表面的灰尘、污垢、汗液等脱离衣物而游离入水，既可提高洗涤质量，又可节约洗涤剂；同时可利用水的渗透，使衣物充分膨胀，有利于洗涤剂进入。但应注意浸泡时间也要适度，否则，会适得其反。衣物的具体浸泡时间，可参考表10-9，并可根据衣物的新旧、厚薄、沾污程度等特点作适当调整。

纤维损伤最小的水洗是在合适的 pH 值下洗涤，以使纤维的膨化程度最小。如洗涤蚕丝和毛织物的合适 pH 值为4.5，纤维素纤维织物的合适 pH 值为6.5~7，锦纶织物的合适 pH 值为5左右。洗涤剂的浓度对洗净力的影响很大，过低使洗净力不足，过高会使洗下的污垢有

表10-9　各种衣物浸泡时间

衣物种类	浸泡时间
精纺毛织物	15~20min
粗纺毛织物	20~30min
毛毯、毛衣	20min
丝绸、再生纤维织物	5min
棉、麻织物	30min
合纤织品	3~5min
棉　毯	40min
羽绒服	10min
被　套	3~4h
易褪色、娇嫩色衣物	随洗随泡

机物会重新与服装接触吸附而再污染，所以，洗涤前应参考洗涤剂的使用说明。

洗涤温度是洗涤过程的重要影响因素，对洗涤效果影响很大。理论上讲，温度越高，洗涤效果越好；而实际上却因受到纤维耐热性、色泽的耐温性等因素的限制，洗涤温度的选择应根据衣物品种、色泽、污垢程度等的不同来确定，一般以40℃为宜。

2. 干洗

干洗是采用挥发性有机溶剂或干洗用合成洗涤剂为洗涤剂和洗液。与水洗相比，干洗后的服装不变形，不褪色，对纤维损伤小。毛织物由于有缩绒现象，因此一般高档毛料服装多采用干洗，而高档毛衫、厚重丝绸、毛皮服装等同样宜采用干洗。

干洗虽然容易洗去油污，但较难去除水溶性污垢，也容易发生再次污染。为此，实际操作时可采用掺水干洗法，即在溶剂中加入微量水分和表面活性剂的混合液的洗涤方法。这样，油溶性的污垢溶解于干洗剂的溶剂中且与溶剂一起被除去；水溶性污垢溶解于洗涤剂中的少

量水中,然后增溶,再进入溶剂而被除去。而不溶性的固体污垢,由于表面活性剂的作用,分散于溶剂中而被除去。

干洗一般需经专业洗涤才能够完成,所以多为工业化作业。

3. 洗涤要点

各种衣料的洗涤要点见表10-10。

表 10-10 各类衣料的洗涤要点

面料种类	洗涤温度(℃)	洗涤剂	洗涤方法	拧绞	晾晒、烘干	备 注
棉织物	25~40	碱性或中性	可以揉搓、可用毛刷刷洗	可以	反面晾晒	内衣忌热水浸泡
麻织物	25~40	碱性或中性	忌用硬刷刷洗,轻揉、轻搓	忌用力拧绞	反面晾晒	
黏胶纤维织物	25~40	碱性或中性	忌刷洗,轻揉、轻搓	忌拧绞	忌曝晒	
醋酯纤维织物	25~40	碱性或中性	忌刷洗,轻揉、轻搓	忌拧绞	忌烘干	
丝织物	25~30	中性或弱酸性	忌刷洗,轻揉、轻搓	忌拧绞	忌曝晒、忌烘干	小心手洗
毛织物	25~30	中性或弱酸性	忌刷洗,轻揉、轻搓	忌拧绞	忌曝晒、忌烘干	
涤纶、锦纶和腈纶织物	25~40	一般洗涤剂	可以揉搓、可用毛刷刷洗	可以	忌曝晒、忌烘干	
维纶织物	25~30	一般洗涤剂	可以揉搓、可用毛刷刷洗	可以	忌曝晒	

二、服装的整烫

为了使洗涤后的服装能回复新品般的良好形态和性能,往往有必要对服装进行洗后整理或熨烫。

(一) 硬挺整理

硬挺整理,就是利用具有一定黏度的天然或合成的高分子物质制成的浆液,在织物上形成薄膜,使织物获得平滑、硬挺、厚实、丰满的效果。由于硬挺整理时所用的高分子物质常被称为浆料,所以,也称上浆整理。

通过硬挺整理,可给予衣物以合适的硬度和形态;使纤维茸毛平服,衣物表面变得光滑,提高衣物的防污性;沾在浆料上的污物,洗涤时会和浆料一起被洗去,使衣物容易洗净。

硬挺整理的上浆方法有浸渍法、毛刷法和喷雾法。浸渍法多用于衣物的整体上浆,在洗涤脱水或干燥后,使用1:5的浴比将浆料溶解于水,约浸渍10min,使衣物均匀浸渍,脱水数秒后干燥即可。喷雾法,于局部喷雾后熨烫,可取得局部上浆的效果。毛刷法是在平整的面料上涂刷浆料。

硬挺整理所使用的浆料分为天然和合成两大类,与天然浆料相比,市场上销售的合成浆料一般较易溶于水,且防腐、防霉。

(二) 柔软整理

经过反复使用、多次洗涤后,衣物上原有的柔软剂发生脱落,使手感变差,合成纤维织物甚至会产生静电等不良现象。为了恢复衣物的手感风格,常常有必要使用柔软剂进行柔软整理。

家用柔软剂的成分主要是脂肪酸或脂肪酰胺衍生的阳离子表面活性剂,其主要作用是给予衣物适度的柔软性和防静电性。家庭常用柔软整理方法见表10-11。

表 10-11　家庭常用柔软整理方法

整理形式	整 理 方 法
洗　涤	在最后过水时,加入柔软剂,并搅拌1~3min
干　燥	在回转式干燥机干燥时,加入柔软剂一起滚动、干燥
喷　雾	以喷雾用防静电剂进行局部喷雾

(三) 防水整理

防水整理一般是指使用防水整理剂在织物表面形成疏水膜,使织物的表面张力低于水的表面张力,从而达到拒水目的。

防水衣物经过多次使用和洗涤后,会因防水剂脱落而使其防水效果逐渐减弱,故需对多次使用洗涤后的防水衣物进行再次的防水整理。

目前,使用市场上销售的喷雾型防水整理剂,可在家中方便地通过喷雾和熨烫,就能获得较好的防水效果。其中,氟系列防水整理剂还有较好的拒油性。

(四) 熨烫整理

熨烫是使用熨斗,对衣物在一定温度、压力、水汽的条件下进行的"热定形"。熨烫的目的是通过高温作用于衣料,赋予服装以平整、挺括的外观,使穿着时显得平挺,线条轮廓清晰,服帖合身。熨烫工艺条件(衣物的湿度、熨烫温度、熨烫压力以及熨烫时间)需依服装材料的性质而定。

1. 熨烫工艺

(1)衣物的湿度:根据熨烫时的用水给湿程度,熨烫可以划分为干烫、湿烫或蒸汽烫。熨烫时在服装上洒上点水或垫上一层湿布,有利于借助水分子润湿作用,使纤维润湿、膨胀、伸展,较快地进入预定的排列位置,在热的作用下进行定形。

熨烫时对服装的用水给湿程度依据衣料的纤维种类和织物厚薄而定。质地较轻薄的棉、麻、丝、合纤服装都可以在熨烫前喷洒水,等过一段时间水点化匀后进行熨烫。质地较厚重的呢绒、涤纶、腈纶服装,给湿量要略多一些。一般以蒸汽熨烫效果最佳,缺乏条件时采用喷水或垫湿布,也可垫干布。最好不要直接熨烫,特别是对丝、毛织物和合纤织品,以避免产生极光。喷水时含水率控制在15%~30%,所垫湿布的含水率一般在80%~90%。此外织物也不宜熨烫得过于干燥,一般可烫至含水率为5%~10%,特别是丝、毛织物不可烫至绝干。烫后自然晾干,更显自然柔和。

(2)熨烫温度:为了赋予衣物平整、光洁、挺括的外观,掌握好熨烫温度最为关键。一般而言,衣料的热塑性越大,其定形效果越好。温度过低,达不到热定形的目的;温度过高,会损伤纤维,甚至使纤维熔化或炭化。合适的熨烫定形温度在玻璃化温度和软化点之间。合成纤维的热塑性比天然纤维好,特别是羊毛织物如果不加一定的温度和湿度,则难以达到预期的定形效果。对于混纺或交织面料,熨烫温度的选择应就低不就高。对于质地轻薄的衣料,熨烫温度可适当低一些;对于质地厚重的衣料,其熨烫温度应考虑高一些;对于易褪、变色的衣料,熨烫温度应适当降低。各类纤维面料的熨烫温度如表 10-12 所示。

表 10-12　各类衣料的常用熨烫温度

品种	直接熨烫（℃）	垫干布熨烫（℃）	垫湿布熨烫（℃）
棉	175~195	195~220	220~240
麻	185~205	205~220	220~250
毛	160~180	185~200	200~250
桑蚕丝	155~165	180~190	190~220
柞丝	155~165	180~190	190~220
涤纶	150~170	185~195	195~220
锦纶	125~145	160~170	190~220
维纶	125~145	150~170	不可垫湿布
腈纶	115~135	150~160	180~210
丙纶	85~105	140~150	160~190
氯纶	45~65	80~90	不可垫湿布

（3）熨烫压力:熨斗虽然有一定重量,但在一定的温度和湿度下,通过手给熨斗施加一定压力,能够迫使纤维进一步伸展,或折叠成所需的形状使纤维分子向一定方向移动。当温度下降后,纤维分子在新的位置上固定下来,不再移动,从而完成服装的热定形,使去除折皱的效果更好。质地轻薄的衣料熨烫压力宜轻;质地厚重的衣料,熨烫压力可重。垫湿布熨烫时,用力要重。当湿布烫干后,压力要逐渐减轻,以免造成极光。熨烫丝绒、长毛绒等织物时,压力切忌过重,以防止纤维倒伏、损伤布面、产生极光而

影响质量。熨烫时,应避免在一个位置过久重压,防止服装上留下熨斗印痕或变色。

（4）熨烫时间:熨烫时间与熨斗(或蒸汽)在布面上的移动速度有关,为使熨烫热量能够在布面上得以均匀扩散,熨烫定形需要足够的时间。一般熨烫时间长,整烫效果好;但时间过长,会使衣物产生极光甚至烫焦衣物。通常,当熨烫温度低时,熨烫时间需长些;当熨烫温度高时,熨烫时间可短些。质地轻薄的衣料,熨烫时间宜短;质地厚重的衣料,熨烫时间可长。熨烫时,应避免在一个位置停留过久,防止服装上留下熨斗印痕或变色。

2. 熨烫要点

（1）棉布类面料的熨烫:平纹类面料,在熨烫前必须均匀喷上或洒上水,含水率为15%~20%,一般直接在面料的反面熨烫,熨斗温度应为175~195℃。白色或浅色的面料也可以直接在正面熨烫,但熨斗的温度要稍低些,应为165~185℃。

斜纹、线呢类面料,熨烫前必须喷水或洒水,含水率为15%~20%,熨斗可以直接在面料的反面熨烫,熨斗温度为185~205℃。若面料的正面不平挺,必须垫上干布熨烫,避免出现极光。熨斗在干布上的熨烫温度应是210~230℃。

绒类面料(灯芯绒、平绒等)在熨烫时,正面要垫湿布,湿布含水率为80%~90%。将湿布烫到含水率为10%~20%时,揭去湿布,用毛刷将绒刷顺。熨斗熨烫湿布的温度是200~230℃。然后将熨斗降温到185~205℃,直接在绒布的反面将衣料烫干。熨烫要均匀,用力不能过重,避免烫出极光。

（2）麻纤维面料的熨烫:麻纤维面料主要有苎麻布、亚麻布等。麻纤维面料熨烫前必须喷上或洒上水,含水率为20%~25%。可以直接熨

烫面料的反面。熨斗的温度为175～195℃。白色或浅色麻织品的正面也可以用熨斗熨烫,但温度要低一些,在165～180℃为好。

（3）毛呢面料的熨烫:普通大衣呢、银枪大衣呢、拷花大衣呢,熨烫时必须垫湿布,湿布的含水率应为110%～120%,熨斗在湿布上熨烫的温度是200～250℃。将湿布烫到含水率为15%～30%时,将布揭去,用毛刷将绒毛刷顺,避免出现极光。如果已经烫出极光,只要垫上湿布,再用熨斗轻轻地熨一下,用毛刷刷一遍,极光就能去除。

麦尔登呢、海军呢、制服呢、大众呢、粗花呢类面料的熨烫方法基本相同。熨烫呢料的正面时必须垫湿布,湿布含水率为95%～105%。熨斗在湿布上的熨烫温度是220～250℃,将湿布烫到含水率为2%～10%即可。不能烫得太干,避免烫出极光,可参考大衣呢极光消除方法。然后将熨斗温度降到160～180℃（熨烫锦纶与羊毛混纺织品必须降到125～145℃）,直接在反面烫干烫挺。

精纺毛织物熨烫正面时必须垫湿布,根据织物的厚度,湿布的含水率为65%～100%,熨斗在湿布上的熨烫温度为200～250℃。例如,凡立丁、派力司熨烫其正面时,湿布的含水率为65%～75%,熨斗在湿布上的熨烫温度为200～220℃;马裤呢、海力蒙熨烫正面时,湿布含水率为90%～100%,熨斗在湿布上的熨烫温度为220～250℃。将湿布烫到含水率为5%～15%即可,避免出现极光,然后将熨斗温度降到160～180℃,从反面将衣料熨烫平挺。再将熨斗温度升到175～205℃,垫干布熨烫正面,达到平整挺括。

长毛绒最好用高压蒸汽冲烫,边冲边用毛刷将绒毛刷立起来。用熨斗熨烫时,正面垫湿布,湿布含水率在120%～130%,熨斗在湿布上的熨烫温度为250～300℃。将湿布熨烫到含水率为30%～40%时,把布揭去,将绒毛刷立起来。熨烫时用力不能过重,湿布不能烫得太干,避免绒毛倒伏,影响美观。

（4）丝织面料的熨烫方法:纺、纱、罗、绸类面料烫前必须洒上水,含水率为25%～35%。熨斗可以直接在衣料反面熨烫,温度应控制为165～185℃。

缎类面料熨烫前必须喷上或洒上水,含水率为25%～35%。熨斗可以直接熨烫反面,温度应为165～185℃。用这些面料做成的棉衣,熨烫时在正面垫上湿布,湿布的含水率为65%～75%,熨斗在湿布上的温度为210～230℃。

柞丝绸容易起水渍,熨烫时喷水必须喷得细,如同下雾一样,含湿量为5%～10%。熨斗可直接在反面熨烫,控制温度为155～165℃。柞丝哔叽和较厚的柞丝衣料熨烫时,正面垫上一层干布,再盖一层湿布,湿布含水率为40%～50%,熨斗在湿布上的温度是190～220℃。

（5）化纤面料的熨烫方法:黏胶纤维面料熨烫前喷水,含水率为10%～15%。熨斗可以在反面熨烫,温度为165～185℃。熨烫时用力不能过重,以免正面出现极光而影响美观。较厚的或深色的面料,熨烫正面时要垫湿布或干布,才能达到平挺而无极光。黏胶丝织品的熨烫前必须喷上或洒上水,含水率为15%～25%。熨斗可直接熨烫反面,温度控制在165～185℃。

涤纶面料在熨烫时,对于纯涤纶面料和弹力呢等,正面必须垫湿布,含水率为70%～80%。熨斗在湿布上的温度为190～220℃。将温度控制在150～170℃,直接从反面将衣料烫干烫挺;涤纶绸类、绉类含水率控制在10%～20%,温度及熨法相同。

涤/棉织品熨前要喷上水,含水率为15%～20%,熨斗温度为150～170℃。熨烫衣服正面厚处时,要垫上干布或湿布,湿布含水率为60%~70%,熨斗温度应为190~210℃。涤/黏织品熨烫时,正面必须垫湿布,湿布含水率为75%~85%。熨斗在湿布上的温度为200~220℃。然后控制在150~170℃,直接从反面将衣料烫干烫挺。涤/毛织品熨烫时,正面垫湿布,湿布含水率为75%~85%。熨斗在湿布上的温度为200~220℃。然后将熨斗降温到150~170℃,直接从反面将衣料烫干烫挺。最后还要将熨斗温度升到180~200℃,垫干布熨烫,修改衣服正面较厚的地方。涤纶长丝交织品,烫前要喷水,含水率为15%~20%。熨斗可以从反面直接熨烫。浅色衣料的正面也可以轻轻地直接熨烫;深色衣料的正面,必须垫干布熨烫,以免出现极光而影响美观。

对锦纶面料的熨烫,薄型锦纶织品烫前应喷水,含水率为15%~20%,熨斗温度为125~145℃,可以直接在反面熨烫。浅色衣料的正面也可以轻轻地直接熨烫;深色衣料的正面必须垫干布熨烫,以免出现极光。厚型锦纶织品正面必须垫湿布,湿布含水率为80%~90%,熨斗在湿布上的温度是190~220℃,将湿布烫到含水率为10%~20%即可。不宜烫得太干,防止出现极光。然后熨斗温度控制在125~145℃,直接从反面将衣料烫干、烫挺。用力不要过猛,避免出现极光。

腈纶面料熨烫时,正面要垫湿布,含水率为65%~75%,熨斗温度为180~210℃。然后将熨斗温度降至115~135℃,直接在反面将衣料烫平。熨斗温度不能太高,熨烫速度不能太慢。防止有的染料遇高温升华,造成部分颜色变浅而影响美观。腈纶绒、膨体纱和腈纶毛皮一般不需要熨烫,因为这些织品是经过特殊工艺处理,再经熨烫会使织品失去蓬松感、弹性和美观。

维纶面料一般都是混纺或交织成的。熨烫前一般都可以喷雾,含水率为5%~10%。喷水后0.5h,熨斗可以在反面直接熨烫,熨斗温度为125~145℃。正面如有不平之处,可以垫上干布将衣服熨烫平挺。

丙纶织物熨烫前要喷上水,含水率为10%~15%。熨斗可以直接在织品反面熨烫,熨斗温度为85~105℃。

第四节　服装的收纳和废弃

不论是生产、加工、流通、消费或使用,都涉及服装面料及服装产品的保管和保养方面的诸多问题,值得服装生产者和服装消费者加以注意。由于服装面料的加工方法、纤维组成和功能特性差异较大,因而其保管和保养的方法也不尽相同。用科学的方法进行保管和保养,可以长久地保持面料本身的特性,避免造成不必要的品质劣化,这对企业和消费者都是有益的。

一、服装的收纳

暂时不穿的衣服、换洗后的衣服,人们均会及时地收纳起来。当服装收纳达到数月以上时,可称其为服装的保管。换言之,服装的保管就是不损伤、不丢失地长期收纳。

服装在存放和保管过程中,因受外界因素的影响,可能发生各种质量变化,从而影响其使用价值。常见的质量变化有虫蛀、霉烂、发脆以及鼠咬等,此外,包装、运输中的一些人为因素和阳光照射等均会不同程度地引起面料的品质变化,必须注意防止。

(一)服装的防虫收纳

天然纤维的服装,因含有纤维素、蛋白质等营养物质,是衣鱼、囊虫、衣蛾、白蚁等害虫的食料,若收纳不善就容易受到虫蛀。合纤服装一般不易虫蛀,但因合纤在制造、加工和染整过程中,往往加有一些添加剂,因而在一定热湿条件下,有时也会被虫蛀。

各类面料一旦被虫蛀,将无法补救,因此必须采取预防措施。例如,衣柜保持清洁、干燥、通风,用杀虫剂进行消毒熏杀、放置防虫剂等。目前,市场上的除虫剂很多,有粉状的、片剂的、喷雾的等。以往,人们为了防止因换季而收纳起来的衣服被虫蛀,常常是在衣柜里放几袋樟脑丸,其结果衣服未被虫蛀,却留有一股刺鼻的气味。现在,使用芳香除虫剂(如芳香脑),不仅可以防虫,气味还清新淡雅,并且不污染衣物。另外,用各种干花瓣制成的熏香产品也是不错的防虫剂。需要注意的是,因为防虫剂挥发的气体比空气重,会往下流,所以应把防虫剂放在衣物的上方或吊在衣柜的横杆上。

服装的防虫性能评价可以采用生物测试法或化学测试法等。

(二)服装的防霉收纳

服装发霉是霉菌作用于纤维素或蛋白质纤维,使纤维组织遭受破坏的结果。霉菌细胞到处存在,在温度20~30℃,湿度75%以上及有养分的条件下,就会繁殖生长。在易受潮湿影响的环境下保存衣料或服装,或者将沾污的衣料服装未经洗涤就保存起来,或者保存场所温湿度过高,又缺少通风散热设备,都会引起发霉变质。

霉菌的分泌物在衣物上产生黑色或青色霉斑,成为难以除去的痕迹。为了防止霉菌,首先要将衣物充分洗净,并充分干燥。在收纳保管中,使衣物保持干燥和低温,就能防止霉菌的生长和繁殖。根据经验,储存保管场所的温度以控制在30℃以下,相对湿度70%以下为宜。若过高,可采用通风和加入石灰一类吸湿剂来解决;若织物含水量过大,可采用烘干或通气的办法使其水分蒸发;利用各种防霉药剂来达到抑菌杀菌的效果。

目前,市场上销售的干燥剂有硅酸盐和氯化钙等。硅酸盐中一般混有蓝色的钴盐,干燥状态呈蓝色,吸湿后变为粉红色,重新干燥后又能够恢复到蓝色状态,可以反复使用,十分方便。衣物防霉评价可采用穿着实验或实验室的测试评价法。

(三)服装的收纳要点

为了延长服装的使用寿命,服装的存放保管是不容忽视的一环。服装的存放保管方法除了要注意防虫、防霉外,还应注意如下几点:

(1)室内要清洁。衣柜、衣箱等衣物保存处,要彻底打扫干净。

(2)外衣每天穿用后,脱下应挂在衣架上,用毛刷轻轻整刷,并挂在新鲜空气流通的地方以除去湿气、汗味和外出时吸附的其他气味。

(3)衣物本身要事先洗涤干净,充分干燥,喷上防蛀药剂,或与一包除虫剂(如樟脑丸)放在一起,装在塑料袋内放入衣橱。

(4)选择密封性好的场所存放。无论存放的场所、材料、大小、形态如何,要尽量避免空气进入,避免防虫剂的气息泄漏,尽量使用密封容器。

(5)任何一种纤维成分的衣料都有可能被虫咬、霉烂,甚至合成纤维也有被虫咬烂的危险。沾有食物污渍的衣服,更易被虫咬。故一切服装在存放之前都须彻底洗净食物留下的污迹。

（6）衣物应尽量避免变形存放，针织料或针织服装都必须叠好平放，用衣架挂放会造成走样。

（7）单衣的折叠应讲究方法，应尽量沿穿着时的熨褶折叠，衣橱格架内不要放得过多。

（8）衣橱放置的环境应当是：不受直射阳光照晒，清洁少尘，避开化学物品沾染或有害气体侵害，温湿度适中（20℃左右，相对湿度不超过60%最为理想），避开蒸汽和热水管道。

（9）丝绒和条绒等绒头织物洗涤除污时应小心，以防损坏绒毛，起皱后最好用衣架挂好，在高湿热条件下让其自然恢复平整。

（10）浴衣、内衣、床单应洗净干透存放，久放再用时，应该用清水清洗并在日光下晒干后再行穿用。

（11）服装洗净后，存放前都应烫熨复原再行存放。

（12）毛皮服装和皮革服装的洗涤保养最好由专业干洗店处理，存放时用衣架挂存。存放环境温度为17℃，湿度为55%左右为宜，并应防止生霉及其他微生物损坏。

二、服装的废弃

服装在反复的穿着、洗涤和收纳过程中，会因日积月累的物理疲劳、外观风格破坏、内在性能损伤，服装款式过时等缘故，最终变得无用而将被废弃。其中儿童的成长、流行的变化、嗜好的改变等，都会使得原本还可以穿用的衣服不能穿或不愿意再穿等，导致服装最终被废弃。

目前，服装废弃的方法主要有：作为垃圾废弃，作为再用资源回收，送人，二次使用等，具体的废弃特点见表10-13。

表10-13　服装的废弃方法及特点

废弃形式	废弃特点
作为垃圾（焚烧）	污染大气，破坏环境
作为垃圾（掩埋）	部分衣物可以降解，但有些不降解衣物残存在土壤中
作为资源回收	通过废品回收部门回收后，一部分可以送到旧货店，一部分可以加工为工厂用揩油巾，一部分可以加工成纤维为纺织厂再用
转让他人	送人或转卖
二次利用	自家改裁再利用

思考题

1. 服装纤维的含量如何表示和标注？

2. 服装使用信息包括哪些内容？试举例说明之。

3. 请举例说明我国服装制品使用说明的图形符号及其意义。

4. 日常生活中，根据什么选择洗涤剂？请调查一下你使用洗涤剂的品牌、类型、特点，适合洗涤哪类衣物？

5. 试述熨烫工艺对熨烫效果的影响？

6. 服装的收纳要注意哪些事项？

参考文献

[1]朱松文,等.服装材料学[M].3版.北京:中国纺织出版社,2001.

[2]朱松文,等.服装材料学[M].2版.北京:中国纺织出版社,1996.

[3]周璐瑛,等.现代服装材料学[M].北京:中国纺织出版社,2000.

[4]朱焕良,许先智.服装材料[M].2版.北京:中国纺织出版社,1992.

[5]中国大百科全书总编辑委员会,纺织编辑委员会.中国大百科全书(纺织)[M].北京,上海:中国大百科全书出版社,1984.

[6]郑佩芳.服装面料及其判别[M].上海:中国纺织大学出版社,1994.

[7]《针织工程手册》编委会.针织工程手册(人造毛皮分册)[M].北京:中国纺织出版社,1995.

[8]张怀珠.新编服装材料学[M].上海:中国纺织大学出版社,1993.

[9]张海霞,张喜昌.纳米材料及其在纺织上的应用[J].河南纺织高等专科学校学报,2001(3):62~64.

[10]于伟东,储才元.纺织物理[M].上海:东华大学出版社,2002.

[11]杨建忠等编.新型纺织材料及应用[M].北京:中国纺织出版社,2003.

[12]杨静.服装材料学[M].北京:高等教育出版社,1994.

[13]邢声远,等.纺织新材料及其识别[M].北京:中国纺织出版社,2002.

[14]萧凡.漫谈纯新羊毛标志[J].中国纺织美术.1993(3).

[15]吴震世,周勤华.纺织产品开发[M].北京:纺织工业出版社,1990.

[16]魏世林,等.制革工艺学[M].北京:中国轻工业出版社,2001.

[17]王菊生,等.染整工艺原理(1~4册)[M].北京:纺织工业出版社,1986.

[18]陶乃杰,等.染整工程(1~4册)[M].北京:纺织工业出版社,1992.

[19]上海市针织工业公司.天津市针织工业公司.针织手册[M].北京:纺织工业出版社,1984.

[20]上海服装行业协会.中国服装大典[M].上海:文汇出版社,1999.

[21]上海纺织工业局.纺织品大全[M].北京:纺织工业出版社,1992.

[22]钱小萍.丝绸实用小百科[M].北京:中国纺织出版社,2001.

[23]钱程,吴晓琼.大豆蛋白纤维的性能与产品[J].现代纺织技术,2002.

[24]濮微.服装面料与辅料[M].北京:中国纺织出版社,1998.

[25]庞小涟,等.服装材料[M].北京:高等教育出版社,1994.

[26]《毛皮裁制技术》编写组.毛皮裁制技术[M].北京:轻工业出版社,1985.

[27]骆鸣汉,等.毛皮工艺学[M].北京:中国轻工业出版社,2000.

[28]骆鸣汉,兰先琼.毛皮加工技术[M].北京:中国轻工业出版社,1998.

[29]刘静伟.服装洗涤去污与整烫[M].北京:中国纺织出版社,1999.

[30]刘薇.皮革服装设计与制作[M].北京:中国轻工业出版社,2000.

［31］雷伟,等．服装百科词典［M］．北京:学苑出版社,1989.

［32］孔繁薏,罗大旺．中国服装辅料大全［M］．北京:中国纺织出版社,1998.

［33］姜怀等编．纺织材料学［M］.2 版．北京:中国纺织出版社,1996.

［34］福瑞兹,石他特．制革化学及制革工艺学［M］．蒲敏功,译．北京:轻工业出版社,1958.

［35］纺织工业部教育司．服装材料知识［M］．北京:高等教育出版社,1992.

［36］《纺织材料学》编写组．纺织材料学［M］.2 版．北京:纺织工业出版社,1990.

［37］丁双山,等．人造革与合成革［M］．北京:中国石化出版社,1998.

［38］成赖信子．基础被服材料学［M］．东京:日本文化出版局,1997.

［39］成都科学技术大学,西北轻工业学院．制革化学及工艺学［M］．北京:轻工业出版社,1982.

［40］陈运能,等．新型纺织原料［M］．北京:中国纺织出版社,1998.

［41］陈东生．新编服装材料学［M］．北京:中国轻工业出版社,2001.

［42］陈东生．服装卫生学［M］．北京:中国纺织出版社,2000.

［43］L. 福特,N. R. S. 霍利斯．服装的舒适性与功能［M］．曹俊周,译．北京:纺织工业出版社,1984.

［44］本宫达也．纤维の百科事典［M］．东京:丸善株式会社,2002.

［45］W. S. Perkins. Textile Coloration and Finishing［M］. Durham:Carolina Academic Press, 1996.

［46］S. Kawabata. The Standardization and Analysis of Hand Evaluation［M］.2nd ed. Osaka:The Textile Machinery Society of Japan, 1980.

［47］G. D. McLaughlin, E. R. Theis. The Chemistry of Leather Manufacture［M］. New York:Reinhold Publishing Corporation,1945.

［48］朱远胜,等．服装材料应用［M］．上海:东华大学出版社,2006.

［49］A. D. Broadbent. 纺织品染色［M］. 马渝茳,等译．北京:中国纺织出版社,2004.

［50］A. De Boos, Siro FAST User's Manual, Operation, Interpretation and Applications, 1991.

［51］龙海如．针织学．北京:中国纺织出版社,2004.

［52］宋广礼,蒋高明．针织物组织与产品设计．北京:中国纺织出版社,2010.